ANDREAS VON RÉTYI

DAS ALIEN IMPERIUM

ANDREAS VON RÉTYI

DAS ALIEN IMPERIUM

UFO-GEHEIMNISSE DER USA

Neue Dokumente und
Augenzeugenberichte
aus erster Hand

*Mit 32 meist farbigen Fotos
und sechs Dokumenten*

LANGEN
MÜLLER

Bildnachweis

Aufnahmen Verfasser/Bildarchiv 1, 2, 4, 5, 8, 9, 10, 13, 14, 15, 17, 18, 19, 20, 24, 27, 28, 29
Böhme, Peter 3, 7, 11, 12, 16, 22, 32
Clark, Chuck Vor- und Nachsatz, 21
Hale Observatories 6
Hicks, Fearon 25, 26
Howe, Linda 30, 31
Jet Propulsion Laboratory 23

Vor- und Nachsatz:
»Area 51« mit einer Basis, die offiziell nicht existiert: Dieses seltene, topaktuelle Bild von 1995, eine der besten derzeit existierenden Aufnahmen, zeigt einen kleinen Ausschnitt der gesamten Geheimanlage am Groom Dry Lake. Was verbirgt sich in den riesigen Hangars? Zeugen sprechen von Tests außerirdischer Flugscheiben auf »Area 51«.

Gedruckt auf chlorfrei gebleichtem Papier

Umschlagentwurf: Wolfgang Heinzel
Umschlagmotiv: TIB, München
Satz: Schaber Satz- und Datentechnik, Wels
Gesetzt aus 11/13 Punkt Stempel Garamond in PostScript
Reproduktion des Bildteils: Findl + Partner, Icking
Druck: Jos. C. Huber KG, Dießen
Binden: R. Oldenbourg, München
Printed in Germany
ISBN 3-7844-2553-4

Für

»Dana Scully« (Gillian Anderson)

und

»Fox Mulder« (David Duchovny),

die beiden wahrheitssuchenden
FBI-Agenten aus der
amerikanischen Mystery-Serie
»X-Files – Akte X«

Inhalt

I

Ein Phantom stellt sich vor

Rußland, Februar 1959. In den verschneiten Bergen des nördlichen Ural befindet sich eine Rettungsmannschaft auf der Suche nach zehn verschollenen Touristen. Der Trupp marschiert auf den »Kholat Syakhel« zu, den »Berg der Toten«, wie er seit alters her von den Bewohnern dieser Gegend genannt wird. Bald macht die Mannschaft ihren ersten beunruhigenden Fund: das verlassene Zelt der Vermißten, in das mit scharfen Messern große Öffnungen hineingeschlitzt worden sind. Von dieser Stelle aus verlaufen Fußspuren den Hang hinab. Einige dieser Abdrücke stammen von bloßen Füßen – offenbar hat irgend etwas die Zeltenden sehr plötzlich überrascht und zur panikartigen Flucht gezwungen.

Unweit des Lagers machen die Mitglieder des Suchteams schließlich eine schaurige Entdeckung. Genau dort, nahe jenem Gebirgsmassiv mit dem so bedeutungsvollen wie abschreckenden Namen, stoßen sie auf die toten Körper der Wanderer. Sie sind von zahlreichen Verletzungen unbekannter Herkunft bedeckt, und, was den ohnehin schon grausigen Anblick fast unerträglich werden läßt, die Haut der Leichname ist auf mysteriöse, völlig unnatürliche Weise orange verfärbt!

Was war damals, in jenen Wintertagen des Jahres 1959, am »Berg der Toten« geschehen? Immer schon galt jene Region als ein magischer, geheimnisvoller Ort. Die einheimischen Mansis huldigen dem Gipfel des »Kholat Syakhel« als Ort der Geister und brachten ihnen früher dort kultische Opfer dar. Und nun hatte sich genau an jenem übernatürlichen Schauplatz ein furchtbares und augenscheinlich in keiner Weise erklärbares Unglück ereignet!

Jener makabere Leichenfund warf viele bis heute völlig offene

Fragen auf. Gerichtsmedizinische Untersuchungen zeigten, daß nur eines der Opfer an den Folgen der winterlichen Kälte gestorben war. Alle anderen erlagen den mysteriösen Verletzungen. Interessanterweise stellten Forscher ein erhöhtes Niveau radioaktiver Strahlung am Fundort der Toten fest. Auch waren die Äste der Bäume in der Umgebung zum Teil deutlich hitzeversengt. Und, was dem Ural-Rätsel eine noch unheimlichere Note aufprägte: Genau zu der Zeit, als die zehn unglücklichen Touristen sich in jener abgeschiedenen Bergregion aufhielten, offenbar genau zu jener Stunde, als die vermutlichen Morde stattfanden, beobachteten angsterfüllte Einheimische, wie feurige, orangefarbene Lichtkugeln lautlos über den »Kholat Syakhel« schwebten! Stand diese gespenstische Erscheinung in einem engeren Zusammenhang mit dem Tod der Wanderer? War ihre gleißende, unbekannte Strahlung der Grund für die Verbrennungen der Vegetation, für die erhöhte Radioaktivität und nicht zuletzt auch für die völlig anormale Hautverfärbung der Leichen?

30 Jahre später. Der Eiserne Vorhang fällt, Mauern des Schweigens beginnen zu brechen. Wir erfahren von unheimlichen Begegnungen und Begebenheiten, die sich in der östlichen Hemisphäre unserer Welt ereignet haben. Die seltsamsten Berichte dringen an die Öffentlichkeit, Piloten und Astronauten sagen über ihre Erlebnisse mit unidentifizierten Flugobjekten aus, Wissenschaftler äußern sich über ihre bis dahin streng geheimen Untersuchungen an rätselhaften Gegenständen und uralten Artefakten aus dem Kosmos. Sie alle bestätigen wiederum, daß Menschen auf dem ganzen Globus von Phänomenen heimgesucht werden, die sich jeglicher Erklärung durch die etablierte Wissenschaft entziehen.

Auch die »Ural-Morde« sind, wie viele andere unheimliche UFO-Zwischenfälle, nach wie vor ein ungelöstes, furchtbares Rätsel. Im »Westen« unserer Welt scheinen sich die UFO-Phänomene vor allem auf ein riesiges Land zu konzentrieren: die Vereinigten Staaten von Amerika.

Gedanken über das Undenkbare

Vor nicht langer Zeit befand ich mich zusammen mit einem guten Freund auf Tour durch den wundervollen Yosemite-Nationalpark in Kalifornien. Nach einer ausgedehnten Wanderung zu den Nevada-Falls hatten wir uns am Abend ziemlich müde wieder an unserem Campingplatz eingefunden und warteten nun auf den Einbruch der Dunkelheit. In dieser Gegend war der Sternenhimmel noch wirklich klar, jede Nacht entfaltete sich ein wahres Brillantenmeer kosmischer Lichter auf samtschwarzem Firmament.

Wir hatten uns gerade an unserem kleinen Lagerfeuer niedergelassen, als sich ein anderer Wanderer zu uns gesellte. Der freundliche ältere Herr stellte sich als »Mike« aus Indiana vor. Er erwies sich als hervorragender Kenner der Naturschönheiten jener Gegend, ebenso als vielseitig interessierter und gebildeter Gesprächspartner.

Bald erregte wieder der herrliche Sternenhimmel jener Nacht unsere ungeteilte Aufmerksamkeit, und ohne Umschweife sahen wir uns plötzlich inmitten einer angeregten Diskussion über die Möglichkeit außerirdischen Lebens. Ich hatte vorher wohl erwähnt, daß ich mich auf dieses Thema spezialisiert und Bücher darüber veröffentlicht hätte. Auch Mike kannte sich auf dem Gebiet aus. Wie sich im Verlauf unserer Unterhaltung herausstellte, war er Chemiker und Biologe, ein Mann, der im übrigen schon immer ein offenes Ohr für Fragen um Lebensformen im All hatte. So kamen wir vom Hundertsten zum Tausendsten. Angefangen von der Entstehung des Lebens auf der Erde bis hin zur biologischen Grundlage extraterrestrischer Organismen, diskutierten wir im Eilzugtempo über die unterschiedlichsten Themen und Theorien.

Welche Bedeutung hatten die ersten Aminosäure-Experimente der Forscher Clayton Urey und Stanley Miller wirklich in bezug auf die Entstehungstheorien des Lebens? Konnte der Physiker und Zukunftsvisionär Freeman Dyson tatsächlich recht haben mit seiner Idee, das Leben hätte *zwei* Ursprünge gehabt? Wie waren die sensationellen Funde offenbar außerirdischer Fossilien in bestimmten Meteoriten zu bewerten? Brachten Kometen in der Tat die ersten Lebensformen auf die Erde, so wie der englische Astrophysiker Fred Hoyle es ernsthaft behauptet – und uns allen damit gewissermaßen außerirdische Vorfahren zuweist? Wie häufig sind bewohnte Planeten im All? Und nicht zuletzt: Könnten sich fremde Intelligenzen bereits seit Jahrtausenden oder noch länger hier in unserer kosmischen Heimat, hier im Sonnensystem aufhalten, uns beobachten, ja vielleicht gar mit uns experimentieren? Sind UFOs als Manifestationen außerirdischer Wesen eine reale Erscheinung?

Natürlich konnten wir all diese Fragen an jenem einzigen Abend weder angenähert durchdiskutieren noch sinnvoll und ausführlich beantworten. Doch waren wir uns alle einig, daß sich gerade jetzt, in diesen und den kommenden Jahren, ein wissenschaftlicher Wandel des Denkens und der Weltbilder vollzieht; wir waren uns im klaren darüber, daß wiederum alte und eingefahrene Weltbilder langsam aber sicher von neuem, revolutionärem Gedankengut abgelöst werden, unaufhaltsam. Steht nach der *kopernikanischen* Wende vor bald fünfhundert Jahren nun endlich eine *kosmische* Wende bevor, gerade rechtzeitig zum dritten Jahrtausend?

Gerade die Frage nach der Häufigkeit fremder Planeten hat durch einige faszinierende astronomische Funde aufsehenerregende Antworten erhalten. Im März 1994 beispielsweise bewies der amerikanische Physiker Alexander Wolszczan von der Pennsylvania State University endlich – nach zwei Jahren der Unsicherheit –, daß um den Stern PSR 1257+12 tatsächlich Planeten kreisen. Es handelt sich um zwei dunkle Objekte, die je etwa dreimal so schwer sind wie unsere Erde. Niemand vermag sich allerdings vorzustellen, wie diese beiden Welten den Tod ihrer zentralen Sonne überlebt haben konnten. Denn: PSR

1257+12 ist der Überrest einer gigantischen Sternenexplosion, einer Supernova, bei der ein solcher Stern kurzzeitig heller als eine ganze Galaxie leuchtet. Alles in seiner Umgebung wird dabei zerstäubt, zerstrahlt, sterilisiert. Auch jene beiden Planeten hätten wie die berühmten »Tropfen auf dem heißen Stein« verdampfen müssen. Keine Überlebenschance! Und dennoch sind diese Planeten nachweislich vorhanden. Deswegen glauben einige Forscher nun, sie hätten sich erst im nachhinein formiert, aus der Asche der einstigen Sonne, und umrunden seitdem das Sternengrab des PSR 1257+12, der, als schnell rotierender Neutronenstern (Pulsar), einen der ungewöhnlichsten Orte in der Milchstraße repräsentiert.
Wie auch immer die Geschichte jener beiden Pulsarplaneten lauten mag, ihre Entdeckung zeigt eindeutig, daß die Tendenz zur Planetenentstehung selbst in den exotischsten Winkeln des Alls sehr groß ist.
In einigen Weltraumregionen haben Astronomen in den vergangenen Jahren Hinweise gefunden, daß offenbar gut die Hälfte aller Sterne dort von Planetensystemen umgeben sein müßte. Somit haben sich in jüngster Zeit auch die Einschätzungen zur Existenz fremder Intelligenzen im Universum radikal geändert. Die Überzeugung, daß zahlreiche andere Zivilisationen und Kulturen in der Galaxis anzutreffen sind, wächst selbst unter relativ konservativen Wissenschaftlern zusehends.
Nicht zuletzt wird auch das UFO-Phänomen weltweit wieder ernsthafter und ausführlicher diskutiert. Jahrzehntelang geheimgehaltene, endlich freigegebene Regierungsdokumente, Sichtungen zahlreicher unabhängiger und vertrauenswürdiger Augenzeugen, Untersuchungsberichte renommierter Wissenschaftler, physikalisch nachweisbare Effekte und Landespuren, spektakuläre Entführungsfälle und viele andere Fakten mehr sprechen eine eindeutige Sprache. Über all dies können wir einfach nicht länger hinwegsehen!
Irgend etwas Fremdes ist hier, auf und um unseren Planeten ...

Langsam stieg der Mond über den hohen Granitfelsen auf, die das wildromantische Yosemite-Tal einsäumen. Sein Licht ließ

dasjenige der Sterne nun merklich verblassen und erinnerte uns gleichfalls an die mittlerweile schon weit vorgerückte Stunde. Wir tauschten noch schnell unsere Adressen aus, dann verabschiedete sich Mike.
Es war ein unvergeßlicher Abend.
Ich lag noch eine ganze Weile wach im Zelt. Zu viel ging mir durch den Kopf. Meine Gedanken kreisten immer wieder um die Möglichkeit außerirdischer Kulturen hier im Sonnensystem und um einige wirklich überwältigende, weil unbestreitbare Berichte über Begegnungen mit unbekannten Flugkörpern und Wesen. Was haben jene Fremden mit uns vor, welche Absichten verfolgen sie?
Im Verlauf der Jahre, die ich mich mit der so kontroversen wie faszinierenden Frage nach der Anwesenheit Außerirdischer auf unserem Planeten beschäftige, ist mir ein unheimlicher, ja erschreckender Aspekt mehr und mehr aufgefallen. Eine nicht gerade unerhebliche Reihe an Indizien läßt darauf schließen, daß die Fremden, die oft als kleinwüchsige graue Wesen mit überproportional großen Köpfen und insektenartigen Augen beschrieben werden, seelenlos und kalt handeln. Sie scheinen grausamen Bio-Experimentatoren gleich, die einzig und allein an ihrer Forschung und den Ergebnissen ihres verwerflichen Tuns interessiert sind, in keinerlei Weise aber von dem Leid berührt werden, das sie ihren Versuchsobjekten – ob nun Mensch oder Tier – zufügen. Jeder noch so grausame Weg scheint ihnen recht, wenn er nur zur Erfüllung ihrer Belange dient. Doch was sind das für Belange? Welchem Ziel streben diese dämonischen, teuflischen Wesen letzten Endes zu?

Wenn wir uns nun auf die Suche nach Antworten auf all diese schwierigen Fragen begeben, werden wir damit gleichzeitig zu einer alptraumhaften Exkursion in uns bislang fremde, bizarre Welten aufbrechen. Wir werden den ungewöhnlichsten Zwischenfällen auf den Grund gehen und atemberaubende Aussagen zahlreicher Wissenschaftler wie auch anderer glaubwürdiger Augenzeugen aufspüren, die uns die Realität des Unfaßbaren aus erster Hand zu bestätigen wissen. Wir werden auch in

das labyrinthische Reich der Geheimdienste eindringen sowie die verborgensten Werkstätten von Militär und Wissenschaft aufsuchen, um daraus Folgerungen über das Unbegreifliche zu ziehen.
Nicht selten stoßen ernsthaft um Aufklärung bemühte UFO-Forscher auch auf Barrieren des Schweigens und werden mit falschen Informationen versorgt, die offensichtlich von den wirklich großen, zentralen Geheimnissen ablenken und die wahren Zusammenhänge verdunkeln sollen. Niemand, der sich in diesen Teufelskreis begibt, ist davor gefeit, in einem apokalyptischen Strudel zu versinken, in einem Schwarzen Loch, das jeden verschlingt, der sich darum bemüht, endlich etwas Licht in das wohl größte, finsterste Rätsel unserer Zeit zu bringen.
Versuchen wir nun, einen Blick in jene Abgründe unseres Weltbildes zu werfen, beginnen wir nun also mit unserer Wanderung über den unsicheren, schmalen und stets gefahrvollen Grat der Erkenntnis, um Belege für ein Weltphänomen zu finden.

II

Im Reich der »Grauen«

Ihre Haut sieht aus wie die eines Toten. Die Augen gleichen riesigen Höhlen. Es ist schrecklich... Ich kann mich nicht bewegen... In meinem Magen befindet sich ein Tubus; warum ist er in meinem Magen? Ich weiß nicht, wie sie ihn da hineinbekommen haben... Ich will weg, ich möchte, daß sie von meinem Gesicht weggehen... Es ist schrecklich... Warum müssen sie mir nur so nahe sein?... [Ihre Hautfarbe ist] grau, wie die von alten oder toten Menschen, runzelig. Sie haben keine Haare. Es sieht aus, als ob man ein Skelett betrachtet... Sie haben eine Nase. Sie müssen atmen. Aber ihre Nase ist formlos... da sind nur kleine Löcher... Sie haben auch einen Mund, aber er bewegt sich nicht... Ihre Köpfe sind sehr groß.« – So schilderte eine Augenzeugin ihre Begegnung mit fremden Wesenheiten, die sie in den siebziger Jahren angeblich in ein nichtirdisches Raumschiff entführt hatten. Nur ein Fall von vielen. Die unheimlichen grauen Wesen präsentieren sich stets in einer kalten, medizinisch-steril wirkenden Umgebung. Ihre Aktionen zeugen meist von erschreckender Gefühllosigkeit, von einem schier automatengleichen, maschinenhaften Prozedere, das einem grauenvoll dunklen Ziel unerbittlich zuzustreben scheint. Wer in diesen Mechanismus gerät, hat offenbar nicht die geringste Chance mehr. Er wird hineingerissen in einen gnadenlosen Strom des Ungewissen und Unwägbaren.

Menschen in den Händen Außerirdischer – ihnen machtlos ausgeliefert! Abstruse Horrormärchen, Zerrbilder des Schreckens? Oder ein Alptraum, der reale Gestalt angenommen hat? Kann diese regelrecht pervers erscheinende Weltvision wirklich der Wahrheit entsprechen? Ist es tatsächlich möglich, daß wir von

gefühlstoten Wesen aus dem All beherrscht und manipuliert werden? Eigentlich undenkbar! Nachgerade wahnwitzig!
Und dennoch: Die Berichte der einzelnen Zeugen, die aus den unterschiedlichsten Gegenden unseres Planeten stammen, ähneln sich bis hin zu vielen Details auf verblüffendste Weise. Geheimdokumente, die teils auf verschlungenen Wegen an die Öffentlichkeit gelangt sind, bestätigen dieses furchterregende Bild genauso wie zahlreiche Erlebnisse von Personen, die durch ihre Schilderungen mehr zu verlieren denn zu gewinnen hätten. Diese Informanten stammen nicht selten aus den Reihen des Militärs, der Regierung oder aber aus namhaften Forschungseinrichtungen. Aus all diesen Gründen ist es unfraglich angebracht, die Behauptungen über die physische Anwesenheit nichtirdischer, humanoider Lebensformen auf der Erde ernster zu nehmen, als man – aus einsichtigen Gründen – zunächst gewillt sein mag.
Geben wir uns nun einen Stoß und überwinden unsere Scheu, aus der vielleicht auch eine Spur von Angst spricht, Angst vor einer mehr als erschreckenden Einsicht. Treten wir also ein in das Reich der Grauen!

»Dr. Cris« sagt aus

An jenem kalten Märztag hatte ich mich für vier Uhr nachmittags mit einem geheimnisvollen Informanten verabredet, der mir Aufklärung über einige wesentliche Fragen zur Anwesenheit außerirdischer Intelligenzen auf der Erde versprochen hatte. Nun wartete ich schon über anderthalb Stunden in dem gepflegten Restaurant am Marktplatz einer kleinen Ortschaft mitten in der ehemaligen DDR. Ich hatte zuvor bereits einige Male kurz telefonisch mit ihm Kontakt aufgenommen und war von seinen Schilderungen wie auch von seinen beruflichen Qualifikationen nicht wenig beeindruckt. Daß ich per Zufall und wahrhaft um tausend Ecken herum hier offensichtlich auf jemanden gestoßen war, der mir aus erster Hand verläßliche Informationen zuzuspielen vermochte, schien mir ein wirklich seltener Glücksfall.

Nun aber wurde ich unruhig an meinem Tisch. Konnte mein Informant unser Treffen vergessen haben? Oder hatte er es sich am Ende gar anders überlegt, wollte er mir vielleicht doch nichts berichten? Ich versuchte, ihn mehrmals unter der Telefonnummer zu erreichen, die er mir gegeben hatte, konnte jedoch keine Verbindung bekommen. Schließlich der erlösende Anruf: Er sei noch aufgehalten worden, würde aber kommen. Eine knappe Dreiviertelstunde später betrat er dann das Restaurant. Mir war sofort klar, daß er es war, »Dr. Cris«, wie er sich der Anonymität halber gerne nennt. Ein Mann in den Fünfzigern, dessen gesamtes Erscheinungsbild auf eine intelligente und vielbeschäftigte Persönlichkeit schließen ließ. Wir hatten keinerlei Erkennungszeichen ausgemacht, begrüßten uns dennoch sofort, als hätten wir uns schon oft zuvor gesehen. Dann kamen wir sehr schnell und ohne Zögern zum eigentlichen Grund unseres Treffens.

Dr. Cris hatte bewegte Jahre hinter sich. Nach seiner naturwissenschaftlichen Ausbildung als Biophysiker und Ingenieur reiste er sehr bald in die Vereinigten Staaten und wurde dort mit diversen militärischen Projekten und geheimdienstlichen Aktivitäten vertraut gemacht. 1974 gehörte er einem internationalen Wissenschaftlerteam an, das eines Tages eine Reihe von technischen Materialproben zur Untersuchung vorgelegt bekam, die angeblich aus Rußland herausgeschleust worden waren. Die Aufgabe des Teams bestand darin, diese Produkte zu analysieren und auf im Westen eventuell noch unbekannte Komponenten zu überprüfen.
Schon der erste Augenschein ließ die Forscher damals stutzig werden. Seltsamerweise wirkte das Material ungewöhnlich alt; weitere Untersuchungen zeigten, daß es schon vor mindestens zwanzig Jahren produziert worden sein mußte, irgendwann um 1950 herum. Einige Metalle erwiesen sich als Legierungen, die zu jener Zeit noch unmöglich hergestellt worden sein konnten, war dazu doch völlige Schwerelosigkeit erforderlich! Irgend etwas stimmte hier nicht.
Die Wissenschaftler hatten einige Monate Zeit zur Verfügung, die Objekte zu prüfen, dann wurden die Proben an einen unbekannten Ort verbracht. Erst einige Jahre später stieß Dr. Cris wieder auf sie. Lassen wir ihn nun aber selbst zu Wort kommen:

»Es war an einem späten Nachmittag Mitte April 1977. Anläßlich einer Feier mit einem hochgestellten Personal Officer, selbst ein Wissenschaftler, ein Physiker, der mit seinen 55 oder 56 Jahren nun ausscheiden wollte, hatten sich einige Forscher aus dem Ausland in dessen Büro bei der NASA in Pasadena, USA, eingefunden – darunter auch meine Wenigkeit. Wir waren größtenteils bereits miteinander bekannt gewesen, da wir früher schon zusammen an Geheimprojekten gearbeitet hatten. Allerdings kannten wir uns gegenseitig nur unter Codenamen. An jenem Abend führten wir viele interessante Gespräche und kamen dabei öfters auch auf das leidige Thema zu sprechen, daß die Forschungsgelder immer mehr schrumpften und in den kommenden Jahren die Mittel etlicher NASA-Programme mehr und mehr gekürzt oder sogar gänzlich gestrichen würden. Das war letztlich auch der Grund, warum jener Officer vorzeitig abdankte – eben um diese Probleme nicht mehr direkt miterleben zu müssen. Er wollte noch während der Zeit der großen Erfolge aus dem Geschäft aussteigen.

Nach einem angenehmen Gespräch und dem vielleicht etwas zu ausgiebigen Genuß von Champagner mit Orangensaft meinte er zu uns: ›Ich habe noch etwas, was euch interessieren wird. Etwas Besonderes, ein paar Überbleibsel von speziellen technischen Apparaturen. Wir haben hier einen gesonderten Raum. Und dann vielleicht noch ein paar andere Besonderheiten.‹ Daraufhin entnahm er aus einem Sicherheitsschrank einen Schlüssel und sagte zu seinem amerikanischen Mitarbeiter: ›Nehmen wir diesen Schlüssel…, nein, doch lieber diesen, der ist der richtige‹, wonach er den zuerst gewählten wieder zurückgab und im Schrank verschließen ließ. Wir haben erst später erfahren, warum diese Verwechslung so absichtlich herbeigeführt wurde. Anschließend sind wir dann mit dem Lift in einen mehr oder weniger atombombensicheren Trakt des Gebäudes hinuntergefahren, drei Stockwerke unter der Erde. Die Räume dort waren von sehr schweren Stahltüren gesichert, fast so wie bei Tresoren. Nach einigen zehn Metern, die wir vom Lift aus gegangen waren, wobei der Weg zwei- oder dreimal seine Richtung wechselte, gelangten wir an eine weitere Türe. Als der Amerikaner den Schlüssel einsteckte und sie öffnen wollte, bemerkte er plötzlich, daß sich unten und oben am Eingang Plomben befanden. Er wollte daraufhin sofort zurück und meinte, es müsse sich doch um den falschen Schlüssel, um den falschen Raum handeln, doch jetzt drängte der Engländer darauf, weiterzumachen und diese Türe zu öffnen. Er scherzte dazu noch: ›Du bleibst jetzt hier. Und die Plombe? Also ich nehme die obere, und der Schweizer, der soll die untere nehmen, schließlich kommt er ja aus einem neutralen Land und kann folglich mehr als andere riskieren.‹

Das verrückteste war, sie haben es dann tatsächlich so gemacht und die Tür geöffnet! Wir sind hineingegangen, haben das Licht

eingeschaltet – vorne brannte nur so eine Art Sicherheitslicht – und befanden uns nun in einem vielleicht acht bis zehn Meter langen Raum mit gut vier Meter Breite. Das erste, was uns ins Auge fiel, waren zwei etwas glänzende Gegenstände. Behälter aus Plexiglas. In einem der beiden befand sich ein Hüftknochen, unten etwas angebrochen. Er sah aus wie der Hüftknochen eines Kindes, jedoch war er anders geformt und verkalkt. Die Struktur war anders, die Form der Hüfte war nicht die gleiche, wie Menschen sie haben. Die Farbe war auch anders, nicht diese typisch weißgelbliche, sondern hellgrau-weiß. Die Strukturen waren, dort wo sich die Muskelansätze befinden, anders geformt – nur sehr leichte Ansatzpunkte. Bei Menschen ist das alles viel stärker ausgeprägt, geschweige denn bei Tieren. Dann, an der Bruchstelle, lag das Innere des Knochens frei. Der Bereich, wo sich das Mark befinden sollte, war viel kleiner, die Strukturen dort wirkten sehr filigran, sehr porös, ein Gerüst mit dreidimensionalen Verstärkungen. Das alles sah ganz anders aus als beim Menschen.
Des weiteren sahen wir im zweiten Behälter das Bruchstück eines Schädels – etwa ein Drittel oder vierzig Prozent davon; das Segment schloß die Augenhöhle mit ein und einen Teil der rechten Schädelhälfte. Dieser Kopf war etwa so groß wie der eines schon etwas älteren Kindes. Er sah humanoid, menschenähnlich aus, stammte aber weder von einem Kind noch von einem Affen oder irgendeiner uns bekannten Rasse. Die Farbe wich von der des Hüftknochens ab, sie wirkte heller. Ich weiß nicht, ob einige Knochenteile vielleicht durch Feuereinwirkung beschädigt worden waren, auf jeden Fall war die Farbe nicht die gleiche.
Die Plexiglasbehälter, in die diese Fragmente übrigens eingegossen bzw. eingeschlossen worden waren, müssen schon vor längerer Zeit hergestellt worden sein, denn sie wiesen zahlreiche Kratzspuren auf, so als ob sie unzählige Male hin- und hergeschoben und untersucht worden wären. Besonders der Behälter mit dem Schädelbruchstück war stark verkratzt.
Noch etwas: Mir fiel auf, daß die das Gehirn normalerweise schützend umgebende Knochenhülle hier weitaus dünnwandiger ausgelegt war als beim menschlichen Skelett.

Es stand sogar auch eine kleine, ganz kurze Erklärung dabei: ›Aus dem ersten und zweiten Zwischenfall in New Mexico.‹
Daraufhin haben wir unseren amerikanischen Freund ein wenig zur Seite genommen und gefragt, was das heißen soll, worauf er antwortete: ›Das ist streng geheim, darüber dürfen wir eigentlich gar nicht reden. Ich wußte, daß so etwas hier existiert, aber wir hatten natürlich keine Befugnis einzudringen. In den Raum wurde jetzt eingebrochen…‹ Er war mittlerweile wirklich sehr nervös geworden, zitterte nun fast aus Angst darüber, was geschehen war.«

An dieser Stelle mußte ich Dr. Cris, der mich mit seinen Ausführungen freilich immer mehr fesselte, kurz unterbrechen. Ich wollte mich noch einmal wirklich darüber vergewissern, was ich soeben von ihm vernommen hatte:
New Mexico!
Handelte es sich also um Relikte aus dem wohl berühmtesten UFO-Zwischenfall der Geschichte, bei dem angeblich im Jahr 1947 ein außerirdisches Raumfahrzeug auf einem einsamen Farmgelände unweit des Ortes Roswell abgestürzt war? Sprach ich augenblicklich also mit einem der vielleicht wesentlichsten Zeugen dieses einmaligen Falles, mit einem Zeugen, der darüber hinaus sogar die Gerüchte bestätigen konnte, daß damals mehrere humanoide Besatzungsmitglieder dieses Flugkörpers, relativ kleine, grauhäutige Wesen, ums Leben gekommen waren und von Angehörigen des US-Militärs an unbekannte Orte verbracht wurden?
Tatsächlich waren es auch seinerzeit fast dieselben Fragen, welche Dr. Cris und seine Forscherkollegen dem Officer stellten:
»›Ist es also dieser berühmte Fall, an dem wir Physiker, Biophysiker und Chemiker vor drei Jahren unsere Untersuchungen durchgeführt haben?‹ – Es handelte sich damals um Materialproben, die einzeln, durchnumeriert und zunächst unzugänglich unter Glas in einer Kassette befestigt waren. Darunter befanden sich zum Beispiel metallische Materialsplitter, Stücke, die aussahen, als würden sie aus geschäumtem Metall bestehen.

Die Außenhaut war sehr glatt und glänzend, der Bruch aber matt, und man konnte eine Hohlraumstruktur erkennen.
Das war das gleiche Material, das wir als – so nannte man es – eine technologische Sensation zu untersuchen hatten, die angeblich aus irgendwelchen Forschungszentren stammte. Der springende Punkt: Es gab da Metallfolien, ein Laminat aus Metall, kevlar- und kaptonähnliches Gewebe, metallisiert. Das war ein abgerissenes, von außen angesengtes Fragment mit Kohlenstoffspuren, das von einem Astronautenanzug stammte. Außerdem lag uns ein Fragment von einer Art Helm vor, ein großer Splitter von etwa 5 mal 15 Zentimetern.«
Dr. Cris hielt für einen Augenblick inne. Natürlich brannte mir jetzt die Frage auf der Zunge, was mit den übrigen Wrackteilen jenes havarierten Raumschiffs geschehen war, wohin sie verbracht worden waren, wer sie untersucht hatte, wer sie verbarg.
»Wir konnten nur das in die Hände bekommen, was wir bekamen«, antwortete mein Gegenüber. »Es wurde darüber nichts weiter berichtet. Selbstverständlich wurde alles eingesammelt, bis auf den letzten Splitter – und alles untersucht. Wesentlich war freilich: Diese geschäumten Metalle, diese Materialien wie zum Beispiel Kevlar existierten zu jener Zeit ja noch nicht, Kapton war unbekannt. Diese Metallfolien, die so ähnlich wie heute Glasmetalle hergestellt werden, also auf damals absolut unbekannte Art, besaßen im Nanometerbereich pyramidenähnliche Strukturen, die folglich nur unter dem Elektronenmikroskop sichtbar waren. Sie wirkten wie Spiegel, die wirklich alles spiegelten.
Man erzählte uns, wie gesagt, das seien Proben aus Forschungslaboratorien beziehungsweise daß man etwas aus dem Ausland in die Hände bekommen hätte, was unsere Gegner produziert hätten – Material aus der Raumfahrtforschung der Russen und so weiter. Wir entwickelten schon damals einen gewissen Verdacht. Und die Metallurgen, die die Strukturanalysen durchgeführt hatten, stellten von vornherein fest, daß diese Legierungen auf der Erdoberfläche überhaupt nicht legierbar sind, daß dies nur in der Schwerelosigkeit unter bestimmten Zusatzbedingungen möglich war.«

Doch was war, wenn es sich bei der ganzen Roswell-Geschichte um ein militärisches Geheimprojekt, vielleicht gar um ein Experiment gehandelt hatte, bei dem auch Gentechnik eine wesentliche Rolle spielte? Handelte es sich bei den kleinwüchsigen, abnorm wirkenden, aber doch immer noch humanoiden grauen Wesen um armselige Kreaturen aus den Biowerkstätten wahnwitziger Kriegsingenieure? Bastelten hier ehrgeizige Forscher etwa an willenlosen Genmonstern, die sich unproblematisch bei Kamikaze-Aktionen in militärischen Kampfhandlungen einsetzen ließen? Gedanken dieser Art wies Dr. Cris sofort weit von sich. »Diese Technologie gab es damals definitiv noch nicht. Weder auf dem chemischen noch auf dem genetischen Sektor. Man war damals auf Krieg eingestellt, ganz vordergründig auf Waffen, auf Vernichtung, nicht aber auf Hochtechnologie und derartige Werkstoffe.«

Später, als die Wissenschaftlergruppe jenen unterirdischen Raum im kalifornischen Pasadena betreten hatte, erkannte sie die meisten Objekte dort als dasjenige Material wieder, das ihnen vor Jahren mit falscher Herkunftsangabe vorgelegt worden war. Kein Zweifel. Dr. Cris und seine Kollegen hatten außerirdische Artefakte untersucht: »Das war uns allen nachher klar, das heißt drei von fünf haben sofort gesehen, daß es dasselbe Material war, das wir damals analysieren sollten. Schließlich lagen diese Objekte über eine längere Zeit – im Bereich von Monaten, ja so ungefähr ein halbes Jahr – bei uns im Labor. Das Material wurde uns vielleicht auch deshalb gezeigt, um uns zu testen, wie weit wir das alles unterschreiben oder auch etwas Neues herausfinden konnten. Diese Proben wurden ja schließlich zum n-ten Male untersucht, von verschiedenen Wissenschaftlerteams, um immer noch neue Erkenntnisse zu gewinnen.«

Auf diese Weise kam Dr. Cris also (bisher) zweimal in näheren Kontakt mit jenen unheimlichen Fundstücken aus New Mexico. Existierte noch weiteres Material? Was war aus den sterblichen Überresten der außerirdischen Besatzung geworden? Im unterirdischen Geheimtrakt lagerten ja nur verhältnismäßig »unbedeutende« Fragmente. Wieviel wußte *er* darüber, wieviel konnte oder wollte *er* mir zu diesen drängenden Fragen berichten?

»Dieses biologische Material, das wir in jenem Raum sahen«, so begann Dr. Cris seine Ausführungen, »war noch relativ unverwest konserviert worden und diente vermutlich in erster Linie Demonstrationszwecken: zur Vorführung, Brainstorming und Diskussionen, also nicht nur rein wissenschaftlichen Zwecken. Insgesamt waren damals, 1947, sogar mindestens zwei Raumfahrzeuge mit einer je mindestens dreiköpfigen Besatzung havariert. Ein Mitglied der zweiten Crew soll sogar noch gelebt und sich vom Ort des Absturzes entfernt haben. Ich weiß aber nichts Genaues über sein weiteres Schicksal. Die ersten drei Wesen waren vollständig verkohlt, während die anderen beiden Leichname noch weitgehend erhalten waren, also zum Beispiel was Schädel, Haut oder die Knochen angeht. Teile der Kleidung fanden sich ebenfalls.

Wie ich von Biologen gehört habe, ist ihr Blut dem unseren ähnlich, aber ihm doch nicht gleich, und zeigt ein ganz anderes Verhalten gegenüber Sauerstoff. So mußten sie im Inneren der Raumschiffe ein Gemisch aus Helium und Sauerstoff atmen, da Stickstoff für sie – aus welchen Gründen auch immer – nicht gerade bekömmlich ist.«

Das lange Warten auf Dr. Cris hatte sich wirklich gelohnt, dessen war ich mir mittlerweile sicher. Er hatte sehr ausführlich auf alle meine Fragen geantwortet, ohne je ungenau zu werden oder auszuweichen. Trotzdem hielt ich es nun für angemessen, unser immerhin schon einige Stunden währendes Gespräch vorerst abzubrechen, ungeachtet all meiner nach wie vor ungebändigten Neugierde und der tausend weiteren Fragen, die mich noch beschäftigten.

Schließlich war es schon neun Uhr abends geworden. Dr. Cris hatte noch einige Unterlagen aus der High-Tech-Firma zu holen, für die er zur Zeit arbeitete, und lud mich ein, noch schnell mitzukommen. Also machten wir uns auf den Weg. Während ich hinter ihm herfuhr, passierte vor meinem geistigen Auge noch einmal die vorangegangene Unterredung im Eilzugtempo Revue. So ein Gespräch führt man in der Tat nicht alle Tage! Mir schwirrte der Kopf. Welche Geheimnisse kannte jener mysteriöse, so vielseitig beschäftigte Wissenschaftler wohl noch?

Nach einer kurzen Fahrt erreichten wir die Straße zu einem nüchternen, voll in Aluminium gekleideten Gebäudekomplex und stellten unsere Fahrzeuge auf dem Vorplatz ab. Dr. Cris schloß ein Tor auf, dann gingen wir durch lange Flure an mehreren Labors voll elektronischer Anlagen vorbei, an denen teils sogar noch gearbeitet wurde. Schon hier sah alles sehr geheimnisvoll aus, wenn auch in diesen Räumen sicherlich niemand an extraterrestrischen Artefakten experimentierte!

Im zweiten Stockwerk befand sich das Büro von Dr. Cris; er war vor kurzem in diesen Raum eingezogen – überall lagen noch Kisten herum, Akten stapelten sich zu Berge. Auf dem schweren Schreibtisch lag allerlei technisches Gerät, und Dr. Cris erklärte mir, sein momentanes Haupttätigkeitsfeld sei die extreme Steigerung des Wirkungsgrades unterschiedlichster Maschinen.

Ich nahm auf einem Drehsessel Platz, der sich sogleich als ein kleines Folterwerkzeug herausstellte. Beim leichtesten Positionswechsel nämlich begann dieses Möbel entsetzlich laut zu quietschen. Entsprechend versuchte ich, möglichst jede kritische Bewegung zu vermeiden, rührte mich also überhaupt nicht mehr. – Als wir uns Monate später in einem modernen Konferenzraum wiedertrafen, umgab uns dann allerdings herrlichste Ruhe...

Während Dr. Cris einige Unterlagen durchsah, stellte ich mir immer wieder die Frage: »Was steckt nur dahinter, kann das wirklich alles wahr sein?« – Da sitzt ein grundvernünftiger, hochintelligenter Wissenschaftler vor einem, erzählt wahrhaft die schaurigsten Horrorgeschichten über fremde Wesen aus dem All, graue Humanoide, und behauptet dann schließlich steif und fest, dies alles sei keineswegs Fiktion, sondern unfraglich absolut real! Eine Aussage, die gleichbedeutend ist mit der Forderung: Vergiß alles, was du je über die Geschichte dieses Planeten gehört hast oder über Astronomie oder Evolution

oder das Staaten- bzw. Machtgefüge der Welt oder über den Ursprung der Religionen oder… Vergiß einfach alles, dein komplettes, althergebrachtes Weltbild: Dreh alles um 180 Grad um, und du wirst die Wahrheit erkennen! Es ist, als ob man im eigenen Haus, in dem einem seit Jahren jeder kleinste Winkel bestens vertraut ist, plötzlich eine neue Türe entdeckt, durch die man in ein geheimnisvoll faszinierendes, doch unheimliches und nicht enden wollendes Kellerlabyrinth eintritt!
Welchen Grund hätten letztlich anonyme Informanten wie Dr. Cris, mir eine komplette Bärengroßfamilie aufzubinden? Geht es darum, falsche Spuren zu legen, eine regelrechte Verwirrungstaktik zu betreiben, um mich dadurch ebenso wie andere Leidensgenossen der schreibenden Zunft möglichst weit von den echten »facts«, eben den realen Hintergründen abzulenken? Sicher ließe sich die UFO-Thematik durch gezielte Desinformationskampagnen prinzipiell zur Vertuschung bestimmter militärischer Geheimprojekte mißbrauchen. Doch, müßten dazu derart abstrus wirkende, geradezu unglaublich erscheinende Stories in die Welt gesetzt werden?
Wie kommt es außerdem, daß unzählige Ereignisse, Erlebnisse, Zeugenberichte und Dokumente *weltweit* übereinstimmend auf die Anwesenheit mindestens einer, wie auch immer gearteten, außerirdischen Intelligenz auf unserem Planeten hindeuten? Die Aussagen bestätigen sich gegenseitig, die Zahl der Zeugen und Belege ist mittlerweile überwältigend.
Auch Dr. Cris nannte mir präzise Daten und Namen von Personen, die seine Geschichte, seine Mitwirkung an geheimen Regierungsprojekten zu bestätigen wissen.
Nicht zuletzt fragt sich: Was in aller Welt müßten das für militärische Geheimprojekte sein, die durch solch eine gigantische Globalkonspiration mit aller Gewalt vor der Menschheit verborgen gehalten werden sollen? Wie auch immer man es dreht und wendet, was auch immer hinter diesem Phänomen stecken mag, wer auch immer die ganze Wahrheit kennt – es muß schon ein unvergleichliches, mehr als revolutionäres Geheimnis sein, das seit Jahrzehnten mit äußerster Beharrlichkeit verborgen gehalten wird – ein wirklich *furchtbares* Geheimnis. Vielleicht ist

es auch genau das, was viele abhält, dem Thema Glauben zu schenken. Denn schließlich sehen wir uns ganz offenbar mit etwas konfrontiert, dessen reale Zugehörigkeit zu unserer so vertrauten Welt uns, gelinde gesagt, angst und bange machen würde.

Konsequenz: Augen zu!?

Nein!

Wir müssen unsere Suche fortsetzen. Bisher deuten alle Zeichen direkt in den Kosmos. Und wir haben sogar bereits zahlreiche neue Belege dafür gefunden.

Was geschah wirklich im Jahr 1947?

Ich bin ein Wissenschaftler, der sich verpflichtet hat, die Wahrheit über UFOs im allgemeinen und ›Roswell‹ im besonderen herauszufinden... Ich habe über das Thema ›Fliegende Untertassen *sind* real‹ an mehr als 600 Colleges und vor über 100 Fachgruppen in 50 [US-]Staaten, neun von zehn kanadischen Provinzen, Finnland, Italien, Deutschland und England sowie vor den Vereinten Nationen referiert. Außerdem habe ich nunmehr über 60 Aufsätze UFOs betreffend verfaßt.« – Mit diesen Worten stellte sich im Sommer 1994 der amerikanische Kernphysiker Stanton T. Friedman in einem ausführlichen Schreiben an mich vor. Freilich war mir Mr. Friedman schon seit langem als einer jener ehrwürdigen, großen amerikanischen UFO-Forscher bekannt, die sich in den vergangenen Jahrzehnten um eine ernsthafte, wissenschaftliche Untersuchung des Phänomens verdient gemacht hatten und dabei auf sensationelles Beweismaterial gestoßen waren. Ich wußte auch, daß Friedman, der viele Jahre lang selbst an Geheimprojekten mitgewirkt hatte, unumstritten als der führende Experte und Hauptuntersucher jenes immer noch von vielen Rätseln umgebenen Roswell-Absturzes in New Mexico gilt – genau jenes Zwischenfalls, über den mir Dr. Cris immer sensationellere Details enthüllte.

Diese neuen Erkenntnisse waren freilich auch der Grund von Stanton Friedmans Schreiben. Wie aber konnte er davon erfahren haben? Noch hatte ich nirgends etwas über meine Gespräche mit dem neuen Zeugen veröffentlicht!
Allerdings, in meinem Briefwechsel mit dem amerikanischen Forscher Thomas Adams, der sich ebenfalls mit dem Roswell-Geheimnis befaßt, hatte ich im Juni 1994 auch meine eigenen diesbezüglichen Recherchen mit wenigen Worten umrissen. Wie der Zufall spielt, trafen sich Tom Adams und Stanton Friedman nur drei Wochen später auf einer großen UFO-Konferenz in Austin, Texas, und kamen schließlich auch auf meine Arbeit zu sprechen. Ursprünglich wollte ich sogar selbst genau auf diesem Kongreß anwesend sein, da ich ohnehin bei den fast zeitgleichen Feierlichkeiten zum 25. Jahrestag von *Apollo 11* im NASA-Space-Center, Houston, mitwirkte. Doch klappte das dann aus verschiedenen Gründen leider nicht mehr.
In seinem Brief erklärte mir Friedman später: »[Adams] merkte leise an, daß er von einem Forscher gehört habe, jemand in Europa hätte [außerirdische] Wrackteile und Leichname gesehen. Ich überredete ihn, mir in strengstem Vertrauen eine Kopie Ihres an ihn gerichteten Briefes vom 26. Juni zu übersenden. Er war so freundlich dies zu tun, wußte er doch, daß ich jenen Fall seit über 16 Jahren untersuche. Anfang Juni war ich erneut in New Mexico.«
Friedman bot mir an, mich bei meinen weiteren Recherchen zu unterstützen. Ein Vorschlag, den ich natürlich mit Freude aufnahm.
Nun galt es, zusätzliche Nachforschungen anzustellen und Zeugen ausfindig zu machen, die auch die Erlebnisse von Dr. Cris bestätigen, wie zum Beispiel die von ihm erwähnten Wissenschaftler Robert Hutchison und Dr. Adam Trombly von der NASA sowie ein VIP-M.Cons. und Grand Support Officer »E.K.«, der ebenfalls bei der NASA in Huntsville/Alabama tätig war, dessen Anonymität aber gewahrt bleiben soll [der volle Name ist mir bekannt].
Schon am 22. September 1994 teilte mir Friedman mit:
»Ich bin sicher, Sie wissen, daß die dominierende NASA-Ein-

richtung in Pasadena das *Jet Propulsion Laboratory* ist, das in der Tat über eine sehr ausgeklügelte Ausstattung verfügt sowie einen sehr hohen Grad wissenschaftlicher Expertise. Es klingt sehr vielversprechend. Ich werde die Sache weiterverfolgen, wenn ich *die Namen* bekomme. Ich bin einverstanden, Dr. Cris' Identität nicht zu enthüllen, auch dann, wenn ich sicher bin, zu wissen, wer er ist. Ich werde auch versuchen, Dr. Robert Hutchi(n)son aus Kanada nachzuspüren.«
Seltsam: Mein Fax an Friedman, in dem ich ihm erstmals einige Namen zur Überprüfung hatte zukommen lassen, ist gerade in jener Zeile stark verstümmelt, in der ich eben diese Namen aufzähle. Sicherlich, nur ein dummer Zufall, aber man wird eben langsam »hellhörig«!
Alle bisherigen Aussagen und Überprüfungen fügen sich nahtlos in das große, einheitliche Bild, das sich mittlerweile um den »Fall des Jahrhunderts«, ja möglicherweise gar das »Mysterium des Jahrtausends«, abzeichnet: den berühmten »Roswell-Absturz«!

New Mexico, 2. Juli 1947. Ein schweres Gewitter wühlt die über Lincoln County hereinbrechende Nacht auf. Zwischen den Blitzen rast ein strahlender Diskus in nordwestliche Richtung durch die Wolken und wird von einigen überraschten Beobachtern verfolgt.
So werden kurz vor zehn Uhr abends der Eisenwarenhändler Dan Wilmot und seine Frau vor ihrem Haus in der Stadt Roswell auf das ungewöhnliche Objekt aufmerksam, das zischend und mit riesiger Geschwindigkeit über sie hinwegzieht.
Etwa 120 Kilometer nördlich, nahe Corona, schreckt unmittelbar darauf der Rancher William »Mac« Brazel von einer heftigen Explosion auf, die sich deutlich vom natürlichen Donner jener Nacht unterscheidet. Brazel ist neugierig, aber auch beunruhigt. Was mochte da draußen geschehen sein? Am liebsten wäre er der Angelegenheit gleich auf den Grund gegangen, doch war es bereits dunkel, und außerdem entlud sich das Unwetter nach wie vor mit unverminderter Gewalt.
Am nächsten Morgen dann macht er – mitten auf seinem Wei-

deland – einen absolut unerklärlichen Fund. Als er seine Schafe auf frisches Grasland führen will, entdeckt er auf einem Gelände von rund einem Kilometer Länge und hundert Meter Breite unzählige metallische Wrackteile unbekannter Natur und Herkunft. Überall liegen die Trümmer herum – sehr dünnes, folienartiges Material, seltsame kleine, auffallend leichte und mit rätselhaften, hieroglyphenähnlichen Schriftzeichen bedeckte Stäbe, die wie Balsaholz aussehen, doch nicht aus Holz sind. Außerdem findet sich fast überall ein pergamentartiger, brauner und extrem widerstandsfähiger Stoff.

Kurzerhand sammelte »Mac« Brazel einige dieser mysteriösen Relikte auf und lagerte sie in einem Verschlag unweit seines Hauses. Nachdem der 4. Juli, der Unabhängigkeitstag, in jenem Jahr auf einen Freitag fiel, konnte Brazel seinen Fund erst nach dem verlängerten Wochenende nach Roswell bringen, um ihn dort von Sheriff George A. Wilcox begutachten zu lassen. Der rechtschaffene Gesetzeshüter benachrichtigte daraufhin ohne Aufschub »Roswell Army Air Field« (RAAF, heute: »Walker Field«), auf dem seinerzeit die 509. Bomberstaffel und einzige Atombombeneinheit der USA stationiert war. Wilcox brachte damit ungewollt einen wahrhaft mächtigen Stein ins Rollen. Später bedauerte er zutiefst, die Wrackteile dem Militär übergeben zu haben.

Mehr und mehr steigerte sich die Roswell-Affäre regelrecht ins Unheimliche. Barbara Dugger, die Enkelin jenes Sheriffs berichtete vor einigen Jahren, wie ihre Großmutter Inez Wilcox einmal erwähnte, sie und George seien damals vom Militär mit dem Tode bedroht worden, falls sie je darüber sprechen sollten, was sie 1947 gesehen und erlebt hätten. Doch alles der Reihe nach.

Unaufhaltsam nahm die Geschichte ihren Lauf. Colonel William H. Blanchard, der Basiskommandant von Roswell, traf kurz nach der Meldung von Wilcox in dessen Büro ein. In seiner Begleitung befand sich der Nachrichtendienstler Major Jesse A. Marcel (später Lt. Colonel) sowie Captain Sheridan Cavitt von der Gegenspionage (CIC = Counter Intelligence Corps).

Blanchard beschlagnahmte das Material und sandte es weiter an General Roger Ramey, Luftwaffenkommandant auf der Carswell Army Air Base in Fort Worth, Texas.
Wilcox hatte auch zwei Hilfssheriffs zu Brazels Ranch geschickt, um das Absturzgelände zu lokalisieren. Sie konnten es allerdings in jener verlassenen Gegend nicht ausmachen, obwohl sie sich relativ gut auskannten. Hingegen aber fanden sie auf einer der Weiden eine eigenartige kreisrunde Fläche. Eigenartig insofern, als dort der Sand zu einer glasigen, schwarzen Substanz verschmolzen war, so als ob sich eine glühende Eisenplatte auf dem Gelände niedergelassen hätte. Als die beiden Sheriffs dann wieder im Büro von Wilcox erschienen, machte sich Brazel zusammen mit Marcel und Cavitt auf den Weg zur Ranch, um sie zum ersten Fundplatz zu führen.
Am 8. Juli 1947 begann eine generalstabsmäßig geplante, ausgedehnte Suche auf der Ranch. Die kleinsten Splitter, die winzigsten Überreste des fremden Flugkörpers wurden eingesammelt und abtransportiert, Mac Brazel von Agenten der Gegenspionage in Gewahrsam genommen.
Dann die Sensation:
Unweit dieses Fundplatzes, nur etwa zweieinhalb Meilen südöstlich, entdeckten Hubschrauberpiloten das komplette Wrack eines diskusförmigen Flugobjektes und – die Körper von mindestens drei nichtmenschlichen Wesen, die durch ihre geringe Größe von nur etwa 1,20 Meter und überdurchschnittlich große Köpfe auffielen!
Bis zum Ort des Absturzes war auch der Reporter Johnny McBoyle von einem Lokalsender in Roswell vorgedrungen. So schnell er nur konnte, meldete er sich telefonisch beim Hauptsender in Albuquerque und gab seine Story atemlos durch. Lydia Sleppy, die Buchhalterin und Telexoperateurin am anderen Ende der Leitung, wollte zunächst freilich nicht glauben, was ihr McBoyle da auftischte. Doch schien er seinen Bericht wirklich völlig ernst zu meinen. Er diktierte ihr die sensationellen Erlebnisse jenes Tages in Kurzform, wobei Mrs. Sleppy sofort damit begann, alles in den Fernschreiber zu tippen. Plötzlich hielt das Instrument mitten in der Übertragung inne, es

klingelte, und im Sender traf nun ein Telex des FBI ein, mit der unmißverständlichen Aufforderung:
»Übermittlung der Nachricht auf FBI-Befehl sofort einstellen!«
Lydia Sleppy las McBoyle die Order vor und fragte ihn, was sie nun tun sollten, woraufhin er nur meinte, sie solle sich nichts daraus machen, und er habe sich schlichtweg geirrt.
Bereits am Vormittag des 8. Juli ging eine Pressemeldung über den geheimnisvollen Zwischenfall an die Öffentlichkeit – kurioserweise sogar direkt von militärischer Seite! Colonel Blanchard hatte den Presseoffizier 1st Lieutenant Walter G. Haut damit beauftragt, eine kurze Mitteilung über die Bergung einer fliegenden Scheibe freizugeben. Diese Aktion hatte mehrere Gründe, unter anderem war Blanchard schon immer an einem guten Vertrauensklima zwischen seiner Basis und der Bevölkerung interessiert. Zum anderen aber, und das war wohl wichtiger (wenn auch taktisch falsch), wollte er durch die Nachricht, alles Material sei bereits geborgen worden, vermeiden, daß sich Zivilisten aus der Umgebung auf die Suche nach dem Flugobjekt machten. So verlautbarte daraufhin Walter Haut an die Associated Press:
»Die vielen Gerüchte über fliegende Scheiben sind gestern Realität geworden, als das nachrichtendienstliche Büro der 509ten Bomberstaffel der 8. Air Force, Roswell Army Air Field, sich in der glücklichen Lage befand, durch Kooperation mit einem der ansässigen Rancher und dem Sheriffbüro von Chaves County in den Besitz einer Scheibe zu kommen. Das fliegende Objekt landete irgendwann letzte Woche auf einer Ranch unweit von Roswell... Sofort wurden geeignete Maßnahmen ergriffen und die Scheibe auf dem Gelände aufgeladen. Sie wurde auf dem Roswell Army Air Field inspiziert und anschließend von Major Marcel an eine höherrangige Einheit weitergeleitet.«
Bald folgten freilich die Dementis. General Ramey auf Fort Worth hatte das einmalige Material ins Pentagon nach Washington gesandt. Von dort kam der Befehl strengster Geheimhaltung. Niemand durfte erfahren, was wirklich auf jener Ranch nördlich von Roswell geschehen war. – Damit begann eine jahrzehntelange, bis heute andauernde Vertuschungstaktik der

US-Regierung, ein weltweites »Cover-up«. Während die echten Wrackteile von Washington zum Air Materiel Command, dem Versorgungskommando der amerikanischen Luftwaffe auf dem Wright Field (heute: Wright-Patterson Air Force Base), gesandt wurden, leitete General Ramey in Texas die Desinformation ein.
Jesse Marcel befand sich am Nachmittag des 8. Juli gerade in Rameys Büro. Hier lagen noch einige originale Überreste des Absturzes. General Ramey wollte von Marcel wissen, wo genau er das Material aufgefunden hatte und führte ihn in einen Kartenraum. Als sie später wieder ins Büro zurückkamen, waren die Fundobjekte verschwunden. An ihrer Stelle lag dort nun ein zerrissener Wetterballon!
Dieser Ballon war es dann auch, der den von Berufs wegen neugierigen Vertretern der Presse als »Fund von Roswell« vorgeführt wurde. Er galt gleichermaßen freilich als der schlagende, körperhafte »Beweis« dafür, daß auf Brazels Ranch nichts Außergewöhnliches niedergegangen war. Die ganze anfängliche Aufregung und Verwirrung, das Gerede über havarierte fliegende Untertassen aus anderen Welten, ließ sich also letztlich auf einen simplen Wetterballon zurückführen! Offenbar waren die Offiziere auf dem Luftwaffenstützpunkt von Roswell folglich einfach allesamt zu dumm, um das herauszufinden! Wenn die Sache nur so einfach gelagert wäre!
Was für das Militär aber einzig und allein zählte: Die Öffentlichkeit war nun weitgehend ausgeschaltet und beruhigt. Nach der sensationellen Meldung vom 8. Juli brachte auch der »Roswell Daily Record« die schlaffe Geschichte vom ebenso schlaffen Wetterballon!
Nun aber gab es da eben noch eine ganze Menge an Verwicklungen, zahlreiche Zeugen und – viele, wirklich sehr viele unbeantwortete Fragen!
So wundern sich die beiden Roswell-Forscher Kevin D. Randle und Donald R. Schmitt, *warum* – wenn die Ballon-Geschichte wirklich stimmen würde –, ja, *warum* Brazel eine ganze Woche lang von Air-Force-Personal in Gewahrsam genommen und verhört worden ist; *warum* bestens geschulte und erfahrene Mi-

litärs wie Jesse Marcel nicht sofort erkannten, daß es sich um nichts anderes als einen schlichten Wetterballon handelte; *warum* das Militär auf der Ranch nach radioaktiver Strahlung suchte; *warum* das engere Absturzgelände von bewaffneten Wachtruppen und in größerem Kreis noch einmal von einer weiteren Absperrkette umstellt war; *warum* zusätzlich auf den umgebenden Hügeln Gewehrschützen lauerten und auf den Straßen Militärpolizei im Einsatz war; *warum* insgesamt acht, vielleicht gar neun Flüge zum Abtransport der Wrackteile nötig waren; *warum* das Militär 1949, also zwei Jahre später, weitere sehr kleine Fragmente des Absturzes konfiszierte, die Bill, der Sohn von Mac Brazel, zwischenzeitlich gefunden und nur ganz beiläufig in einer Kneipe der Umgebung erwähnt hatte…

Es gibt wirklich einen ganzen Wust an Problemen mit jener so geschickt herbeigezauberten »Ballonerklärung«, einer Erklärung, die bei näherem Hinsehen sofort zerplatzt wie eine Seifenblase – oder: wie ein Luftballon!

Auch andere eher konventionelle Deutungen – angefangen von der Variante eines japanischen Ballons bis hin zum Test einer deutschen V2-Rakete – erweisen sich als fadenscheinig und unhaltbar.

Bleiben wir noch ein wenig bei den Ereignissen vom 8. Juli 1947. Gegen zwei Uhr in der Früh kam Jesse Marcel von seiner Geländeinspektion mit Sheridan W. Cavitt zurück nach Roswell. Marcel hielt bei sich zu Hause an, weckte seine Frau und seinen Sohn und zeigte ihnen das fremdartige Material, das er soeben auf der Ranch aufgesammelt hatte. Er wollte unbedingt, daß seine Familie diesen Fund mit eigenen Augen sah, denn schließlich handelte es sich um eine Einmaligkeit, unzweifelhaft eine historische Entdeckung. Dessen war er sich sicher. Jetzt konnte er diese Relikte noch frei zeigen, niemand hatte sie bisher klassifiziert, das heißt, der Geheimhaltung unterstellt.

Marcel breitete die hauchdünnen, extrem widerstandsfähigen Folienreste, die merkwürdigen balsaähnlichen Stäbchen und das fremdartige Pergament auf dem Küchentisch aus, beugte sich darüber und rätselte kopfschüttelnd, was das wohl sein konnte.

Irdischer Herkunft jedenfalls waren diese Fragmente nicht, das gab er auch in späteren Interviews immer wieder zu verstehen. Auch sein damals zwölfjähriger Sohn, der spätere Fliegerarzt Dr. Jesse A. Marcel jr., war fasziniert von den Wrackteilen. Er bestätigte die Schilderungen seines Vaters in allen Details und erinnerte sich genau an die mit hieroglyphenartigen Symbolen bedeckten Stäbe. Diese »Inschrift« glich mehr irgendwelchen geometrischen Darstellungen als einer erkennbaren Sprache, so stellte er fest.

Übrigens, Colonel Marcel brach sein Schweigen erst 1978, nach über dreißig Jahren. Damals erzählte Johnny Allen, der Manager eines Senders in Baton Rouge, Louisiana, dem schon erwähnten Kernphysiker Stanton Friedman nach einem Fernsehinterview, er kenne im benachbarten Ort Houma einen Radioamateur, bei dem es sich angeblich genau um denjenigen Nachrichtenoffizier handelte, der damals die Wrackteile von Roswell aufgesammelt hatte. Friedman hakte nach, erkundigte sich nach dem Namen und suchte den »Kronzeugen« auf: Jesse A. Marcel.

Stanton Friedman war damit der erste, der Jesse Marcel befragte – neben vielen anderen bedeutenden Zeugen. Ohne seine Beharrlichkeit wäre der Fall »Roswell« möglicherweise bis heute unbekannt geblieben.

Unlängst erhob der amerikanische UFO-Erzskeptiker Phil Klass wieder seine mächtige Stimme in dem von ihm seit Jahrzehnten geführten, unermüdlichen Kampf gegen die »UFO-Gläubigen«. Diesmal hatte er sich vorgenommen, den Roswell-Hauptzeugen Jesse Marcel zu diskreditieren. Klass behauptet, Marcel habe seinen beruflichen Werdegang und seine Referenzen übertrieben dargestellt. So habe er dem Forscher Bob Pratt einmal erzählt, einen Abschluß im Fach Kernphysik zu besitzen, was allerdings aus den Militärakten nicht hervorgehe. Aber: Phil Klass bezieht seine Informationen aus zweiter Hand! Woher will er wissen, was Marcel wirklich gesagt hat? Pratt berichtete beispielsweise auch, daß Marcel – seinen eigenen Angaben zufolge – auf über 8000 Stunden Flugerfahrung als Pilot zurückblicken könne. Doch besaß Marcel, wie wie-

derum den Militärunterlagen zu entnehmen sei, überhaupt keinen Flugschein! Ist er also wirklich ein Aufschneider, ein ausgemachter Lügner? Oder versuchen hier andere, seine Glaubwürdigkeit zu untergraben?
Was weiß Stanton Friedman dazu zu sagen? Ich habe ihn gefragt. Sein Kommentar:
»Ich habe nicht gehört, daß Marcel seinen Background überzeichnet hätte. Mit Gewißheit: Er hat mir nie erzählt, 8000 Stunden als Pilot hinter sich zu haben, hingegen aber, daß er während des Zweiten Weltkriegs viele Kampfstunden (NICHT als Pilot) über dem Pazifik hinter sich gebracht hätte. Ich denke nicht, daß man ihn als Nachrichtendienstoffizier für die 509. Bomberstaffel ausgewählt hätte, wenn sein Background nicht angemessen gewesen wäre.«

Zurück ins Jahr 1947.
An jenem ereignisreichen 8. Juli, an dem Hubschrauberpiloten auch die eigentliche Absturzstelle des unbekannten Flugobjektes und die toten Wesen entdeckt hatten, erhielt das lokale Bestattungsunternehmen eine Reihe seltsamer Anrufe von der Roswell-Militärbasis.
Der wichtigste Zeuge in diesem Zusammenhang war Glenn Dennis, ehemals Angestellter von Ballards Beerdigungsinstitut, das auch sämtliche Sterbefälle der Basis betreute. Er nahm die Anrufe entgegen. Wie er Stanton Friedman berichtete, holte ein Roswell-Offizier etliche unübliche Erkundigungen ein:
»Welche Chemikalien können verwendet werden, um Körper, die mehrere Tage draußen in der Wüste lagen, zu konservieren, ohne später die Untersuchung zu stören?« wollte er beispielsweise wissen, oder: »Wie groß sind die kleinsten verfügbaren Behälter zum Transport von Toten?« Das war nun doch einigermaßen befremdlich, und Dennis vermutete, irgendwo in der Wüste müsse ein Flugzeugunglück stattgefunden haben. Aber, waren denn da Kinder oder Zwerge an Bord gewesen? Warum erkundigte man sich nach den kleinsten Särgen? Weshalb die Verschwiegenheit? Wie auch immer, unter den gegebenen Umständen würde wohl – so drückte sich Glenn Dennis aus – ein

20-Liter-Bottich ausreichen, um alles aufzunehmen, was noch übriggeblieben war.

Am selben Tag noch fuhr Dennis hinaus zur Basis. Schon oft war er dort gewesen, mußte sein Fahrzeug doch gleichermaßen als Kranken- wie als Leichenwagen herhalten, so daß er auf dem Militärgelände reichlich zu tun hatte. Das Personal kannte ihn schon gut. Es gab für ihn also keine großen Probleme, das Gelände zu betreten, das als atomarer Stützpunkt freilich strengen Sicherheitsbestimmungen unterlag.

Diesmal lieferte Glenn einen verletzten Piloten im Basishospital ab. An jenem Nachmittag allerdings hatte sich manches auf dem Roswell Army Air Field verändert. Zunächst fielen ihm einige alte, kastenförmige Armee-Krankenwagen auf. In ihnen schienen seltsame Wrackteile zu liegen. Neben den Fahrzeugen hielten etliche Militärpolizisten Wache.

Dann ging alles sehr schnell.

Eine mit Glenn gut befreundete Krankenschwester entdeckte ihn und riet ihm, möglichst rasch zu verschwinden; er könne von Glück reden, nicht erschossen worden zu sein. Noch bevor er überhaupt wußte, was geschehen war, griff ihn die Militärpolizei auf, und ein grobschlächtiger, rothaariger Offizier riet ihm prinzipiell dasselbe wie zuvor gerade die Schwester, allerdings doch in einem etwas unfreundlicheren Ton. Er solle sofort verschwinden und niemandem erzählen, was er gesehen habe. Glenn zeigte sich trotzig und bemerkte, ihm könne nicht gedroht werden, er sei Zivilist, worauf ihn der Offizier anherrschte: »Wir nehmen Kerls wie euch her, um daraus Hundefutter zu machen!« Im typischen Stil eines bereits einigermaßen verhärteten westamerikanischen Dialogs konterte Glenn knurrend: »Und wir nehmen Kerls wie euch dazu her, um daraus Köder für unsere Kojotenfallen zu machen!« Damit schien der Grad gegenseitiger Sympathie nun hinreichend genau ermittelt zu sein, um das Gespräch nicht weiter zu vertiefen. Glenn zog ab, verständlicherweise recht mißgestimmt. Der Rothaarige rief ihn später noch einmal an und drohte ihm erneut mit häßlichen Unannehmlichkeiten, sollte er je etwas erzählen.

Am Tag darauf traf sich Glenn mit der Krankenschwester. Nervös erzählte sie ihm von ihren alptraumhaften Erlebnissen des Vortags. »Sie haben gestern drei nichtmenschliche tote Wesen in die Basis gebracht«, flüsterte sie und zog ein Rezeptblatt aus der Tasche, um Glenn wenigstens ungefähr aufzuzeichnen, wie die fremden Leichname aussahen. Deren Haut und ihr ganzer Körper ähnelte, wie sie feststellte, fast der eines alten Orientalen. Sie wirkten sehr zerbrechlich und waren auch viel kleiner als ein erwachsener Mensch. Der Oberarmknochen war länger als der Abschnitt zwischen Ellbogen und Handgelenk. Offensichtlich hatten die Wesen nur vier Finger, zumindest konnte die Schwester keinen Daumen erkennen. Die Köpfe jener Humanoiden waren ungewöhnlich groß, ebenso die Augen, doch erwies sich die gesamte Anatomie von Schädel und Knochen, genau wie auch Dr. Cris feststellte, gegenüber dem menschlichen Körperbau als viel fragiler. Anstelle der Ohren besaßen diese Wesen nur kleine Vertiefungen, ebenso fehlte eine ausgebildete Nase.
Einige Tage nachdem sie mit Glenn über alles gesprochen hatte, war die Krankenschwester spurlos verschwunden, ohne sich verabschiedet zu haben. Die anderen Schwestern auf der Basis erzählten, sie sei bei einem Flugzeugabsturz ums Leben gekommen, doch niemand schien Genaueres zu wissen. Bis heute ist sie nicht zurückgekehrt.
Der schon erwähnte Tom Adams aus Texas machte mich allerdings darauf aufmerksam, daß angeblich vor kurzem die (leibliche) Schwester jener Krankenschwester aufgetaucht sei. Auch sie sei von Beruf Krankenschwester gewesen und könne einen (anderen) UFO-Absturz bezeugen.
Das ist allerdings ein bißchen viel auf einmal! Könnte diese vermeintliche Schwester vielleicht am Ende nicht doch jene Bekannte von Glenn Dennis sein, die nun, Jahrzehnte später, wieder an die Öffentlichkeit tritt, aber immer noch mögliche Repressalien befürchtet und deshalb von einem *anderen* UFO-Absturz spricht, auch wenn sie sich in Wirklichkeit auf nichts anderes als auf Roswell bezieht?
Der kürzlich verstorbene amerikanische Forscher Leonard

Stringfield aus Cincinnati, der sich auf die Untersuchung von Fällen angeblich abgestürzter außerirdischer Raumschiffe spezialisiert hat, stieß auf einen weiteren interessanten Roswell-Zeugen. Zunächst allerdings handelte es sich nur um eine relativ vage Geschichte, die aus zweiter Hand überliefert war. Der Hauptzeuge, Captain Oliver W. »Pappy« Henderson, war nämlich bereits im Jahre 1986 nicht mehr am Leben. Wie es heißt, habe er die Wrackteile seinerzeit mit einer C-54-Maschine von Roswell nach Wright Field in Ohio geflogen und dabei auch die humanoiden Körper sehen können. Henderson hielt dieses Wissen wie viele andere jahrzehntelang geheim. Erst Anfang der achtziger Jahre erzählte er seiner Frau davon. Sie bedrängte ihn allerdings nicht weiter mit Fragen. 1982 erwähnte er sein Erlebnis dann während eines Wiedersehens mit alten Fliegerfreunden aus dem Zweiten Weltkrieg. Alle wußten, daß Captain Henderson ein zuverlässiger, aufrichtiger Mann war, der niemals solcherlei Geschichten in die Welt setzen würde, wenn sie sich nicht auch tatsächlich zugetragen hatten. Er besaß auch nicht den geringsten Grund dazu, irgendwelche Science-fiction-Märchen zu erfinden.

Henderson starb, wie gesagt, im Jahr 1986. Erst in den folgenden Jahren berichtete Stringfield über ihn. So war Stanton Friedman, der sich natürlich gleichfalls brennend für diesen Bericht interessierte, zunächst doch noch etwas skeptisch. Dann aber gab ihm Hendersons Witwe Sappho die Adressen einiger Personen, denen der Captain möglicherweise gleichfalls die Wahrheit über Roswell berichtet haben mochte. Einer von ihnen war Hendersons Bombenschütze aus dem Zweiten Weltkrieg. Tatsächlich hatte der Captain ihm von seiner Erfahrung und dem geheimen Flug berichtet. Im Jahr 1977 hatte Henderson außerdem einen befreundeten, ehemaligen Navy-Offizier und Zahnarzt über Roswell unterrichtet und ihm kurz ein kleines Fragment des Wracks gezeigt. Irgendwo muß sich noch dieses winzige Beweisstückchen aus Hendersons Besitz befinden. Doch wo – niemand weiß es.

Als vorläufig endgültiger Bestimmungsort der furchterregenden Fracht gilt der Luftwaffenstützpunkt Wright Field in Ohio.

Tatsächlich, auch hier ließen sich Zeugen für das Unglaubliche ausfindig machen.
So stieß Len Stringfield vor einiger Zeit auf Norma Gardner, eine ehemalige Angestellte der Basis, die 1959 aus gesundheitlichen Gründen ausschied. Wie sie schilderte, hatte sie seinerzeit Zugang zu etlichem Top-Secret-Material, das sich unter anderem auch auf die Bergung des Roswell-Objekts bezog. Alle Fundgegenstände mußten fotografiert und dokumentiert werden. Außerdem mußte eine genaue Archivierung des Materials vorgenommen werden. Norma Gardner war diejenige, die diese Arbeit auszuführen hatte. Sie stellte auch die Reinschriften der Autopsieberichte aus, in denen sämtliche Analyseresultate über die Humanoiden niedergelegt waren. Wie sie einmal engen Freunden gegenüber zum Ausdruck brachte, wußte sie mehr über die Verwicklungen der Regierung mit »fliegenden Untertassen«, als so manchem in hochgestellter Position lieb war.
Eines Tages sah Mrs. Gardner, wie zwei der toten Fremden von einem Labor in ein anderes verbracht wurden. Die Leichname lagen konserviert in einer chemischen Flüssigkeit und wurden von Mrs. Gardner genauso beschrieben wie von allen anderen Zeugen zuvor auch.
Eine ganze Reihe weiterer Zeugen bestätigt diese Aussagen in gleicher Weise. Darunter befindet sich nicht zuletzt auch der Pathologe der Roswell-Basis, Dr. Jesse Johnson – seine Beschreibungen stimmen exakt mit denjenigen überein, die jene unglückliche Krankenschwester ihrem Freund Glenn Dennis gegeben hatte: Beschreibungen von im Vergleich zum Menschen unproportionierten, kleinen Wesen mit überdimensionierten Köpfen und grauer Haut, die unter dem Mikroskop maschenartig wirkte. Beine, Arme und Torso waren sehr dünn. Die Hände besaßen nur vier Finger, von denen die beiden mittleren länger waren. Das Körperinnere war angefüllt von einer farblosen Flüssigkeit. Seltsamerweise fehlten Verdauungssysteme und -kanal sowie der Rektalbereich.

Neue Deckgeschichten und ein zweiter Absturz in New Mexico

Seit dem Jahr 1993 ist wieder heftige Bewegung in den so unheimlichen wie faszinierenden Roswell-Zwischenfall gekommen.

Ein neuer Sturm um die rätselhaften Ereignisse von 1947 wurde von dem republikanischen Kongreßabgeordneten Steve Schiff aus Albuquerque/New Mexico entfacht. Er hatte Briefe von mehreren Personen erhalten, die ihm die Authentizität des UFO-Absturzes bestätigten. Schiff wandte sich daraufhin an Verteidigungsminister Les Aspin und verlangte einen ausführlichen Bericht über Ursprung und Natur des seinerzeit im Hinterland von New Mexico havarierten Objektes. Er stieß auf steinerne Wände. Nachdem sein erster Brief an Aspin überraschenderweise unbeantwortet blieb, wurde er nach einer zweiten Anfrage an Colonel Larry Shockley im Pentagon verwiesen. Der wiederum leitete ihn ans Nationalarchiv weiter, das seinerseits mitteilte, keinerlei Informationen zu besitzen.

Wieder einmal biß sich eine Schlange in den eigenen Schwanz, der Kreis des Schweigens blieb undurchbrochen. In der Folge schaltete Schiff das angesehene *General Accounting Office (GAO)* ein, das als US-Bundesrechnungshof für den Kongreß ermittelt. Ein Ermittlungsbeamter des GAO und Experte für »Schwarze Programme«, der über hohe Sicherheitsfreistellungen verfügt, wurde von jenem Pentagon-Colonel, wie es heißt mit der Bemerkung »Das geht Sie überhaupt nichts an!«, ziemlich schroff abgewiesen. Ganz so verhielt sich die Angelegenheit allerdings doch nicht, und das GAO setzte seine Überprüfung fort. Dazu zählte in erster Linie die Suche nach allen möglichen Regierungsdokumenten und -dossiers, die Informationen zum Roswell-Zwischenfall enthalten und die tatsächlichen Vorgänge jener Tage endlich klar herausstellen könnten.

Die Untersuchungen sind bis jetzt noch nicht abgeschlossen. Gerade deshalb war es überraschend, daß die Air Force, auf die sich die GAO-Ermittlungen bislang konzentrierten, einen 23seitigen Abschlußbericht über die vom GAO veranlaßten internen USAF-Nachforschungen zu Roswell veröffentlichte. Dieser Bericht rekapituliert die Geschichte des berühmten UFO-Zwischenfalls sowie die Aussagen einiger weniger Roswell-Zeugen in scheinbar sachlicher Ausgewogenheit und Objektivität, unterdrückt aber in Wirklichkeit wesentliche Informationen.

Colonel Richard L. Weaver, der Verfasser des Berichts, stellt zunächst fest, worum es sich bei dem Objekt von Roswell *nicht* gehandelt haben kann. Es war kein Flugzeug, kein Raketenabsturz und auch kein atomarer Unfall – und natürlich: auch kein außerirdisches Raumschiff. Dann die »endgültige« Erklärung von Seiten der Air Force: Roswell war ein Ballon; zwar kein gewöhnlicher Wetterballon, wie ursprünglich behauptet worden war, aber ein Ballon des seinerzeit streng geheimen Projekts *Mogul*. Dieses Unternehmen war gestartet worden, um mit Hilfe von in konstanter Höhe schwebenden Ballons atmosphärische Druckwellen zu registrieren, die von sowjetischen Nuklearexplosionen stammten.

Ist die »*Mogul*-Erklärung« nun wirklich des Rätsels Lösung? Stiftete also dieses Projekt aufgrund seiner hohen Geheimhaltungsstufe Verwirrung bei den Militärs in Roswell und bei den anderen Zeugen? Wird damit auch die strikte Abriegelung des Absturzgeländes zu einer nunmehr einsichtigen Aktion? Klärt *Mogul* diese und all die übrigen Fragen und Probleme um Roswell?

Keineswegs!

Die Aufgabenstellung des Projekts war zwar als »TOP SECRET« mit hoher Priorität eingestuft, nicht aber der von der Air Force als endgültige Roswell-Erklärung vorgeschobene Testflug Nr. 4 vom 4. Juni 1947 (einen Monat vor dem Absturz).

Wie aus Weavers Bericht selbst eindeutig hervorgeht, ließ sich das niedergegangene Trümmermaterial letztlich nicht leicht als etwas Besonderes identifizieren und war an sich auch nicht geheim, wobei diese Bemerkungen auf *Mogul* zu beziehen sind, nicht auf die Relikte, die man tatsächlich in Roswell gefunden hat. Weaver schreibt darüber hinaus – ebenso deutlich und un-

mißverständlich –, daß rein äußerlich keine Unterschiede zwischen *Mogul* und einem herkömmlichen Wetterballon zu erkennen waren.
Und noch ein verblüffendes Detail: Der Testballon, der angeblich für die ganze Furore um Roswell verantwortlich ist, entstammte aus einer Baureihe, bei der Neopren, ein Kunststoff, als Material für die Ballonhülle verwendet worden war. Nach Auskunft von Fachleuten zersetzt sich dieser Stoff in schwarze Flocken oder Asche, wenn er nur wenige Tage dem Sonnenlicht ausgesetzt ist. Nach Angabe der Air Force waren aber zwischen dem Absturz dieses Testballons in der Wüste von New Mexico und seiner Auffindung etwa zehn Tage vergangen. Konnte denn nach dieser Zeit überhaupt noch sehr viel von jenem empfindlichen Material übriggeblieben sein? Sicher nicht!
Ohne nun detailliert auf die weiteren Unstimmigkeiten des USAF-Reports eingehen zu wollen, möchte ich hier aber doch noch einige charakteristische Beispiele für die Unzulänglichkeit dieser Untersuchung ganz kurz ansprechen – einer Untersuchung, die letztlich dem überstürzten Versuch ähnelt, sich möglichst bald aus der unangenehmen Affäre um Roswell zu ziehen, noch bevor die GAO-Überprüfung abgeschlossen ist.
Major Marcel und Colonel Blanchard hätten durch ihre Behauptungen einer außerirdischen Herkunft des Flugkörpers eine »Überreaktion« gezeigt, so heißt es bei Weaver. Das ist schon sehr seltsam. Immerhin unterschied *Mogul* sich faktisch nicht von einem gewöhnlichen Wetterballon. Warum haben ihn dann diese beiden fachlich hochqualifizierten Personen nicht auch als solchen erkannt?
Seltsam ist auch, daß Weaver aus dem berühmten FBI-Telex vom 8. Juli 1947 zitiert, um die Ballontheorie zu stützen. Das Schriftstück nimmt Bezug auf ein Telefongespräch zwischen dem FBI-Büro Dallas und dem Hauptquartier der 8th Air Force auf Fort Worth/Texas, in dem eine Ähnlichkeit zwischen den Roswell-Trümmern und einem Wetterballon mit Radarreflektor festgestellt wird. Doch den entscheidenden Satz läßt Weaver unter den Tisch fallen: »ABER JENE TELEPHONISCHE

Konversation zwischen Ihrem Büro und Wright Field hat diese Ansicht nicht bestätigt.«
Das ist nicht die einzige bedeutende Auslassung im »Roswell-Report« der Air Force. Wesentliche Zeugen wurden inadäquat oder überhaupt nicht zitiert, darunter auch General Arthur E. Exon von Wright Field, der die Existenz zweier Absturzstellen und außerirdischer Körper bestätigte, oder auch Colonel (später Brigadegeneral) Thomas Jefferson DuBose von der 8th Air Force auf Fort Worth. Am 8. Juli 1947 erhielt DuBose in seinem Büro einen Anruf aus Washington. In diesem Gespräch befahl ihm General Clemence McMullen, unverzüglich Proben des gefundenen Materials nach Washington zu schicken, alle Berichte über die Bergung einer »fliegenden Untertasse« zu vertuschen und eine Deckgeschichte zu konstruieren.
Weaver umgeht die unliebsamen Zeugenaussagen, besonders diejenigen, die sich auf außerirdische Leichname beziehen, ohne Umschweife, indem er darauf verweist, daß sich in einem *Mogul*-Ballon keine Außerirdischen befunden haben können. – Wie recht er damit doch hat!

Seltsam ist freilich noch vieles an jenem unheimlichen Ereignis von 1947. Ein bisher völlig ungeklärter Aspekt betrifft den gleichzeitigen Absturz eines zweiten Diskus etwa 200 Kilometer westlich der Brazel-Ranch! Auch dort, auf den Plains of San Agustin, wurden am Absturzort angeblich die leblosen Körper von drei humanoiden Besatzungsmitgliedern gefunden. Im Gegensatz zum »Roswell-Absturz« nahe Corona soll allerdings ein viertes Wesen die Katastrophe überlebt haben und vom Militär in Gewahrsam genommen worden sein! Unfaßbar! Wenn dies tatsächlich zutreffen würde, die Konsequenzen wären nicht auszudenken! Leider liegen für diese Behauptungen noch keine Beweise vor, immerhin aber einige Indizien.
Auch am Absturzort auf dem San-Agustin-Plateau hatten sich trotz der Abgeschiedenheit der Gegend mehr oder minder per Zufall einige Zivilisten eingefunden, zum Schrecken des ebenfalls bald massiv präsenten Militärs!
Offenbar der erste, der das fremde Objekt und die toten Hu-

manoiden sah, war der Ingenieur Grady L. »Barney« Barnett aus Socorro. Er beschrieb die Leichname später mit praktisch identischen Worten wie all die Zeugen aus Roswell und Wright Field. Nur wenig nach ihm traf eine Gruppe von Archäologen ein, die in der gleichen Gegend einige alte Felssiedlungen untersucht hatte.

Bis zum heutigen Tag ist es nicht gelungen, diese Archäologen ausfindig zu machen. Der Forscher Thomas J. Carey hat über zwei Jahre lang nach ihnen gesucht, um alle noch lebenden Archäologen zu befragen, die sich im Jahr 1947 auf den Plains of San Agustin aufhielten. Das Ergebnis war enttäuschend. Niemand wußte etwas von jenem Zwischenfall.

Das heißt allerdings nicht, daß sich auf den Plains nicht doch ein Archäologenteam befunden haben könnte. Carey nämlich hatte sich in seiner Suche auf diejenigen Archäologen beschränkt, die ihre damaligen Forschungsergebnisse auch in Fachzeitschriften veröffentlicht hatten. Zumindest für ihn stand aber nun fest: Ein zweiter Absturz hatte ganz offenbar nicht stattgefunden. Seiner Ansicht nach mochte Barney Barnett zwar einen Diskus und auch Wesen in der Ödnis von New Mexico entdeckt haben – doch vielleicht hatte er *dieselben* Relikte gefunden wie Bill Brazel!

Barnett war relativ früh verstorben, von seinem Erlebnis weiß man nur aus zweiter Hand. Niemand kann sagen, ob er sich zur betreffenden Stunde nun tatsächlich auf den Plains von San Agustin befand oder aber in der Nähe von Corona. Thomas Carey zumindest glaubt, daß Barnett die Geschichte vom abgestürzten Diskus nur vom Hörensagen her kannte und dann unter Angabe einer anderen Lokalität als gesondertes, eigenes Erlebnis weitererzählte.

Dieser Vermutung widerspricht Stanton Friedman. Für ihn hat der zweite Absturz tatsächlich stattgefunden. Er führt dazu einen weiteren Zeugen ins Feld, einen gewissen Gerald Anderson, der zum Zeitpunkt der Geschehnisse allerdings erst fünf Jahre alt war. Anderson und seine Familie wurden wie Glenn Dennis von einem auffallend barschen, rothaarigen Offizier bedroht, als sie in die Nähe des abgestürzten Objektes kamen.

Gerald würde seinen Eltern weggenommen werden, wenn sie jemals über ihr Erlebnis redeten.
Aufgrund seiner Recherchen vermutet Friedman, daß die Humanoiden von San Agustin zur strenggeheimen Sandia-Basis, ebenfalls New Mexico, gebracht wurden und dann möglicherweise in die nicht ferne Lovelace-Klinik. Diese Annahme scheint um so mehr gerechtfertigt, als deren Chef, Randolph Lovelace, zum medizinischen Forschungsstab von Wright Field gehörte! Wie Friedman außerdem betont: »Die Klinik hatte eine hohe Sicherheitsbefugnis sowohl zum Test schwergiftiger Stoffe als auch strahlenverseuchter Großtiere, um Strahlungseffekte prüfen zu können. So hatte sie die Möglichkeit, biologische Proben völlig geheim einzuschleusen und in speziellen Labors zu untersuchen.«
Ob Friedman wohl recht behält, ob es tatsächlich einen zweiten Absturz gegeben hat? Hoffen wir, daß die Recherchen der kommenden Jahre Aufschluß darüber geben. Immerhin, auch mein Zeuge »Dr. Cris« sprach wiederholt von einer doppelten Havarie…
Zumindest aber der Roswell/Corona-Zwischenfall wird von unzähligen Zeugen bestätigt. *Seine* Authentizität läßt sich deshalb kaum noch abstreiten. Aber, *wo* die Überreste des havarierten Raumfahrzeugs aufbewahrt werden, *wo* sich die außerirdischen Leichname heute befinden, das weiß niemand – zumindest keiner der zivilen Untersucher jenes überwältigenden UFO-Falles. Hält das Militär sie immer noch auf Wright Field verborgen, das heißt, auf der heutigen Wright-Patterson Air Force Base? Möglicherweise. Einige Überreste der Toten aber gelangten sicherlich in zahlreiche andere anonyme Forschungsstätten und Labors der Vereinigten Staaten. Auch dafür gibt es mehrere Hinweise.
Besonders in New Mexico häufen sich solche supergeheimen, militärischen Institute in auffallender Weise. Welche *außerirdischen* Geheimnisse diese hermetisch abgeriegelten Gebäude, versteckt hinter hohen Mauern des Schweigens, noch verbergen mögen, ist immer noch Gegenstand zahlreicher Untersuchungen wie Spekulationen.

Viele Gerüchte mögen sicherlich absolut unbegründet sein, Hirngespinste, abstruse Phantasien, vielleicht gepaart mit einem absichtlichen Verwirrspiel der Desinformation. Andere Schilderungen, Hinweise oder Anspielungen könnten einen wahren Kern besitzen und möglicherweise gleichfalls mit dem Roswell-Zwischenfall in irgendeinem engeren Zusammenhang stehen. Und wieder andere Aussagen werden ihrerseits durch geheime Dokumente, vertrauenswürdige Zeugen und rätselhafte Beobachtungen zu schwer abstreitbaren Indizien in der verblüffenden Beweiskette für die Anwesenheit humanoider, doch nicht irdischer Lebensformen auf unserem Planeten.
Nach wie vor spielt New Mexico eine wesentliche Rolle im Teufelskreis der »Grauen«, heute wie vor Jahrzehnten begegnen wir dort unerklärlichen Mysterien, und immer noch gesellen sich neue Rätsel zu alten Geheimnissen. Hängen sie alle gar vielleicht in irgendeiner Weise näher zusammen?

Stimmen aus dem verzauberten Land

Schauplatz: das kleine Städtchen Taos im Norden von New Mexico, dem »verzauberten Land«, wie sich jener interessante amerikanische Bundesstaat auch nennt. Tatsächlich liegt nicht nur über den einzigartigen Naturschönheiten dieser Landschaft ein magischer Zauber, der Jahr für Jahr Abertausende von Touristen in seinen Bann schlägt – in dieser faszinierenden Gegend erfüllt auch ein kühler Hauch des Unheimlichen die Atmosphäre, fast ganz im Verborgenen, im Unerkannten, Unbekannten. *Fast.* Doch wer mit offenen Augen und Ohren durch jenes »Zauberland« streift, wird sie vernehmen, die Stimmen aus dem Reich des Bizarren!
Die Geschichte begann im Jahr 1992. Damals berichteten Bob und Catanya Saltzman aus Taos, geradezu an den Rand der Verzweiflung getrieben zu werden – von einem schier unerträglichen Summton unbekannter Herkunft! Doch waren sie bei weitem nicht die einzigen, die von diesem so geheimnisvollen

wie penetranten Störgeräusch nahezu um den Verstand gebracht wurden. Ganz im Gegenteil, Hunderte anderer leidgeprüfter Ohrenzeugen wußten die Schilderungen der Saltzmans nur zu gut zu bestätigen, hatten sie jenes niederfrequente Brummen oder Summen, das von überall und nirgends zu kommen schien, doch selbst ununterbrochen vernommen. Manche hören es bereits seit vielen Jahren, manche verließen gar die Gegend, nachdem jene akustische Störung für sie unerträglich geworden war.

Dieses Geräusch klingt fast so, als ob in einem unterirdischen Tunnel- oder Höhlensystem ununterbrochen irgendwelche elektrischen Hochleistungsgeneratoren laufen würden. Doch bis heute ist der wahre Ursprung absolut unbekannt.

Ein neues Rätsel aus der Welt des Unerklärlichen!

Physiker und Ingenieure haben sich des seltsamen Phänomens angenommen und sich an einer Klärung versucht. Ohne Erfolg. Der Stadtrat von Taos vermutete hinter dem Summen ein supergeheimes Militärprojekt und wandte sich an die Air Force. Auch der demokratische Abgeordnete Bill Richardson aus New Mexico verdächtigt das Pentagon. John Deutch, ein Sekretär des »Department of Defense«, wies diesen Gedanken allerdings sofort ab: »Das Verteidigungsministerium ist dafür nicht verantwortlich. Ich habe keinerlei Vorstellung, von wo dieses Geräusch kommen könnte.«

Unweit von Taos befinden sich die berühmt-berüchtigten Laboratorien von Los Alamos, modernste Hexenküchen atomarer Vernichtungstechnologie. Rührte das Summen möglicherweise von dort her? Freilich, jeder Untersucher des Rätsels stieß in Alamos auf eine undurchdringliche Wand des Schweigens – ganz wie zu erwarten. Auch die Sandia Laboratories auf der Kirtland Air Force Base in Albuquerque gaben vor, nichts mit dem mysteriösen Summen zu tun zu haben. Doch immerhin zeigten sie eine gewisse Kooperationsbereitschaft, was nahezu schon an ein militärisches Wunder grenzt! So stellte Sandia ein wissenschaftliches Expertenteam ab, das dem Mysterium von Taos auf den Grund gehen sollte. Monatelange Analysen ergaben – rein gar nichts.

Über Taos wurden in den vergangenen Jahren in deutlich verstärktem Maße auch unerklärliche Lichterscheinungen am Himmel beobachtet. Außerdem kristallisiert sich Stück für Stück heraus, daß solcherlei mysteriöse Untergrundgeräusche an so manch anderem Ort Hand in Hand mit Sichtungswellen unidentifizierter Flugobjekte gehen!
Der schon erwähnte texanische Forscher Tom Adams, über den Stanton Friedman von meinem Informanten Dr. Cris erfuhr, wurde im Laufe von Jahren selbst mehrmals Zeuge eines durchdringenden, geheimnisvollen Summtons.
1970 fuhr Adams in Begleitung zweier Bekannter in das San-Luis-Tal in Colorado, um dort dem ersten unerklärlichen Fall einer Tierverstümmelung nachzugehen, die sich drei Jahre zuvor ereignet hatte. Die Verstümmelungen, von denen mittlerweile unzählige genau dokumentiert sind, stehen ähnlich wie das Taos-Summen und andere bis heute unaufgeklärte Phänomene in einer sehr deutlichen Verbindung mit dem UFO-Rätsel, einem Rätsel, das in Wirklichkeit viel komplexer ist, als die meisten Zeitgenossen ahnen oder akzeptieren wollen! Von den jüngsten beunruhigenden Ereignissen um das erschreckende Thema der »Mutilations«, jener Abscheu erregenden Verstümmelungen, soll später noch ausführlicher die Rede sein.
Tom Adams für seinen Teil hatte sich jedenfalls vorgenommen, Näheres über den unnatürlichen, gräßlichen Tod der Stute »Lady/Snippy« herauszufinden, ein Fall, der sich 1967 im San-Luis-Tal in Colorado zugetragen hat. Bei seinen Recherchen stieß Adams dann allerdings auf ein ganz anderes Mysterium.
»Während unseres ersten Abstechers in das San-Luis-Tal 1970«, so erinnert er sich, »erzählte man meinen Kollegen und mir von mysteriösen, motorartigen Geräuschen, die von einem Teil des Blanca-Massivs auszugehen schienen – diejenige Gebirgsgruppe, die Mount Blanca selbst sowie eine Zahl anderer hoher Gipfel umfaßt, die sich östlich von Alamosa befinden... Von den Bergen, von denen die Geräusche ausgehen, ist auch die Todesstelle von Snippy, dem Pferd, zu sehen. Mindestens seit jener Zeit wurde auch über die Geräusche berichtet... Während der Zeit, in der die Geräusche gehört worden sind (in den spä-

ten Sechzigern bis Mitte der siebziger Jahre), wurden auch UFOs und paranormale Phänomene aus dem Tal bekannt, außerdem Mutilationen an Weidetieren...

Als wir 1970 am Westhang des Sangre de Cristos kampierten, nordwestlich des Mount Blanca..., hörten wir die Geräusche. An zwei oder drei aufeinanderfolgenden Nächten ›starteten die Maschinen‹ nach Mitternacht und ›liefen‹ dann bis kurz vor Beginn der Dämmerung. Es war nicht laut genug, um während einer normalen Unterhaltung hörbar zu sein, klang aber eindeutig wie irgendein Motor, mit der Anwandlung eines dynamoartigen Heulens. Und andere Zeugen haben bemerkt, daß das Geräusch lauter zu werden scheint, wenn man mit einem Ohr direkt auf dem Boden lauscht. Man kann sich ganz leicht *vorstellen,* daß der Ton seinen Ursprung unter der Erde hat. Aber, ob das wirklich so ist oder nicht, bleibt rein spekulativ.«

Tom Adams hörte dieses absolut unbestimmbare Summen zuletzt im Jahre 1976, als er noch einmal alleine ins San Luis Valley fuhr: »Wie immer, ließ sich nie genau abschätzen, von wo die Geräusche stammten – lediglich war klar, daß sie von irgendwo entlang der Bergkette herrührten.«

Stan Ferguson hatte Adams auf zwei Exkursionen in jenes geheimnisvolle Tal begleitet. Zusammen mit einem weiteren Kollegen, Gary Massey, gelangen ihnen auch einige verblüffende UFO-Sichtungen. Während sie dem brummenden Generatorengeräusch nachspürten, erschienen am Himmel über ihnen plötzlich leuchtende, sphärische Flugobjekte. Später rief sich Ferguson diese erstaunliche Beobachtung nochmals in Erinnerung:

»Wir kampierten in der Nähe eines alten Pionier-Friedhofs, dem Uracca-Friedhof. Schon mancher hatte von runden Lichtkugeln berichtet, die über dem Friedhof schwebten, der ziemlich abseits gelegen ist... Es gibt dort eine Straße, die Sand Dunes Road, die parallel zu unserer Lagerstelle verlief. Eines Nachts sahen wir, wie ein rundes Licht am Himmel erschien, gerade so, als ob jemand einen Lichtschalter angeknipst hätte. Aus dem ersten Licht ging ein zweites hervor, dann ein drittes und ein viertes. Auch ein bläulich-weißes Licht tauchte auf, kleiner als die anderen, und schwirrte um die übrigen Lichter herum. Die Sichtung dauerte ungefähr 15 Minuten an. Als wir das Licht zunächst über der Sand Dunes Road orteten, stieg Gary Massey in den Wagen und fuhr den Berghang hinunter, um näher heranzukommen. Bis er die Straße unten erreicht hatte, waren die Lichter bereits wieder zu einem einzigen Licht verschmolzen und verschwanden dann. Diese Sichtung ereignete sich zur selben Zeit, zu der wir auch die ›Motorengeräusche‹ hörten.«

Über diese Zwischenfälle berichtete 1989 auch der amerikanische Autor Greg Long in einem Artikel, der sich mit »maschinenartigen Untergrundgeräuschen in Verbindung mit dem UFO-Phänomen« auseinandersetzt. Long führt selbst zahlreiche überwältigende, weil in ihrer Dokumentierung wirklich schlagkräftige Beispiele für diese bisher unergründete Erscheinung auf. Er sprach unter anderem mit zahlreichen Zeugen aus dem Yakima-Indianerreservat im Süden des amerikanischen Bundesstaates Washington, die gleichfalls undefinierbare »Generatorengeräusche« gehört und UFOs gesehen hatten.

Auch die Feuerwächter in dieser Gegend wußten über etliche unheimliche Erlebnisse zu berichten, ihre Logbücher sind voll von Eintragungen, die nicht zuletzt immer wieder das unterirdische Summen bestätigen. Viele der Beobachtungen stammen vom Satus Peak, einem der westlichen Gipfel des Toppenish Ridge in Yakima:

- *»28. August 1974, 19.30 Uhr – Habe den grollenden Lärm wieder gehört. Kein Wind zu der Zeit.«*

- *»28. Mai 1979, 1.30 Uhr früh – Hörte seltsamste Geräusche. Ich ging auf den Aussichtssteg hinaus und lauschte. Es klang, als ob große Wassertropfen auf Papier auftreffen oder zwei Stöcke aneinandergeschlagen werden. Wirklich gespenstisch. Ich habe sogar am Himmel nach etwas Ausschau gehalten.«*

- *»11. Oktober 1979, 18.30 Uhr – Ich war draußen auf der Nordseite des Steges. Habe einen lauten, summenden Ton gehört … klingt unheimlich.«*

- *»22. Oktober 1979 – Irgend etwas, das ein hochfrequentes Heulen aussandte, zog direkt über die Aussichtsplattform weg. Was auch immer es war, es war sehr nah. Kein Flugzeug.«*

- *»18. August 1980 – Habe das ›Motorgeräusch‹ wieder gehört. Wie unterirdisch.«*

Die Liste der Eintragungen ist noch lang. Niemand kann mehr ernsthaft abstreiten, daß in den betroffenen Gegenden de facto undefinierbare Schalleffekte registriert und auch UFOs beobachtet wurden (und werden).

Nicht in jedem Falle sollte man allerdings gleich eine außerirdische Intelligenz hinter solchen Phänomenen vermuten.

Bereits in meinem Buch »Wir sind nicht allein!« habe ich beispielsweise auf die Existenz von Erdbebenlichtern hingewiesen, die als Begleiterscheinung tektonischer Vorgänge auftreten – allerdings nur selten und wenn, dann im Verlauf heftigerer Erdbeben.

Ich selbst hatte Gelegenheit, Lichtsphären dieser Art kurz nach dem schweren Beben von Friaul im Jahr 1976 zu sehen. Könnte es sein, daß manche Geräusche ebenfalls von tektonischen Prozessen, von geologischen Mechanismen in der Erdkruste herrühren?

Im texanischen Robertson County brach 1972 ein »Flap«, also eine UFO-Sichtungswelle aus, die gegen Ende 1973 über der kleinen Ranchergemeinde Calvert ihren Gipfel erreichte. Nun liegt aber Calvert – ähnlich wie übrigens auch Yakima – genau auf einer geologischen Verwerfungslinie, die sich über eine Strecke von etlichen Meilen zickzack durch das Land erstreckt! Das stellte auch der UFO-Forscher Tommy Blann fest und schrieb: »Dort existiert ein komplexes Netzwerk an Höhlen und Tunnels, die sich irgendwo unterirdisch verbinden ... einige Leute, die fünf oder sechs Meilen außerhalb von Calvert leben, haben mir erzählt, daß sie wiederholt von Generatorengeräuschen aus ihren Häusern in die kühle Abendluft getrieben worden sind. Ihnen erschien es, als ob ein fortwährend dröhnender Lärm von allen Richtungen ausging, dann aber besonders laut wurde, wenn man mit einem Ohr direkt am Boden lauschte. Die Geräusche ließen sich nicht auf einen spezifischen Ursprungsort zurückverfolgen; es schien beinahe, als ob sie beweglich waren und ihre Positionen im Gelände nachts änderten.« – Die Ähnlichkeit zu den Erscheinungen in Taos ist offenkundig.

Nur: Wer versucht, diese Phänomene allein durch »natürliche« Vorgänge zu erklären, wird auf einige wohl unüberwindliche Probleme stoßen. Denn ein Erdbeben beispielsweise, das derart gut hörbare Geräusche erzeugt, wäre unfraglich auch deutlich *spürbar!* Doch keiner der Zeugen jenes Untergrundbrummens berichtete von irgendwelchen Bodenerschütterungen.

Selbst aus der Antarktis existieren Aufzeichnungen über Phänomene dieser Art. So sah der Meteorologe Rubens J. Villela zusammen mit fünf anderen Wissenschaftlern am 16. März 1961 einen ovalen Diskus, der vielfarbige Strahlen aussandte. In jener Zeit häuften sich auch die Meldungen über »maschinenartige Untergrundgeräusche« in der Nähe der antarktischen Forschungsstationen.

Nicht selten kommt es in denjenigen Gegenden, in denen Summgeräusche und UFOs beobachtet wurden, außerdem auch noch gehäuft zu unerklärlichen Tierverstümmelungen. Sie weisen derart grausame und mysteriöse Details auf, daß keine konventionelle Theorie sie in irgendeiner Weise auch nur annähernd erklären könnte. Davon war bereits ganz kurz die Rede, und wir werden später noch auf dieses sehr düstere Kapitel außerirdischer Einflüsse zurückkommen.

Vielleicht lassen sich einige wenige UFO-Sichtungen mit dem Erscheinen von Erdbebenlichtern deuten. Bei der allgemeinen Diskussion und der Frage nach dem Ursprung jenes bisher absolut unerklärlichen Summens helfen übliche Deutungsversuche allerdings auch nicht weiter.

Der amerikanische Autor Timothy Green Beckley glaubt, daß die undefinierbaren Summtöne und die vielfach in jenen Gegenden gesichteten UFOs von geheimen, unterirdischen Basen einer fremden kosmischen Macht herrühren, daß sich dort möglicherweise die »Grauen« stationiert haben. Vielleicht gar stehen *sie* bereits mit der US-Regierung in Verbindung, nur daß kaum irgend jemand davon etwas weiß. Beckley weist auch auf die Tatsache hin, daß sich um Calvert herum einige bedeutende Geheimanlagen des Militärs konzentrieren, ähnlich also wie im Falle von Taos. Besteht hier eine Verbindung, eine Verbindung gar zu außerirdischen Wesen? Dieser Gedanke wirkt verworren und unglaubwürdig. Gibt es denn Belege dafür, ernsthafte Hinweise aus zuverlässigen Quellen?

Die Bennewitz-Akte

Zu den größten Militäreinrichtungen und Atomwaffenlagern der Vereinigten Staaten zählt das Gelände der Kirtland Air Force Base bei Albuquerque, New Mexico. Im Sommer 1980 kam es dort zu einer Reihe bis heute unerklärlicher Vorfälle, die in jahrelang geheimgehaltenen Dokumenten aufgezeichnet worden sind.
Mehrmals im Verlauf weniger Tage landeten auf dem strikt abgeriegelten Gebiet unidentifizierte leuchtende Flugobjekte, ohne daß irgend jemand eine Handhabe gegen diese Intervention aus dem Unbekannten besaß. Doch damit nicht genug. Der »Fall Kirtland« sollte sich ausweiten in ein schier alptraumhaftes Labyrinth des Grauens, ja vielleicht gar: *der* »Grauen«!

Am 8. August 1980 befanden sich Stephen Ferenz, Martin W. Rist und Anthony D. Frazier, drei Wachleute der Kirtland-Sicherheitspolizei, auf ihrem routinemäßigen Kontrollgang über das Gelände des Manzano-Waffenlagers. Kurz vor Mitternacht wurden sie plötzlich auf ein ungewöhnliches Objekt am Himmel aufmerksam.
In einem Meldeformular der Kirtland-Basis ist dieser Zwischenfall genau festgehalten: »Drei Sicherheitspolizisten... sichteten ein unidentifiziertes Licht am Himmel, das von Norden nach Süden über den Coyote-Canyon-Abschnitt des gesperrten, dem Verteidigungsministerium unterstellten Test-

geländes der Kirtland-Air-Force-Basis, New Mexico, flog... Um ungefähr 23.50 Uhr beobachteten die drei während ihrer Kontrolltour im Charlie Sektor, auf der Ostseite von Manzano, ein sehr helles Licht am Himmel, rund drei Meilen nordnordöstlich ihrer Position. Das Licht bewegte sich mit großer Geschwindigkeit und stoppte über dem Coyote Canyon unvermittelt am Himmel. Zuerst glaubten die drei, es handele sich bei dem Objekt um einen Helikopter, doch nachdem sie die seltsamen Manöver in der Luft (›stop and go‹) beobachtet hatten, erkannten sie, daß kein Hubschrauber eine derartige Gewandtheit an den Tag legen konnte. Das Licht landete im Bereich des Coyote Canyon. Einige Zeit später sahen die drei Zeugen, wie dieses Licht mit hoher Geschwindigkeit senkrecht aufstieg und verschwand.«

Bereits am nächsten Tag war der unheimliche »Besucher« wieder zur Stelle. Diesmal zeigte sich die Erscheinung nahe am Erdboden, direkt hinter einem Gebäude der Sandia Laboratories, die sich ebenfalls im Coyote Canyon auf der Kirtland Air Force Base (kurz: KAFB) befinden.

Ein Sicherheitsmann – der allerdings anonym zu bleiben wünscht – fuhr näher an das Licht heran und erkannte schließlich ein rundes, diskusförmiges Objekt in der Nähe des Gebäudes. Eines war klar: In keiner Weise handelte es sich bei dem fremden Flugkörper, der hier in das Sperrgebiet eingedrungen war, um ein herkömmliches Flugzeug oder einen Helikopter. Jener Zeuge war früher selbst Helikopter-Mechaniker bei der Army, seine Aussage dürfte also einiges Gewicht besitzen!

Der Wachmann versuchte nun, Verstärkung anzufordern, doch aus irgendeinem Grunde war sein Funkgerät ausgefallen. Als er auf das beängstigend wirkende Objekt zuging und mit der Flinte darauf zielte, zog es mit hoher Geschwindigkeit davon, direkt nach oben, in die Schwärze der Nacht, und war nicht mehr zu sehen.

Dies sollte nicht der letzte mysteriöse UFO-Zwischenfall in jener Gegend sein.

Schon am nächsten Tag verfolgte ein Polizist die Landung eines unbekannten Flugobjektes in den Manzano-Bergen in unmittelbarer Nachbarschaft zur Kirtland-Basis, an die er seine Beobachtung auch umgehend weitermeldete. Der Kommandoposten verwies ihn an das Luftwaffenbüro für besondere Nachrichtenangelegenheiten (das *Air Force Office of Special Investigations,* District 17), das im Zusammenhang mit jenen merkwürdigen Geschehnissen ebenso wie mit dem »Reich der Grauen« noch eine ganz besondere Rolle spielen sollte. Nun, dieses Büro bat den Polizisten, sich mit dem Fall an seine eigene Dienststelle zu wenden. Im übrigen klärte ihn die Air Force auch darüber auf, daß solche Sichtungen nur noch dann von ihr untersucht würden, wenn sie auf dem Gelände einer Air-Force-Basis stattgefunden hätten. War das nicht kurz zuvor der Fall gewesen? Doch auch auf die nächste Air-Force-Konfrontation mußte man nicht lange warten.

Zunächst gab es am 13. August 1980 einen unerklärlichen Zwischenfall. Sowohl auf der KAFB als auch auf dem Flughafen von Albuquerque versagte mit einem Mal das komplette Radarsystem. Insgesamt volle fünf Stunden ging gar nichts mehr. Ursache: absolut unbekannt. Die Air Force schloß damals die Anwesenheit eines feindlichen Geheimdienstes nicht aus, der für den Zusammenbruch der Systeme verantwortlich gewesen sein mochte. Ein Geheimdienst – oder aber eine fremde Intelligenz?

Wenige Tage später, am 22. August, wurde Kirtland erneut von einem unbekannten Flugobjekt heimgesucht. Und bei dieser unheimlichen Begegnung spielte sich fast dasselbe ab, wie beim ersten Zwischenfall genau zwei Wochen zuvor. Wieder beobachteten drei Sicherheitsleute, wie eine fremde Lichterscheinung über dem Coyote Canyon niederging und landete.

Nicht nur die Wachmannschaften der Kirtland-Basis wurden Zeugen jener geheimnisvollen UFO-Invasion ...

Der Physiker Dr. Paul Frederick Bennewitz genoß von seinem Haus, hoch oben in den »Four-Hills«-Bergen um Albuquerque gelegen, eine perfekte Aussicht über das Gebiet von Kirtland und Manzano. Ihm war nicht eine einzige der UFO-Landungen entgangen. Jede Nacht beobachtete er die seltsamen Vorgänge auf der Basis, jede Nacht stand er mit einer 8-mm-Filmkamera auf seiner Terrasse, um die Lichterscheinungen auch im Bild zu dokumentieren.

Bennewitz, Jahrgang 1927, war seinerzeit Präsident der »Thunder Scientific Laboratories«, deren Gebäude sich unmittelbar rechts der Hauptzufahrt zur Kirtland-Basis befinden, und er kannte sich bestens mit den verschiedensten elektronischen Systemen aus. Ein spezialisierter Wissenschaftler also, zudem ein erfolgreicher, zielbewußter Geschäftsmann, den wohl niemand so leicht als überdrehten, leichtgläubigen Spinner abtun konnte. Dennoch, was Dr. Bennewitz im Laufe der Zeit glaubte herausgefunden zu haben, was er über seine Forschungen berichtete, das alles schien wahrlich den Phantasien eines Wahnsinnigen entsprungen zu sein.

Seine UFO-Sichtungen aber ließen sich nicht ableugnen, zudem stimmten sie ja mit den Schilderungen der diversen Wachleute überein.

Schon am 2. Februar 1980 hatte Bennewitz vier »untertassen- oder hutförmige« Objekte im Manzano-Gebiet gesehen. Aus einer Entfernung von etwas über zwei Kilometern filmte er, was er später als »einen schwarzen Fleck zusammen mit einem großen, blauen Halo« beschrieb, das, wie er annimmt, »das Kraftfeld der Objekte bildete. Unter jedem von ihnen gab es einen Blitz, als sie völlig synchron 100 bis 130 Meter vom Boden emporschnellten.« Insgesamt nahm Bennewitz fast tausend Meter Film auf, außerdem fotografierte er die Objekte mehrfach. Der erste, dem er seine Beobachtungen meldete, war Commander Major Ernest E. Edwards vom Wachtrupp der Kirtland-Basis.

Im Sommer 1989 bestätigte Edwards dem bekannten englischen Autor und UFO-Spezialisten Timothy C. Good die Sichtungen und legte ihm auch Aufnahmen von Bennewitz vor, die allerdings keine relevanten Details zeigen. Trotz ihrer geringen Aussagekraft kommt der wissenschaftliche Berater von Kirtland, Jerry Miller, nach einer Analyse der Bennewitz-Daten zu dem Schluß: »Das Material zeigt deutlich, daß irgendeine Art unbekannter Flugobjekte auf dem Film festgehalten worden ist.« – So steht es in einem Air-Force-Dokument vom 28. Oktober

1980, das allerdings erst Jahre später freigegeben wurde. Darin heißt es außerdem, daß Bennewitz mit seinen elektronischen Überwachungssystemen, die ständig auf das Manzano-Gelände ausgerichtet seien, besondere elektromagnetische Signale registriert und auf Bändern aufgezeichnet habe, die angeblich von den gesichteten Objekten stammten.
Seltsamerweise erhielt Bennewitz drei Wochen später die Mitteilung, die Air Force würde »keine Untersuchungen zur Natur jener Objekte durchführen«, man sehe sich auch »nicht in einer Lage, von der aus die Informationen und Fotos, die er angesammelt hat, entsprechend bewertet werden könnten«. Dieses ungewöhnliche Desinteresse von Seiten des Militärs verwunderte nicht zuletzt auch den ehemaligen Astronauten und Senator von New Mexico, Harrison Schmitt, der mehrmals mit Bennewitz telefonisch Kontakt aufgenommen hatte und daraufhin zu weiteren Untersuchungen riet – durch welche Air-Force-Behörde auch immer.
Irgendein aufregendes, wirklich großes Geheimnis schien sich hinter den Ereignissen um Kirtland zu verbergen. Das spürte auch Bennewitz sehr deutlich. Und: Er sollte es noch deutlicher zu spüren bekommen …
Als Bennewitz sich mit den Kirtland-UFOs zu beschäftigen begann, ahnte er nicht im entferntesten, welche erschütternden Konsequenzen diese Nachforschungen für sein gesamtes weiteres Leben haben würden. Zunehmend geriet er in einen unerbittlichen Strudel geheimdienstlicher Aktivitäten und Verstrickungen. Doch hielt er beharrlich an seiner Suche fest, er wollte wissen, *wer* hier *welches* Geheimnis vor den Augen der Welt verbarg.
Unentwegt trieb Dr. Paul Frederick Bennewitz sein »PROJEKT BETA« voran, um damit den Nachweis zu führen: UFOs *sind* extraterrestrische Raumschiffe. *Sie,* die Fremden, die Außerirdischen sind hier, sie sind auf der Erde stationiert. Es sind negative, nahezu schon »dämonische« Wesen, die beabsichtigen, unsere Zivilisation zu unterwandern, unseren Planeten zu versklaven!
Visionen pursten Horrors, lückenlos aneinandergereiht zu

einem apokalyptischen, endzeitlichen Bild unserer ohnehin problembeladenen Welt! Aber wo, *wo* im Namen jener außerirdischen Teufel, sind *die Beweise?*

Wie aus einem jener Air-Force-Dokumente hervorgeht, führte Bennewitz am 10. November 1980 in einem Konferenzraum der Kirtland-Basis sein Material vor. Er behauptete auch, Signale der Fremden zu empfangen, die jene Objekte flogen, und einen ihrer Stützpunkte lokalisiert zu haben: eine geheime unterirdische Basis unterhalb der Archuleta Mesa bei Dulce, New Mexico.

Dort, um jenen mysteriösen Ort, der sich nur etwa 100 Meilen nordwestlich von Taos befindet, wurden in der Tat gelegentlich schon recht ungewöhnliche Erscheinungen beobachtet, darunter auch diskusförmige Flugobjekte.

Auch der amerikanische Pilot und Unternehmer John Lear aus Las Vegas behauptet, daß sich bei Dulce eine geheime außerirdische Basis befindet. Am 7. Mai 1994 schickte mir Timothy Good die überarbeitete Fassung einer mehrseitigen Stellungnahme Lears, datiert auf den 25. März 1988, in der er über die unglaublichsten Verwicklungen zwischen der US-Regierung und einer außerirdischen Macht Zeugnis abzulegen versucht. Er spricht von einem Kontrakt, dem zufolge die Außerirdischen der US-Regierung gegenüber einen Technologietransfer zugesagt hätten, im Gegenzug aber ungehindert grausame Experimente an irdischen Lebewesen, Mensch und Tier, ausführen dürften. Zwar hat John Lear mittlerweile zugegeben, daß viele seiner Behauptungen die wirklichen Verhältnisse stark überzeichnen, dennoch hält er an seinen grundsätzlichen Aussagen fest.

Die tatsächliche Rolle Lears ist nicht gerade einfach einzuschätzen, hat er es eigentlich doch nicht im geringsten nötig, mit erfundenen Geschichten zu prahlen und dadurch das Augenmerk der Öffentlichkeit auf sich zu lenken. Dafür vermag er einfach viel zu viele faktische Erfolge für sich zu verbuchen.

Lear, Sohn von William P. Lear, dem Konstrukteur des Lear-Jets, besitzt als einziger Pilot jeden Flugschein, den die amerikanische Luftfahrtbehörde vergibt. Er hat über 160 verschie-

dene Flugzeugtypen geflogen, war Pilot bei mehreren CIA-Missionen und brach weltweit siebzehnmal den Lear-Jet-Geschwindigkeitsrekord.
Welchen Grund sollte dieser Mann besitzen, Lügen reinsten Wassers zu verbreiten? Vielleicht wurde er mitgerissen von der Ungeheuerlichkeit mancher Erkenntnisse, war blind vor Eifer, ein grauenhaftes Geheimnis publik zu machen, ja, möglichst jeden einzelnen auf Vorgänge aus einer völlig anderen Welt aufmerksam zu machen, auf Vorgänge, die sich hier unten im Verborgenen abspielen, auf unserer kosmischen Plattform – dem Planeten Erde.
Sind Lears Äußerungen demnach als verzweifelte Schreie eines Wissenden zu deuten oder aber vielmehr als abstruse, geradezu abstoßende Versuche eines hoffnungslosen Egozentrikers, dessen einzige Erfüllung sich nunmehr in einer stets von neuen Horrorstories angeschürten Publicity erschöpft? Wir wissen es nicht. Tatsache ist, daß Lears Bericht von 1988 die Aussagen von Bennewitz bestätigt.

Im April 1988 besuchte der kalifornische Autor William F. Hamilton III. die Gegend um Dulce und sprach mit etlichen Augenzeugen ungewöhnlicher Erscheinungen. So erzählte ihm Gabe Valdez, State Police Officer in New Mexico, er würde häufig unidentifizierbare Flugobjekte in diesem Gebiet beobachten. Valdez war auch überzeugt, daß Dr. Bennewitz die richtige Spur verfolgte, wenn er jene unterirdische, von fremden Wesen beherrschte Geheimbasis in der Umgebung von Dulce vermutete.
Allerdings, im Laufe der Zeit wurden die Behauptungen von Bennewitz immer abstruser. Diese Entwicklung hatte gute Gründe. Bereits seit einiger Zeit wurde er von verschiedenen US-Behörden genauestens beobachtet und mit einem Wust unterschiedlichster Desinformationen versorgt. Bekanntlich aber enthält jede wirksame Irreführung auch ein Körnchen Wahrheit. – Nur, eben dieses Körnchen aus dem Haufen zusätzlicher Scheininformation herauszupicken, das ist oftmals eine schier unlösbare Aufgabe. Aschenputtel auf höchster Ebene also!

Doch warum treiben Geheimdienste einen derartigen Aufwand, eine einzige Person so kompromißlos zu verwirren, ja geradezu an den Rand des Wahnsinns zu treiben? Doch nur, weil dieses Individuum sich tatsächlich Kenntnisse über sensible, höchstgeheime Projekte und Vorgänge verschafft hat! Bennewitz war auf *etwas* gestoßen, das stand fest!
In seinem ausgezeichneten Buch »Sie sind da« zitiert Timothy Good einen Brief, den er im Jahre 1985 von Bennewitz erhielt. Wie Good vermutet, ist auch dieser Brief möglicherweise bereits durchsetzt von falschen Informationen, die dem Physiker auf verschlungenen Wegen zugespielt worden waren:
»... Forschung und Computermitteilungen deuten darauf hin, daß aus ... Rinderteilen Humanoide gemacht werden ...«, schreibt Bennewitz. »Regierung und Außerirdische haben ein Abkommen getroffen. Ich kann nur vermuten, was es beinhaltet, aber nach den mir vorliegenden Hinweisen zu urteilen, haben wir geholfen, die Basis aufzubauen – haben ihnen das Land gegeben – im Austausch gegen das Atomschiff und Technologie ...«
Das Atomschiff! Good brachte in Erfahrung, daß damit das rätselhafte Objekt angesprochen wurde, welches 1980 wie ein glühender Diamant über Texas erschienen war und Augenzeugen durch seine Strahlung schwer verletzt hatte. Offensichtlich handelte es sich um ein »**H**uman **P**iloted **A**lien **C**raft« (HPAC), ein außerirdisches Raumfahrzeug im Testflug durch *menschliche* Wesen also! Doch davon später mehr.
Jedenfalls schien klar zu sein, daß Bennewitz langsam in einem Gemisch aus faktischen Informationen und puren Fiktionen zu ertrinken drohte. Sinn und Zweck der Übung: Der Wissenschaftler sollte mehr und mehr in Mißkredit geraten und schließlich in der Versenkung gänzlicher Unglaubwürdigkeit verschwinden.
So löst man Probleme!
Zu den makabren Details der Bennewitz-Tragödie zählt nach Ansicht der Autoren Randle und Schmitt der Part, den ein gewisser William Moore darin übernahm.
Moore ist kein unbeschriebenes Blatt auf dem UFO-Sektor, im

Gegenteil, er hat sich durch zahlreiche Recherchen und Veröffentlichungen, unter anderem zusammen mit Charles Berlitz wie auch Stanton Friedman, einen Namen gemacht und war zudem mit Bennewitz befreundet. Nach Randle und Schmitt liest sich der Fall Bennewitz/Moore folgendermaßen:

Ausgerechnet das *Air Force Office of Special Investigations* (AFOSI, s. S. 58), das sich auf der Kirtland-Basis befindet, nahm Verbindung zu William L. Moore auf – mit einem unerwarteten, verblüffenden Ansinnen:
Richard C. Doty, Special Agent des AFOSI District 17, klärte Moore darüber auf, daß verschiedenste US-Behörden eine systematische Verwirrungs-, ja gar Vernichtungskampagne gegen Bennewitz betrieben. Ständig belieferte man den Physiker mit neuen Dokumenten über übel gesonnene Außerirdische, dunkle Übereinkünfte mit der Regierung, Technologieaustausch, Untergrundbasen, grauenhafte biologische Experimente der Fremden.
Warum?
Darüber schwieg man sich offensichtlich aus. Nun aber bat Doty den Forscher Moore um Mithilfe, er solle sich der »Front« gegen Bennewitz anschließen, ihn ausspionieren, seine psychische Destabilisierung verfolgen und mit dazu beitragen, ihn in den Abgrund des Irrsinns zu stürzen!
Moore willigte ein!
Vier Jahre lang unterstützte William Moore den Psychoterror gegen Bennewitz, ohne daß der den geringsten Verdacht gegenüber seinem »Freund« schöpfte, einem Mann, der in Wirklichkeit wiederum nur an einem interessiert war: *Information!* Moore entwickelte sich zu einer Art Doppelagent. So wenig, wie er auf der Seite von Bennewitz stand, so wenig stand er auch auf Dotys Seite. Er hoffte durch seine neuen Kontakte, durch seine Einbeziehung in jenes geheimdienstliche Unternehmen, endlich selbst an *den* Schlüssel zu gelangen, der ihm vielleicht alle Türen ins Reich der Regierungs- und UFO-Geheimnisse öffnen könnte. Wie er sich einmal ausdrückte: »Bennewitz war der Preis, den ich dafür zahlen mußte!«

1

2

3

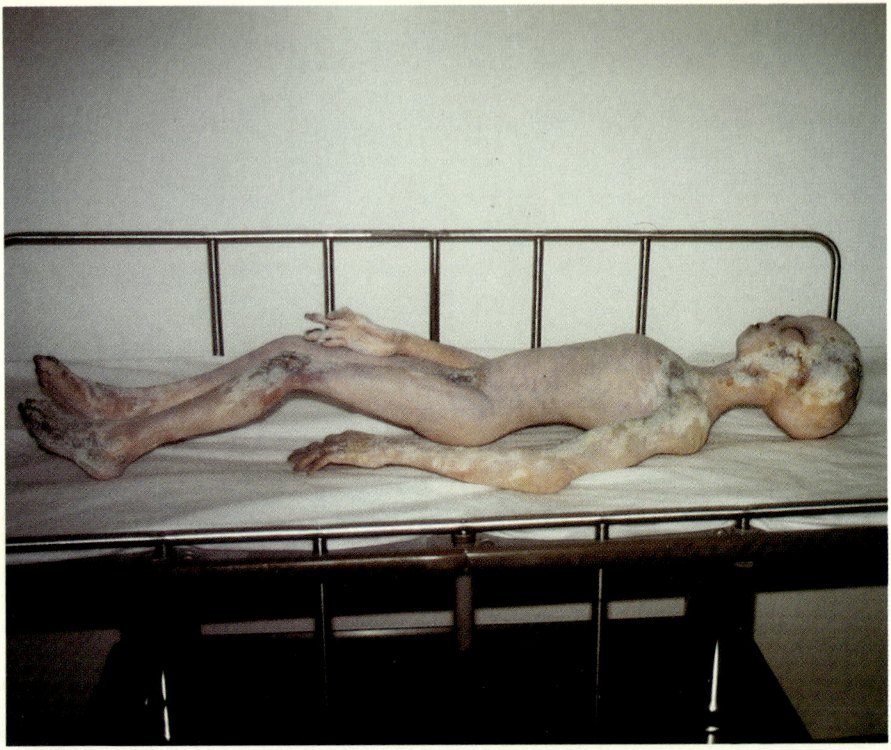

4

THE LOVELACE
INSTITUTES
2425
THE LOVELACE INSTITUTES
2425

5

6

7

1 Aussagen von weit über 200 Zeugen bestätigen, daß im Juli des Jahres 1947 ein Fluggerät nichtirdischer Herkunft nordwestlich der Stadt Roswell im US-amerikanischen Bundesstaat New Mexico niedergegangen ist. Der möglicherweise folgenschwerste UFO-Zwischenfall weltweit. Hier der abgestürzte Diskus in einer künstlerischen Darstellung.

2 Hangar »P-3« im Jahr 1995. In diesem Gebäude, das 1947 zum Roswell Army Air Field gehörte, wurden die Wrackteile des havarierten Flugobjektes kurzzeitig gelagert, um dann schließlich nach Wright Field, Ohio, weitertransportiert zu werden. Ob sich das hochgeheime Material heute noch dort befindet, ist nicht bekannt.

3 Rekonstruktion eines außerirdischen Leichnams. Den Zeugenaussagen zufolge handelte es sich bei den Wesen von Roswell um kleine Humanoide mit relativ großen Köpfen. Als die Körper aufgefunden wurden, befanden sie sich bereits im Zustand der Zersetzung. Sie waren außerdem zum Teil verkohlt. Diese Nachbildung wurde für den Fernsehfilm »Roswell« angefertigt und befindet sich heute im »UFO Museum and Research Center« in Roswell.

4 Die »Lovelace-Institute«, die sich dem weitflächigen Komplex der Lovelace-Klinik im Süden von Albuquerque, New Mexico, angliedern. Wie der amerikanische Kernphysiker Stanton T. Friedman vermutet, wurden in diesen Instituten außerirdische Leichname medizinisch untersucht.

5 »Ballard's Funeral Home« – das Beerdigungsinstitut, in dem Glenn Dennis arbeitete. Dennis führte seinerzeit auch Krankentransporte für die Basis aus. Im Juli 1947 erhielt er merkwürdige Anrufe von einem Offizier des Roswell Army Air Field, der ihn zu geeigneten Konservierungsprozeduren für Leichname ausfragte. Völlig schockiert erzählte ihm später eine befreundete Krankenschwester, was sie auf der Basis erlebt hatte …

6 Aus welchen Bereichen des Weltraums stammten jene fremden Wesen? Wenn überhaupt, vermögen nur sehr wenige Menschen diese Frage derzeit zu beantworten. Wie häufig ist Leben im All? Eine Reihe aktueller Entdeckungen der Astronomie hat dazu geführt, die Wahrscheinlichkeiten dafür wieder optimistischer einzuschätzen. Planeten scheinen an zahlreichen Orten zu entstehen, so auch im berühmten Orion-Nebel, dessen zentrale Regionen hier zu sehen sind.

7 Walter G. Haut, ehemaliger Presseoffizier des Roswell Army Air Field, während eines Gespräches mit dem Autor. Haut erhielt im Juli 1947 von Basis-Kommandant Col. William H. Blanchard die Order, eine offizielle Meldung über den Absturz einer Flugscheibe bei Roswell freizugeben.

Ein hoher Preis allerdings, für den Moore, der Besessene, der Verantwortungslose, ganz offenbar nicht allzuviel bekam. Und, wer wirklich bezahlte, war Bennewitz. Er magerte zum Skelett ab, konnte sich nur noch zitternd voranbewegen. Selbst arbeitsunfähig, übergab er die Leitung der »Thunder Scientific Laboratories« an seinen Sohn. Überall im Haus versteckte Bennewitz Schußwaffen und Messer, sicherte die Türen mit zusätzlichen Schlössern. Er glaubte, außerirdische Wesen würden des Nachts durch die Wände eindringen und ihn mit furchtbaren Chemikalien ausschalten, bewußtlos machen. Die unheimlichen Fremden suchten ihn in jedem seiner Alpträume genau wie in jeder seiner schlaflosen Nächte heim. Waren jene Wesen vielleicht doch real? *Er* glaubte es, und *niemand* weiß letztendlich, was hier wirklich vor sich ging.

Nun, das ist die Geschichte, wie sie von Randle und Schmitt dargestellt wird. Stanton Friedman, der oft mit Moore kooperiert hat, sieht dagegen keinen direkten Zusammenhang zwischen Moores Aktivitäten und dem Verfall von Bennewitz, einer psychischen Entwicklung, die nach Aussagen eines Facharztes bereits eingesetzt hatte, noch bevor Moore sich einschaltete. Allerdings distanziert sich auch Friedman von einigen Forschungsmethoden Moores.

Doch das alles, diese gewaltige Anstrengung, Bennewitz zu ruinieren, mußte einen Grund haben, einen tieferen Sinn. War er auf ein supergeheimes Regierungsprojekt gestoßen, ein Projekt, das vielleicht überhaupt nichts mit Außerirdischen zu tun hatte, aber von derartiger Bedeutung war, daß es um keinen Preis der Welt durch die Aktionen jenes Wissenschaftlers gefährdet werden durfte? Warum ließ man ihn dann nicht seinen ohnehin von Anfang an auf die Anwesenheit von Extraterresten ausgerichteten Kurs weiterverfolgen? Hätte er sich dadurch nicht selbst ganz automatisch Stück für Stück mehr der Lächerlichkeit preisgegeben? Warum also haben sich andere die Hände schmutzig gemacht?

All diese Fragen führen zu nichts anderem als der weiteren Frage, ob jenes verbrecherische geheimdienstliche Täuschungsmanöver nicht mit einem höheren Prozentsatz an Fakten vermischt worden war, als man zunächst anzunehmen gewillt sein mag!

Rendezvous in der »Nightmare Hall«

Der Schacht scheint sich in unendliche Tiefen zu erstrecken, seine glatten Betonwände verlieren sich im Abgrund einer künstlichen Welt. Mit einem leichten Ruck setzt sich der massiv ausgelegte Fahrstuhl in Bewegung. Sein Weg führt ihn in eine unterirdische Schreckensfabrik, in ein bizarres Schattenimperium, dessen Regenten aus den Weiten des Raumes kamen, um in verborgenen Laboratorien grausamste biologische Experimente an irdischen Wesen vorzunehmen.

Originalton Bennewitz? Nein. Diese Behauptung stammt von einem gewissen Thomas C., angeblich ein hochrangiger Sicherheitsoffizier, der, wie er vorgibt, in einer von der US-Regierung und einer außerirdischen Macht gemeinsam betriebenen Untergrundbasis bei Dulce in New Mexico gearbeitet hat.

Wie William Hamilton berichtet, war Thomas C. ungefähr Mitte Zwanzig, als er erstmals in geheime Militärprojekte verwickelt wurde. In einer ebenfalls unterirdisch angelegten Basis wurde er als Fotograf für spezielle »top-secret«-Aufgaben ausgebildet und arbeitete auf diesem Gebiet anschließend sieben Jahre für die Air Force. 1971 schied er aus und begann für eine große Firma in Kalifornien zu arbeiten, gelangte dann aber 1977 nach Dulce und wurde auch dort mit geheimen Aufgaben betraut – auf »Section D« der Dulce-Basis. Wie er später berichtete, erhielt er eine »ULTRA-7-Freistellung«, die ihm Zugang zu sieben unterirdischen Stockwerken der verborgenen Anlage gewährte. Dies und seine Aufgaben als Offizier des dortigen Sicherheitsdienstes führten ihn in eine alptraumhafte fremde Welt, deren Entsetzlichkeit er, wie er sagt, nach zwei Jahren nicht mehr ertragen konnte.

Nach Thomas C. sind in jener riesigen Basis 18 000 jener

»grauen« Wesen stationiert, die meisten von ihnen in den Stockwerken minus fünf bis minus sieben. Betrachten wir einmal das Horrorszenario, wie Mr. C. es beschreibt:
Überall auf den Gängen befinden sich Symbole einer nichtirdischen Sprache. Ab dem zweiten unterirdischen Stockwerk nimmt die Geheimhaltung und Kontrolle deutlich zu, denn bereits dort verharren außerirdische Flugobjekte in Warteposition, im Schutz spezieller Hangars! Jeder, der diese Ebene betritt, wird vorher ohne Kleidung gewogen, erhält dann eine Uniform sowie eine Identifikationskarte, auf der das Körpergewicht elektronisch abgespeichert wird. Überschreitet die tägliche Abweichung einen Grenzwert, erfolgt eine medizinische Untersuchung mit Röntgenanalyse. Sowohl beim Betreten als auch beim Verlassen der Geheimzone findet dieselbe Prozedur statt, jegliche Abweichung führt zu Sicherheitsalarm.
Ein unheimliches Licht erfüllt die langen Gänge jenes Schreckenslabyrinths. Thomas C. erwähnte, daß in einigen Sektoren zeitweilig Phosphorpentoxid zur Beleuchtung eingesetzt wird und daß die fremden Wesen jene Bereiche – aus ihm unbekannten Gründen – stets meiden.
Gigantische Tunnelsysteme verbinden nach Angabe von »C.« den Dulce-Komplex mit zahlreichen anderen Untergrundbasen im Westen der Vereinigten Staaten, so auch mit einer geheimen Anlage in Page, Arizona, mit einer Basis unterhalb der mysteriösen *»Area 51«* in Nevada, mit einem verborgenen Labor unter Taos (!) sowie etlichen anderen sonst unzugänglichen Lokalitäten. Schon zu Zeiten des Vietnam-Krieges kursierte übrigens unter einer Gruppe von Air-Force-Colonels tatsächlich ein heimlicher Plan namens »Facility X«, dessen Ziel es war, jede Air-Force-Einrichtung sowie Fluganlage der Marine untereinander physisch zu verbinden, auf welche Weise das nun auch immer geschehen sollte.
Je tiefer Thomas C. in die Basis hinabgelangte, desto unfaßbarer wurden seine Erlebnisse, so behauptet er. Auf der vierten unterirdischen Ebene findet seinen Schilderungen zufolge fortgeschrittene Forschung auf den Gebieten der Parapsychologie statt, Untersuchungen der menschlichen Aura, der Phänomene

Telepathie, Hypnose, Träume und Experimente mit außerkörperlichen Zuständen, mit dem »Implantieren« einer nichtirdischen Geistform in menschliche Körper!
Grauenhafte Bioexperimente schließlich werden nach »Mr. C.« in der zwei Stockwerke tiefer gelegenen »Nightmare Hall«, der »Alptraumhalle«, durchgeführt – dort sah der Sicherheitsoffizier angeblich genetisch radikal veränderte Tiere und humanoide Krüppel mit mehreren Arm- bzw. Beinpaaren sowie anderen grauenhaften Veränderungen des Äußeren. »Häufig begegnete ich in abgeschlossenen Zellen Menschen, die normalerweise betäubt und mit Drogen vollgepumpt waren. Manchmal aber schrien sie und baten um Hilfe. Man sagte uns, sie seien hoffnungslos geisteskrank und daß man sie zu hochriskanten Medikamententests heranzog, um Geisteskrankheiten zu heilen. Man wies uns an, unter keinen Umständen mit ihnen zu sprechen. Anfangs glaubten wir diese Geschichte.«
Noch unterhalb der »Nightmare Hall« will Thomas C. dann die Ergebnisse unzähliger Experimente in Kältekammern gesehen haben: Reihen Tausender mutierter Menschen und grauenerregender Mischformen, humanoide Embryos, Zerrbilder der Natur, entsetzliche Zeugnisse abscheuerregender Versuche. Thomas C. beschrieb die »Grauen« als hochgradig analytisch und technologisch ausgerichtete Wesen, die aufgrund dieser Gehirnstruktur hemmungslos Experimente durchführen, ohne moralische Bedenken, ohne Gefühlsempfindung, ohne Rücksicht auf das Leid anderer lebender Wesen.
»Schließlich, im Jahr 1978, kam eine kleine Gruppe von Mitarbeitern auf die wahren Fakten«, berichtet Thomas C. »Das war der Anfang der Dulce-Kämpfe.«
In seiner umstrittenen Stellungnahme von 1988 berichtet auch Jetpilot John Lear von diesem Zwischenfall. »Damals«, so Lear, »gab es eine Art Auseinandersetzung im Dulce-Labor. Eine Spezialeinheit der Streitkräfte wurde angefordert, um eine in jenem Komplex eingeschlossene Gruppe unserer Leute zu befreien, die herausbekommen hatten, was dort wirklich vor sich ging. Einer Quelle zufolge wurden 66 Soldaten getötet, unsere Leute aber nicht befreit.«

Angeblich gelang es Thomas C., das Alarmsystem eines der über hundert Ausgänge von »Section D« auszuschalten und mit einigen Dokumenten und Fotos zu entkommen. Das Bildmaterial soll sogar einige jener außerirdischen Wesen gezeigt haben. Damit hatte er *die* Beweise in der Hand. Nachdem Frau und Kind von Thomas C. von Agenten gekidnapped worden waren, änderte sich die Situation schlagartig. Vor rund 15 Jahren verschwand Thomas C. dann selbst, seine Spur läßt sich nicht verfolgen.

Ob diese Geschichte der Wahrheit entspricht, läßt sich nicht sagen. Höchstwahrscheinlich nicht. Sie enthält einige Ungereimtheiten, besonders seltsam aber ist der Hauptgrund, den »C.« für die Anwesenheit Außerirdischer auf unserem Planeten angibt: Die Fremden trachten angeblich weder nach Land oder Bodenschätzen oder auch dem Leben von Menschen und Tieren auf der Erde. Nein, sie benötigen, so sagt er, letztlich nichts als die Kraft des irdischen Magnetfeldes! Warum ihnen diese so wichtig ist, wie sie sie nutzen – das bleibt ein Geheimnis.

Das Problem dabei ist nur: Magnetfelder gibt es weiß Gott auch anderswo im All. In keiner Weise handelt es sich bei ihnen um irgendwelche seltenen, magischen Bereiche im Inneren erdähnlicher Welten. Ganz im Gegenteil stellen sie ein wahrhaft weit verbreitetes physikalisches Phänomen dar, über das Astronomen beinahe »über-All« stolpern. Außerirdischen Forschern dürfte es da nicht viel anders ergehen, sie müßten sich keineswegs erst einen bewohnten Planeten aussuchen, um an diese Felder zu gelangen.

Und, warum vergreifen sich die Fremden immer wieder an Menschen, warum führen sie grausamste biologische Experimente durch? Wozu die Schrecken der »Nightmare Hall«?

Also doch nichts anderes, als ein perfides Horrormärchen, als die Ausgeburt einer degenerierten, bedauernswerten Phantasie? Doch, bevor wir ein endgültiges, vernichtendes Urteil fällen – warten wir lieber noch eine Weile.

Thomas C. war nach seinen eigenen Angaben Fotograf, kein Wissenschaftler. Davon ausgehend ist durchaus denkbar, daß er über die realen Zusammenhänge nicht annähernd aufgeklärt worden ist und auch keinerlei verläßliche Möglichkeit hatte, sie selbst wirklich zu ergründen. Abgesehen davon ranken sich seine abstrusen Schilderungen um eine Reihe ebenso abstruser Ereignisse und Fakten, die sich trotz ihrer Unfaßbarkeit unmöglich von der Hand weisen lassen, die unbestreitbar existieren und – die derart unheimliche außerirdische Machenschaften tatsächlich nahelegen!

YY-II

In der Nacht vom 5. auf den 6. Mai 1980 fährt die 28jährige Myrna Hansen mit ihrem kleinen Sohn über eine einsame Landstraße im Nordosten New Mexicos. Sie ist nur noch wenige Meilen von ihrem Haus in Cimarron entfernt, als vor ihrem Fahrzeug plötzlich zwei riesige, ungewöhnlich grelle Lichter praktisch aus dem Nichts auftauchen. Mit einem Male bricht die gewohnte Welt zusammen, alles Rationale zerrinnt in einem Aufruhr des Fremden.

Die Ereignisse überschlagen sich.

Myrna Hansen und ihr Sohn werden in ein unterirdisches Laboratorium verschleppt und dort von nichtmenschlichen Wesen eingehend medizinisch untersucht. Anschließend, nach einem über vier Stunden währenden Alptraum, entlassen die Unbekannten sie wieder ins »normale« Leben. Nichts ist mehr, wie es zuvor einmal war.

Bereits am folgenden Tag erfuhr Dr. Paul Bennewitz von jenem unbegreiflichen Zwischenfall im verlassenen Ranchland von New Mexico. Da Myrna Hansen durch jene unbekannte Macht eine zeitweilige Gedächtnissperre erlitten hatte, nahm Bennewitz Kontakt zu dem Psychologen Dr. Leo Sprinkle auf, der sich bereits seit vielen Jahren mit ähnlichen Entführungen durch fremde Wesen befaßte. Er sollte Myrna Hansen in einen hypnotischen Entspannungszustand versetzen, um auf diese Weise Zugriff auf ihr Unterbewußtes und die dort verborgenen Erinnerungen zu erhalten. Tatsäch-

lich erlebte die junge Frau jene wohl schrecklichsten Momente ihres Lebens unter Hypnose ein zweites Mal und in vollem Ausmaß.
Wie auf einer dreidimensionalen Kinoleinwand spielt sich das entsetzliche Erlebnis noch einmal in allen Details vor ihr ab. Nun steht sie dem Fremden wieder hautnah gegenüber:
»Gott! Das hellste, weißeste Licht, das ich je gesehen habe! Wie kann es so fliegen? Was ist das? Es ist unfaßbar. Aber es ist ganz real. Ich habe solche Angst! … Ich kann ihre Gesichter sehen – riesige Augen, sie füllen mehr als das halbe Gesicht. Wie leere Höhlungen … bösartige Augen, keine Pupillen. In ihren Augen ist nichts … rötlich, wie die des Teufels, eine Farbe, die mich verrückt macht.«
Die fremden Wesen gleichen absolut gefühllosen Maschinen, unerbittlichen Biorobotern. Nachdem Myrna Hansen sehr schmerzhafte Untersuchungen über sich ergehen lassen mußte, wird sie sich nun erst der Umgebung bewußt, in der sie und ihr Sohn gegen ihren Willen festgehalten werden. Ein widerwärtig süßlicher Geruch durchzieht den spärlich beleuchteten Raum. Die auffallendsten Gegenstände darin sind große, mit Flüssigkeit gefüllte Behälter:
»Nun blicke ich auf Wasserbecken hinab. Irgend etwas läßt mich erschaudern … Dort scheinen sich Körperteile zu befinden!«
Dr. Sprinkle drängt seine »Patientin«, sich näher auf den Inhalt der Becken zu konzentrieren, zu beschreiben, was sie darin sieht.
»Das Oberteil eines kahlen Schädels. Aber das Licht ist schwach. Ich denke, ich sehe einen Arm mit Hand – menschlich! … etwas Rotes, blutig Aussehendes. O Gott! Ich bin so entsetzt, das zu sehen … das alles ist so gespenstisch. In dem Tank befindet sich alles mögliche … Herzen, Körperteile …«
Von diesem Moment an wußte Myrna Hansen: »*Sie* verspüren nicht die geringste Zuneigung zu uns. In meinen Augen sind es Monster. Ich fühle mich, als ob ich in Auschwitz gewesen wäre.«

New Mexico, das »verzauberte Land«, das »Land der Außerirdischen«?
Unzweifelhaft konzentrieren sich hier in ganz besonderem Maße geheimnisvolle Aktivitäten einer fremden Macht, und das wohl nicht erst seit dem Zwischenfall von 1947. Wahrscheinlich aber war gerade der Roswell-Absturz das zentrale Ereignis, auf das sich die weitere Entwicklung zurückführen läßt, das heißt insbesondere: die offensichtliche Beteiligung der US-Regierung an eben jenen geheimen, außerirdischen Aktivitäten, ob nun in unterirdischen Schreckenslabors oder anderswo.
Alles spricht klar dafür, daß damals, in den vierziger Jahren, neben technisch hochentwickelten Flugscheiben auch humanoide Wesen geborgen worden sind. Mindestens eines von ihnen soll noch gelebt haben. Einige Quellen erwähnen sogar *mehrere* lebendig in Gewahrsam genommene Humanoide, auch »Extraterrestrische Biologische Entitäten« (kurz: »EBEs«) genannt.
Wo hält man diese Wesen verborgen? Leben sie immer noch?
John Lear nennt zwei geheime Einrichtungen als Aufenthaltsort: zum einen die Edwards Air Force Base in der kalifornischen Mojave-Wüste (manchem vielleicht eher durch die *Space-Shuttle*-Landungen dort bekannt), zum anderen ein Gebäude mit der mysteriösen Bezeichnung »YY-II« auf dem Gelände der Los Alamos National Laboratories. Viele Spuren führen dorthin.
Das bestätigte grundsätzlich auch die bekannte amerikanische Dokumentarfilmerin Linda Moulton Howe, die sich seit dem Ende der siebziger Jahre hauptsächlich mit den unerklärlichen Tierverstümmelungen befaßt und mir unlängst interessante Neuigkeiten dazu mitteilte, auf die wir später noch zurückkommen werden.
Linda Howe ist mittlerweile fest von einer außerirdischen Ursache dieser grauenhaften Funde überzeugt. Ihre Recherchen haben sich in einer vielbeachteten Film- wie Buchdokumentation niedergeschlagen. Auch nach dieser Arbeit ließ sie das Thema nicht mehr los, nur wenige Jahre später arbeitete sie an einem neuen UFO-Filmprojekt. Ihr Interesse galt dabei ganz

besonders einem rätselhaften Zwischenfall auf der Ellsworth Air Force Base in South Dakota, USA.
Im November 1977 landete dort nachts ein glühender Diskus, vor dem sich plötzlich die Gestalt eines fremdartigen Wesens abzeichnete. Ein Sicherheitsmann der Basis versuchte den unbekannten Eindringling mit seinem M-16-Gewehr in Schach zu halten, doch noch ehe er reagieren konnte, feuerte das Wesen einen intensiven Lichtstrahl auf die Waffe ab. Der Sicherheitsmann erlitt Verbrennungen zweiten und dritten Grades an seinen Händen. Nun tauchte ein zweites Wesen aus dem Dunkel auf. Auch der Wachmann hatte mittlerweile Verstärkung erhalten. Nach einem weiteren Feuergefecht entfernten sich die Wesen unverletzt. Sie verschwanden in dem glühenden Diskus, der senkrecht vom Erdboden abhob und in kürzester Zeit nicht mehr zu sehen war.
Linda Howe suchte präzise Informationen, Bestätigungen für diese atemberaubende Begegnung. Wie sie von einem New Yorker Forscher erfuhr, konnte ihr *ein* Mann weiterhelfen – Special Agent Richard C. Doty vom AFOSI auf der Kirtland Air Force Base! Tatsächlich war Doty prinzipiell bereit, sich in seinem Büro mit ihr zu treffen. Nach etlichen Komplikationen kam es am 9. April endlich doch noch zu dem Gespräch zwischen Doty und Linda Howe, einem Gespräch, das eine völlig unerwartete Wende nehmen sollte.
Zunächst erhielt Linda Howe wie versprochen einige zusätzliche Details zum Ellsworth-Fall, wenn Doty auch nur zögerlich darüber sprach. Dann legte er ihr einen braunen Umschlag vor und meinte dazu nur: »Meine Vorgesetzten haben mich gebeten, Ihnen das hier zu zeigen. Sie können das lesen und mir auch Fragen stellen, dürfen sich jedoch keinerlei Notizen machen.« – Vor ihr lag eine kurze Schrift mit dem Titel: »Informationspapier für den Präsidenten der Vereinigten Staaten von Amerika«. Darin ging es um nichts Geringeres als die Anwesenheit Außerirdischer auf unserem Planeten!
Das Dokument beschrieb unter anderem die Abstürze über New Mexico, Regierungsprojekte zur Bergung fremder Raumschiffe sowie die Aufenthaltsorte lebender Außerirdischer.

Demnach wurde ein EBE nach Los Alamos gebracht. Seine Beschreibung stimmt mit all den anderen Berichten über jene unheimlichen »Grauen« bis ins Detail überein. Dieses Wesen soll noch einige Jahre auf Los Alamos gelebt haben, bis es dann am 18. Juni 1952 aus unbekannten Gründen starb.
Speziell zu YY-II ließ mich Linda Howe wissen: »Nach meinem Verständnis sind die YY-II-Gebäude von einem doppelten elektromagnetischen Schirm (Faraday-Käfigen) umgeben und wurden angeblich konstruiert, um einen oder mehrere der Grauen oder auch anderer Wesenheiten zu beherbergen. Doch hat niemand diese Aussage bewiesen.«
Auch der ehemalige Navy-Unteroffizier Milton William Cooper behauptet – in einer notariell beglaubigten Stellungnahme –, zwei geheime Berichte gesehen zu haben, in denen unter anderem auch die Anwesenheit lebender Außerirdischer in einem Gebäude der Los-Alamos-Laboratorien beschrieben ist. Diese Angaben ähneln dem Material, das Linda Howe gezeigt worden ist, sehr deutlich.
Richard C. Doty seinerseits stritt später allerdings vehement ab, Linda Howe ein entsprechendes Dokument jemals gezeigt zu haben. Problematisch an seiner Behauptung aber war, daß Doty auch mit anderen bereits über ähnliche Informationen gesprochen hatte – oder waren es eher Desinformationen, wie Linda Howe während ihrer Unterredung selbst schon vermutet hatte?
Wieder stellt sich die Frage: Warum das alles, diese ständige Übermittlung falscher Informationen zum Thema UFOs und Außerirdische, wobei doch gleichzeitig feststeht, daß *de facto* fremde Flugobjekte und Wesen beobachtet worden sind!
Allein schon die Zwischenfälle auf der Kirtland-Basis selbst zeugen von der Realität dieses Phänomens. Aus den AFOSI-Dokumenten geht das absolut unerklärliche Verhalten der gesichteten Objekte eindeutig hervor, Doty selbst hat die Berichte unterschrieben! Dennoch bezeichnete er diese Fälle später als simple »Hubschrauberlandungen«. Welche Rolle er wirklich im Teufelskreis der UFO-Geheimnisse spielt, weiß niemand – vielleicht letztlich nicht einmal er selbst.
Trotz alledem: Seine Behauptungen orientieren sich stets auch

an nachweislich vorhandenen Dokumenten und Fällen, für die es verläßliche Zeugen gibt. Vielleicht eine seiner interessantesten Aussagen betrifft eine Vereinbarung zwischen der Regierung und den Fremden. Ihr zufolge hätte die nichtirdische Macht sich verpflichtet, amerikanische Expertenteams mit Informationen über ihre Technik zu versorgen. Im Gegenzug müsse die Regierung den Humanoiden in einem gewissen Rahmen freie Hand zu Experimenten auf der Erde lassen. Außerdem sollte ihnen eine von der Außenwelt abgeschlossene Region zur Verfügung gestellt werden, eine geheime Basis, von der aus sie ungestört operieren könnten.

Sicher überzeichnet dieses Szenario die wirklichen Verhältnisse um ein Vielfaches. Trotzdem, es gibt gute Gründe, einem Aspekt davon genauer nachzugehen: der Existenz des »Staates im Staat«, jenes verborgenen »Reservats« (der Außerirdischen?).

Nicht gerade wenig scheint dafür zu sprechen, daß sich jenes Gebiet in einem der entlegensten Winkel des amerikanischen Wüstenstaates Nevada befindet, auf *»Area 51«*, dem wohl geheimnisvollsten Land der Erde!

III
Himmelsbeben

Ein Blitz durchzuckt den pechschwarzen Wüstenhimmel – ein Blitz aus sternklarer Nacht. Plötzlich ist er da, der glühende Diskus, offenbar aus dem Nichts kommend. Mit unbegreiflicher Geschwindigkeit jagt das utopische Objekt über die Landschaft. Sein ohnehin blendend grelles Licht entwickelt sich zu einem gleißenden, unheimlichen, furchterregenden Inferno. Im letzten Moment dreht das erschreckende Ding ab und kehrt in weitem Bogen zu den Bergen am Horizont zurück, verschwindet in einer Welt unendlicher Geheimnisse.

Dieses finstere Reich scheint sich unserem Begreifen vollends zu entziehen. Glühende Lichtkugeln schweben bedrohlich in der Nacht, Feuerbälle blitzen in der Dunkelheit. Über der einsamen Landschaft ziehen die ungewöhnlichsten Flugobjekte ihre Kreise.

Dort, in den abgeschiedensten Regionen Nevadas, auf dem riesigen Nellis-Testgelände, befinden sich ultrageheime Basen, deren Existenz von Militär und Regierung beharrlich abgestritten wird. Dennoch gibt es sie, diese hinter hohen Gipfeln verborgenen Städte, diese heiligsten Kultstätten gleichenden Laboratorien – Laboratorien des Ungewissen! Dort steigen Flugkörper auf, deren Geräusche Erde und Himmel erzittern lassen. Doch die Verursacher selbst sind fast nie zu sehen. Sie entfernen sich in Reiche, in die ihnen niemand zu folgen vermag.

All diese Rätsel gehen von einem ganz besonderen Ort aus, einem Ort, an dem nicht nur der Himmel bebt, sondern sogar ganze Weltbilder bis ins Tiefste erschüttert werden: »Area 51«, auch »Dreamland« oder die »Schwarze Welt« genannt. Hier, in diesem Abgrund des Unerklärlichen, reiht sich Geheimnis an Geheimnis, Rätsel an Rätsel. Wohl kaum ein Ort der Erde ver-

mag sich in eine bizarrere Aura zu hüllen, ist mit aufregenderen Mysterien erfüllt als dieses strengstens überwachte Gelände.
Auf »Area 51« wurden die geheimsten Flugzeuge erprobt, so die superschnelle SR-71 und der revolutionäre »Stealth«-Fighter. Die Zeichen mehren sich, daß dort nun ein noch futuristischeres Fluggerät namens »Aurora« getestet wird, wiederum revolutionärste Technik! Wer hat sie entworfen, entwickelt und gebaut?
Manche glauben, in diese Konstruktionen würden Kenntnisse einer fremden, außerirdischen Technologie einfließen. Und immer wieder berichten Wissenschaftler und Techniker, die auf »Area 51« gearbeitet haben, von seltsamen Vorfällen und Beobachtungen, ja, einige behaupten sogar, mehrere außerirdische Flugscheiben dort gesehen oder untersucht zu haben. Diese Schilderungen lassen sich nicht leicht von der Hand weisen.
In diesem Moment schlagen wir eines der spannendsten Kapitel der amerikanischen Geheimhaltung und Erforschung unbekannter Flugkörper auf. Und die Vorgänge der letzten Jahre, Monate, Wochen und sogar Tage haben die Spannung bis ins Unerträgliche steigen lassen. Der Siedepunkt ist fast erreicht.

Das Antlitz der Morgenröte

Scheinbar ganz langsam sinkt der Raumgleiter in das strahlende Blau unter sich hinab, dringt mehr und mehr in die dichteren Lagen der irdischen Lufthülle ein. Doch der Eindruck eines gemächlichen Fluges täuscht. Außen tobt ein Inferno. Die wärmedämmenden Kacheln auf der Aluminiumhaut des *Space-Shuttle* beginnen bereits zu glühen, so hoch sind Reibungshitze und Geschwindigkeit. Das künstliche Geschoß aus dem All schiebt eine gewaltige Druckwelle vor sich her, die sich bis zum Erdboden fortpflanzt.
Kalifornische Erdbebenwarten sind in der Lage, solche Druckwellen zu registrieren und eine Raumfähre anhand charakteristischer Bodenerschütterungen während des Landeanflugs zu orten. In den vergangenen Jahren haben Seismologen auf ihrer Suche nach dem Superbeben, das Kalifornien wohl in nicht zu ferner Zukunft erschüttern wird, allerdings noch ganz andere seltsame Phänomene aufgespürt.

An einem frühen Donnerstag morgen im Juni 1991 schreckte Südkalifornien von einem lauten, donnernden Grollen auf. Dieser Wochentag hatte seinem Namen wirklich alle Ehre gemacht! Was war geschehen? Beunruhigte Bewohner jenes Landstriches, sensibilisiert durch die ständig drohende Gefahr einer tektonischen Katastrophe, vermuteten hinter dem furchteinflößenden Donnerschlag freilich zunächst ein Erdbeben. In dieser Hinsicht gab es jedoch bald Entwarnung: Forscher des US Geological Survey stellten fest, daß *dieses* Beben ganz eindeutig »vom Himmel« kam. Irgendein unsichtbares, unbekanntes Objekt war mit etwa drei- bis vierfacher Schallgeschwindigkeit durch die Erdatmosphäre gezogen. Doch niemand wußte,

was es war und woher es kam. Eine Raumfähre konnte diesmal jedenfalls nicht die Ursache sein – in jenen Tagen befand sich kein *Shuttle* im Orbit!
Welches ungewöhnliche Geheimnis verbarg sich dann aber hinter den verwirrenden Zahlenkolonnen und zackigen Kurven, die von den Meßinstrumenten der Geologen registriert worden waren? Tatsächlich gelang es den Wissenschaftlern bei der näheren Analyse ihrer Daten herauszufinden, auf welcher Bahn sich das unbekannte Objekt bewegt hatte. Der Flugkörper war in östlicher Richtung über Los Angeles hinweggezogen, anschließend über das vor Hitze kochende »Tal des Todes« hinweggerast und dann in Nevada verschwunden, irgendwo in dem riesigen Testgelände der Nellis-Air-Force-Base. Offensichtlich zielte er auf *Area 51*, um dort, an jenem geheimsten Ort der Erde, gut versteckt hinter ausgedehnten Gebirgsketten schließlich auf der längsten Piste der Welt zu landen, die sich durch den Groom Dry Lake zieht.
Die ohrenbetäubend donnernden Geräusche waren in den vergangenen Jahren in Kalifornien genauso wie in Nevada nicht selten zu vernehmen, und die Zeichen mehren sich, daß sich in jenen verlassenen Landstrichen zur Stunde eine neue technologische Revolution vollzieht:

- *Anfang 1990 hörten mehrere Augenzeugen den nahezu unerträglichen Lärm eines Flugapparates, der nachts von der kalifornischen Edwards Air Force Base startete. Es klang, »als ob der Himmel aufgerissen würde«, so erinnert sich einer der Zeugen. Andere beschrieben die Geräusche als »pulsierend« und beobachteten, wie das Objekt mit ungeheuerlicher Geschwindigkeit über den Pazifik flog. Schätzungen ergaben, daß der Flugkörper in sechs Minuten über 600 Kilometer zurücklegte.*

- *1994 berichtete die amerikanische Zeitschrift »Popular Science« von einem anonymen Rüstungskontroll-Analytiker, der einige gegen Ende 1991 gewonnene, streng geheime Aufnahmen des Satelliten »Landsat« untersucht hatte. Auf einer der Fotografien war die riesige Landepiste auf »Area 51« zu sehen, die sich meilenweit schnurgerade durch den ausgetrockneten Groom Lake zieht. In unmittelbarer Nähe: drei weiße, dreiecksförmige Flugobjekte unbekannten Typs, jedes etwa so groß wie ein Jumbo-Jet.*

- *Um den 9. Dezember 1992 herum hörte der amerikanische Computer-Programmierer und Area-51-Forscher Glenn Campbell ein charakteristisches, sehr tiefes und pulsierendes Grollen in direkter Umgebung des Geheimgeländes am Groom Lake.*

- *Im Frühjahr und Sommer 1993 wurde besonders Los Angeles fortgesetzt von mysteriösen »Himmelsbeben« heimgesucht, so daß schließlich das angesehene »California Institute of Technology« (CalTech) eine offizielle Erklärung abgeben mußte, daß keinerlei Erdbeben für die Phänomene verantwortlich seien und daher auch keine Gefahr drohe.*

- *Am 22. Februar 1994 kommt es dann zu einem größeren Zwischenfall: In Las Vegas Nord, Nevada, erzittern an jenem Morgen die Häuser, Menschen laufen auf die Straße, aufgeschreckt von dem vermeintlichen Erdbeben und dem unheimlichen Donner, der mehrfach im Wüstental von Las Vegas zu hören war.*

Ein Zeuge: »Es klang zunächst wie eine Kette von Explosionen ... Wir gingen nach draußen. Dann folgte ganz plötzlich eine weitere Serie von mindestens fünf oder sechs Explosionen.« Donna McElfresh vom Verkehrsamt Las Vegas stellt verwundert fest: »Ich wohne nun seit 30 Jahren hier und habe noch nie so etwas gehört.« – »Das ganze Haus zitterte«, berichtet ein anderer Zeuge, »die Hunde drehten durch, und ein Glockenspiel von mir zerbrach.«

Doch die seismischen Institute der Universitäten Reno und Vegas fanden keinerlei Anzeichen für eine natürliche Bebenaktivität. Der Geologe Professor David Weide bemerkt dazu nur ganz lapidar: »Es sind unsere Freunde, die Air Force.« Offensichtlich war das tatsächlich der Fall. George Sillia, Sprecher der Nellis-Basis, beeilte sich allerdings fast schon zu sehr mit

einer Erklärung für die merkwürdigen Vorgänge. Noch am selben Nachmittag veröffentlichte er eine Pressemitteilung, in der er Abwürfe von Bomben über dem Testgelände »Range 63« bei Indian Springs, 70 Kilometer nordwestlich von Las Vegas, für die Erschütterungen verantwortlich macht.
Doch irgend etwas konnte hier wohl nicht ganz stimmen. Denn: Seltsamerweise bekamen die Einwohner von Indian Springs von den Donnergeräuschen und Erschütterungen absolut nichts zu spüren! Offenbar wollte sich auch Sillia ein (geheimes) Türchen offenhalten, als er, fast schon orakelnd, zu Verstehen gab: »Wir können Ihnen nicht sagen, daß unsere Bombentests die Ursache für alles sind.«

Hinter all diesen Vorgängen muß ein technologisches Geheimnis ersten Ranges stecken. Hier liegt im Wortsinne etwas Außergewöhnliches in der Luft. Dafür gibt es noch eine ganze Menge anderer Zeugnisse und Hinweise.
Experten hatten schon bald Verdacht geschöpft, Verdacht, daß die US-Regierung ihren Bürgern nicht die Wahrheit sagt, daß sie vernebelt, vertuscht, verheimlicht und zuweilen sogar lügt.
Der erste ernstzunehmende Hinweis stammt aus einer Budget-Aufstellung des Pentagon vom 4. Februar 1985. Durch die Unachtsamkeit eines Zensors erscheint darin direkt unter den Namen der ebenfalls am Groom Lake gebauten und lange geheimgehaltenen Superflugzeuge *U-2* (Höhenaufklärer) und *SR-71* (Hochgeschwindigkeitsaufklärer) die mysteriöse Projektbezeichnung *»Aurora«* – benannt nach der römischen Göttin der Morgenröte.
Aurora zählt zu den sogenannten »Special Access Programs«, besser bekannt als »Schwarze« Programme oder Projekte der »Schwarzen Welt«, was schon recht bezeichnend für die Hintergründe ist. Diese Projekte laufen unter Kürzeln und Codenamen, nirgends ist verzeichnet, was sich hinter ihnen verbirgt, ist doch strengste Geheimhaltung das oberste Gebot in diesem finstersten Eck amerikanischer Politik. Wenigstens aber ist das Gesamtbudget, das in solche Unternehmungen fließt, einigermaßen gut bekannt. Diese Summe belief sich im Jahr 1993 auf

stolze 16 Milliarden Dollar, was etwa dem kompletten NASA-Budget jenes Jahres entsprach!

Anfang März 1990 wurde die 3,3 Mach (= rund 4000 km/h) schnelle *SR-71* in »Pension« geschickt. So »landete« ein Exemplar dieses faszinierenden Flugzeugs, auch als »Blackbird« bekannt, im »National Air and Space Museum« in Washington und symbolisierte damit das Ende der gesamten *SR-71*-Karriere. Fast niemand lehnte sich auf, fast niemand versuchte dieser Entscheidung entgegenzutreten.
Bill Sweetman, ein Kenner auf dem Sektor der Geheimflugzeuge, stellt dazu jedoch überrascht fest: »In ihrer Geschichte hat die Air Force... eine bemannte Mission, wie weltlich sie auch immer sein mochte, niemals kampflos aufgegeben.« Das Verhalten zum Stopp des »Blackbird« war also mehr als verdächtig.
Man versuchte sich gegenüber Fachreportern damit herauszureden, daß das *SR-71*-Programm zu teuer käme und schlichtweg überflüssig wäre, da Spionage-Satelliten die Aufgaben dieses Aufklärers mittlerweile ohne weiteres übernehmen könnten. Das aber waren nun gleich wieder zwei sehr erstaunliche Aussagen. Zum einen machte das *SR-71*-Budget nur einen unbedeutenden Bruchteil des Betrags aus, den die USA jährlich für Aufklärungssatelliten ausgeben, zum anderen existieren offiziell überhaupt gar keine US-Spionage-Satelliten!
Einer der wenigen, die sich seinerzeit auflehnten, war der Senator Robert C. Byrd aus West Virginia, dem das Pentagon damals allerdings versicherte, man arbeite an einem supergeheimen, superschnellen und auch superteueren Flugzeug, das den »Blackbird« künftig ablösen solle.
Angeblich aber brach das neue Projekt dann aus nicht näher bekannten Gründen zusammen, nachdem es bereits Hunderte von Dollarmillionen verschlungen hatte. Das »Aus« sei, wie man behauptete, endgültig – Gerüchte um ein Zukunftsflugzeug eben nichts weiter als Gerüchte.
Dürfen wir diesen Aussagen der Regierung wirklich glauben schenken? Wie bei den UFOs – und nicht zuletzt deswegen

schildere ich den »Fall *Aurora*« hier so ausführlich – ist de facto größte Skepsis und Vorsicht angesagt, wenn es um die Aufrichtigkeit offizieller Behauptungen geht, um Behauptungen über die Existenz oder Nichtexistenz von bestimmten Projekten oder Dokumenten, von Spionageflugzeugen oder eben unidentifizierten Flugobjekten!

Seitdem der Name *»Aurora«* 1985 versehentlich an die Öffentlichkeit gedrungen war, läuft dieses Projekt sicherlich unter einer anderen Bezeichnung weiter, möglicherweise unter »Senior Citizen« oder »Senior Smart«. Doch wie auch immer das Programm nun kodiert sein mag, es besteht wohl kaum noch Zweifel daran, daß es tatsächlich fortgesetzt wird.

»Das Außenministerium hat mich nur einige hundert Mal belogen«, äußerte sich einmal ein US-Senator. Ganz offensichtlich erfordert unter anderem die massive amerikanische Geheimhaltungspolitik diesen sehr zurückhaltenden Umgang mit der Wahrheit.

Genauso beim Projekt *Aurora*. Wie in anderen Fällen auch, erscheint es gegenwärtig allerdings fast schon unsinnig, dessen Existenz zu leugnen. Augenzeugen *weltweit* bestätigen sie!

Die erste und gleichzeitig wohl bedeutendste Sichtung stammt von dem schottischen Ingenieur und Ölprospektor Chris Gibson, der als ehemaliges Mitglied des »British Royal Observer Corps« zur Identifizierung feindlicher Flugzeuge ein bestens trainierter Beobachter auf dem Gebiet der Avionik ist.

Im August 1989 befand sich Gibson auf der Förderinsel Galveston Key in der Nordsee, als über ihm eine ungewöhnliche Formation in nördliche Richtung hinwegzog: zwei *F-111*-Maschinen in Staffelung mit einem riesigen *KC-135*-Tankflugzeug, an dessen Heck sich ein Flugzeug völlig unbekannten Typs direkt anschloß. Es erschien größer als die beiden *F-111,* war von schwarzer Farbe und besaß die Form eines gleichschenkligen Dreiecks.

Gibson interpretierte die Situation als ein Manöver zur Betankung der unidentifizierbaren Maschine während des Fluges. Tatsächlich befindet sich Galveston Key direkt unter einem als »Air-to-Air Refueling Area 6A« bezeichneten Himmelskorri-

dor. Erst drei Jahre später berichtete Gibson dann von seiner so seltenen und interessanten Beobachtung. Zwischenzeitlich waren allerdings schon etliche andere Berichte über das neue Geheimflugzeug an die Öffentlichkeit gedrungen.
Im November 1991 stieg ein unbekanntes Flugzeug über der schottischen Machrihanish-Basis auf und beschleunigte plötzlich sehr schnell auf Mach 3. Der Vorfall wurde von einem überraschten Fluglotsen der Royal Air Force auf dem Radarschirm mitverfolgt. Als er sich auf Machrihanish erkundigte, sagte man ihm dort nur, er solle vergessen, was er da gesehen hatte. War er etwa einer Täuschung aufgesessen? Wenn es nach dem *Willen* derer ginge, die mehr wissen, dann sicherlich! Wenn es aber nach den *Fakten* geht, dann bestimmt nicht! Was der Lotse beobachtet hatte, entsprach absolut der Realität. – Ein anderer Zeuge befand sich nur wenige Meilen von ihm entfernt, als ein Flugkörper mit unbeschreiblichem Donner über ihm hinwegzog.
Am 19. August 1992 kam es über Holland zu einem gewaltigen »Himmelsbeben«, einem knallenden Donner, dessen Gewalt auf dem Erdboden Fensterscheiben splittern ließ und noch andere Schäden anrichtete. Das war kein gewöhnlicher Überschallknall, abgesehen davon, daß sich zu jenem Zeitpunkt offiziell überhaupt keine Überschallflugzeuge im holländischen Luftraum befanden. Von woher stammte das Phänomen? War es ein abstürzender Meteorit, ein explodierender Stein aus dem All? Tatsächlich können größere Exemplare dieser kosmischen Geschosse beim Zusammenprall mit der Erdatmosphäre laute Detonationsgeräusche auslösen. Allerdings geht von ihnen dann auch ein greller Lichtblitz aus, der weithin sichtbar ist. Doch niemand hatte 1992 einen solchen Feuerball über Holland beobachtet! Wissenschaftler fanden heraus: Es muß sich um eine chemische Explosion in der Atmosphäre gehandelt haben, verursacht durch ein ultraschnell über die Nordsee fliegendes Flugzeug unbekannter Natur!
Möglicherweise befindet sich momentan *nicht nur ein* US-Geheimflugzeugtyp im Test. Vermutlich verbirgt sich hinter dem Projektnamen *Aurora* (oder »Senior Citizen/Smart«) eine aus

mindestens zwei eigenständigen Komponenten bestehende Einheit.
Fachleute haben zumindest schon die Vermutung geäußert, daß der superschnelle *Aurora*-Aufklärer, der vielleicht gar Mach 8 erreicht, vom Rücken eines größeren Flugzeugs bei einer Geschwindigkeit von etwa Mach 3 gestartet werden könnte. Diese fliegende Startplattform sieht Zeugenberichten zufolge aus wie eine Kreuzung zwischen einer *SR-71* und einer *North American XB-70,* deren Rumpfoberseite eine charakteristische breite Fläche zur Aufnahme eines kleineren Fluggerätes besitzt. Ob es sich bei jenem »Mischling« allerdings wirklich um einen Teil des *Aurora*-Projekts handelt, sei dahingestellt.

Der 11. Mai 1992 war ein ruhiger, sonniger Sonntag. Nach dem Mittagessen machte sich der Journalist Glenn Emery an die Gartenarbeit auf seinem Grundstück bei Atlanta im US-Bundesstaat Georgia. Unvermittelt begann die Erde zu beben und ein bald unerträgliches Donnergrollen zerbrach den Himmel. Verblüfft sah Emery, wie ein riesiges, utopisches Flugzeug in einigen Kilometern Höhe über ihm hinwegzog. Deutlich waren die gewaltigen, deltaförmigen Flügel und zwei rechtwinklige Auspufföffnungen zu sehen.
Emery fragte bereits am nächsten Tag beim Flugzeugkonzern Lockheed nach, ob man ihm seine merkwürdige Beobachtung erklären könne. Ebenso erkundigte er sich auf der nahegelegenen Dobbins Air Force Base sowie dem Hartsfield International Airport, dem riesigen Flughafen von Atlanta. Überall dasselbe: »Ich stieß bei jedermann auf steinerne Mauern«, stellte Emery resigniert fest. Doch war er längst nicht der einzige, der das höllisch brüllende Himmelsmonster beobachten sollte. Nur wenige Tage später meldeten sich zahlreiche weitere Zeugen. Ihre Berichte bestätigen sich gegenseitig – bis ins Detail.
Besonders charakteristisch an *Aurora:* die unverkennbaren, unerträglich lauten Fluggeräusche, zusammen mit einem tiefen, verblüffend niederfrequenten »Pulsieren«, das offensichtlich besonders während der langsameren Flugphasen auftritt.
Diese auffallenden Geräusche stehen ohne Frage in engem Zu-

sammenhang mit dem exotischen Antriebssystem der *Aurora*. Experten halten – neben anderen denkbaren Möglichkeiten – einen »rocket-based combined-cycle«-Antrieb (RBCC) für denkbar, ein einigermaßen futuristisches System also, das die Eigenschaften eines Turbinenmotors, einer Rakete und eines »ramjets« miteinander verbindet und die einzigartige Fähigkeit besitzt, aus dem Stand glatt auf sechsfache Schallgeschwindigkeit zu beschleunigen! Dabei wird ab etwa Mach 2 der erwähnte »ramjet« wirksam, ein sogenanntes Staustrahltriebwerk. Einströmende Luft wird im Triebwerksrohr radikal auf Unterschallgeschwindigkeit gebremst und mit flüssigem, extrem kaltem Treibstoff angereichert.

In diesem Prozeß steigen Drücke und Temperaturen unvorstellbar an, die Verbrennungsgase treten mit gewaltigem Schub aus dem Endrohr aus. Im RBCC wird zusätzlich noch Flüssigsauerstoff in die Raketendüse eingespritzt, wodurch der Gasaustritt beschleunigt und mehr Luft durch das Rohr gesaugt wird. Somit kann schließlich mehr Treibstoff (Methan) eingespritzt und verbrannt werden, so daß sich der Schub noch erhöht.

Das am meisten favorisierte Antriebskonzept für *Aurora* ist jedoch das in vielerlei Hinsicht noch unverstandene, weil geheimgehaltene »Pulstriebwerk« *(Pulsed Detonation Wave Engine, PDWE)*. Es funktioniert gewissermaßen wie eine umgedrehte Kanone: Im »Schußkanal« werden in sehr schneller Folge Explosionen eines Gemisches aus Luft mit Wasserstoff bzw. Methan ausgelöst. Kleinere, gepulste Explosionen erzeugen zusätzliche Druckwellen. Sie lenken den primären Detonationsdruck fast vollständig zum geschlossenen Rohrende, welches dadurch zur Auffangfläche für enorme Schubkräfte wird und folglich in Flugrichtung weist. Die Kraft des gesamten Systems wird über dessen Pulsfrequenz gesteuert. Erhöht sich die Pulszahl, steigt auch der Schub.

Während der vorwärtsgerichteten Explosionen schießt ein Teil der entstehenden Abgase durch die Lufteintrittsöffnungen des Triebwerks nach vorne ins Freie. *Aurora* rast durch diese Gase hindurch und läßt somit eine Kette ringförmiger Wolken hinter sich: die berühmten »doughnuts-on-the-rope« (»Krapfen auf dem Seil«), die immer wieder von *Aurora*-Zeugen beschrieben werden!

Trotz vieler Details, die im Laufe der Jahre durchgesickert sind, ist *Aurora* immer noch ein wohlgehütetes Geheimnis der US-Regierung, ein Projekt, dessen Existenz von den Verantwortlichen bis zum heutigen Tage vehement abgestritten wird.

Ähnlich wie im Falle der unidentifizierten Flugobjekte ist der neugierige Forscher bei seiner detektivischen Suche auf einige, relativ wenige zuverlässige Beobachtungen und Indizien angewiesen, um daraus seine Schlüsse zu ziehen. Oft muß er auf bekannte Informationen zurückgreifen oder schlichtweg fundierte Spekulationen in seine Folgerungen einfließen lassen. Letztlich ergibt sich daraus eine logische Einheit, ein geschlossenes, denkbares, mögliches Bild der wahren Zusammenhänge, die allerdings oft noch weit phantastischer als zunächst erwartet sein mögen.

Doch *Aurora* ist lediglich ein weiterer Meilenstein amerikanischer Geheimhaltungspolitik, längst nicht der einzige, erste oder letzte. Die USA verbergen zahlreiche Geheimnisse und »versorgen« die Öffentlichkeit seit Jahren mit Informationen, die alles andere als zuverlässig sind. Seit vielen Jahren ...

Die *A-12* war ein Vorläufer der *SR-71*. Zwölf Maschinen dieses Typs unterstanden der CIA und waren am Groom Lake stationiert. »Vor April 1982 wurde die Existenz der *A-12* absichtlich für über 23 Jahre verschwiegen, durch eine Kombination von Geheimhaltung, Deckgeschichten und irreführenden Informationen, obwohl dieses Flugzeug Einsätze von nichtgeheimen Basen aus geflogen ist«, berichtet Bill Sweetman, der den Projekten der »Schwarzen Welt« schon lange nachspürt.

In Wirklichkeit wissen wir fast nichts über *Aurora* und vergleichbare Programme, wir wissen eigentlich gerade nur soviel, daß wir guten Gewissens behaupten können: *Sie existieren* – mit absoluter Sicherheit! Somit wissen wir auch, daß die US-Regierung eine massive Desinformation und Geheimhaltung betreibt, die genügend wirkungsvoll ist, um sämtliche relevan-

ten Details vor den Augen der Welt bestens verschlossen zu halten.
Aurora ist ein neues, wichtiges Glied in dieser Beweiskette – vielleicht sogar ein Bindeglied zu weit unfaßbareren Geheimnissen?
Offensichtlich stehen wir nun gleich zwei magischen Fronten gegenüber: Ohne Zweifel gibt es auf unserem Planeten eine Technologie, die uns allen gänzlich fremd ist, höchst fortschrittlich und utopisch. Man könnte sie fast schon für nichtirdischen Ursprungs halten, auch wenn sie von unserem Planeten stammt und von Menschenhand geschaffen wurde. Doch andererseits gibt es unüberwindliche technologische Grenzen, Grenzen, jenseits derer keine konventionelle Erklärung mehr greift. Dort beginnt das Reich der außerirdischen Rätsel, ein noch geheimeres Reich, dem sich über kurz oder lang dennoch niemand wird entziehen können.

Fliegende Schatten

Stellen Sie sich vor, Sie sind nachts mit Ihrem Wagen auf einer einsamen Straße unterwegs und werfen während der Fahrt beiläufig einen Blick zum düsteren, graublauen Himmel hinauf, um eine Illusion zu überprüfen, eine scheinbare Halluzination. Denn gerade war Ihnen, als ob dort oben irgendein pechschwarzes Etwas vor den Wolken hing, eine riesige, unbekannte, schwebende Masse!
Sie würden diese Wahrnehmung wohl zunächst als Übermüdungserscheinung abtun – die oft unvermeidliche Folge einer stundenlangen Fahrt. Doch dieses Trugbild schien viel zu real für eine optische Täuschung. Dort mußte wirklich etwas gewesen sein! Plötzlich ist es wieder da: Nun schwebt der dunkle Flugkörper deutlich neben Ihrem Fahrzeug. Er besitzt die Form eines gigantischen Boomerangs. Das Objekt nähert sich. An seiner Unterseite sind zahlreiche vielfarbig strahlende Lichter zu erkennen. Jetzt scheint es innezuhalten, schwebt für eine

Weile in niedriger Höhe über dem Erdboden, fast so wie ein gewaltiger Adler im Beuteflug. Der Anblick ist in der Tat bedrohlich. Plötzlich verlöschen die Lichter, und der unheimliche Flugkörper wird unsichtbar.

Begegnungen mit unerklärlichen dreiecks- und boomerangförmigen Flugobjekten waren in den vergangenen Jahren und Jahrzehnten keine Seltenheit. So erschien 1981 über der Morenci-Kupferhütte in Arizona ein solches UFO, das den Schilderungen zufolge sage und schreibe die Größe von vier Fußballplätzen besessen haben soll. Selbst wenn sich die Beobachter in ihren Abschätzungen getäuscht hätten – es muß ein ungeheures Ding gewesen sein! Doch stand in diesem Fall ein recht gutes Bezugsobjekt als »Lineal« zur Verfügung: ein rund 200 Meter hoher Schornstein, über dem das dreieckige UFO schwebte, dessen »Flügel« mit zwölf roten Lichtern besetzt waren. Plötzlich sandte der unbekannte Flugkörper einen Lichtstrahl mitten in den Schornstein hinein, dann löste sich eines der roten Lichter ab, flog für eine Weile getrennt vom Hauptobjekt und kehrte anschließend in einem Bogen zu seinem Ausgangspunkt zurück.

In den folgenden Jahren sollten sich Beobachtungen derart mysteriöser Boomerangs mehren. Viele ähneln der anfangs geschilderten imaginären Sichtung. So auch ein Fall, der sich im Frühjahr 1983 ereignete.

Damals befand sich Monique O'Driscoll zusammen mit ihrer Tochter auf einer nächtlichen Fahrt, als sie von ihrem Auto aus einen dunklen Flugkörper unmittelbar über den Wipfeln der Bäume schweben sah. Das Objekt, dessen Ausdehnung Mrs. O'Driscoll auf etwa 45 Meter schätzte, bewegte sich nur langsam vorwärts und gab keine Geräusche von sich. Auch dieses UFO besaß an seiner Unterseite eine Vielzahl blinkender Lichter und mehrere »Anhängsel«, die wie Rohre aussahen. Als der Flugkörper schließlich über einem zugefrorenen See angekommen war, hielt er in seiner Bewegung inne. Er drehte sich in der Horizontalen, und mit einem Male löste sich der Spuk im Nichts auf.

Doch war das nicht die letzte »Begegnung«, die Mrs. O'Dris-

coll hatte. Als sie einige Wochen später ihren Hund am Lake Carmel ausführte, erschien das unheimliche Ding wieder. Seltsamerweise stellte die Frau nach dieser neuerlichen Sichtung erstaunt fest, daß sie sich an den Zeitraum *einer vollen Stunde* überhaupt nicht mehr zu erinnern vermochte, ein bedeutsames Phänomen – wie sich noch zeigen wird.
Mrs. O'Driscoll war bei weitem nicht die einzige, die jenen Boomerang am Himmel sah. Und in den folgenden Wochen und Monaten sollten noch Tausende zu Zeugen der unbekannten Besucher werden. Woher mochten sie stammen? *Aus einer anderen Welt?*

1954: In den Geheimwerkstätten des amerikanischen Flugzeugkonzerns Lockheed im kalifornischen Burbank wird fieberhaft gearbeitet. Das Projekt *Aquatone* tritt in eine neue Phase: die Montage und Erprobung eines streng geheimen Spionageflugzeugs namens *U-2.* Keine der so zahlreich vorhandenen US-Militärbasen ist den Verantwortlichen verborgen genug, um diesen Höhenaufklärer im Flug zu erproben. Clarence »Kelly« Johnson, Chefkonstrukteur des Konzerns und Legende der »Schwarzen Welt«, beordert deshalb Tony LeVier, seinen fähigsten Testpiloten, zusammen mit einem Kollegen hinaus in die Wildnis des amerikanischen Westens, um dort, möglichst fernab aller neugierigen Blicke, geeignete Lokalitäten auszukundschaften. Nach zwei Wochen werden sie fündig, etwa 200 Straßenkilometer nördlich von Las Vegas und damit bereits in der einsamsten Einsamkeit Nevadas.
Als Jäger verkleidet, durchstreifen Johnson, LeVier und ein CIA-Mann das Gelände um den ausgetrockneten Groom Lake herum und markieren provisorisch den Verlauf einer Landepiste.
Die Bedingungen zum Test supergeheimer Militärprojekte sind hier geradezu ideal: Das Gebiet liegt versteckt zwischen hohen Berggipfeln, ist selbst eben und bietet mehr als genug Platz für riesige Bauaktivitäten. Im übrigen herrscht fast stets hervorragendes Flugwetter und: absolute Ruhe und Abgeschiedenheit. Hier würde niemand dem Militär so schnell auf die Schliche

kommen. Also zögerte man nicht lange. Das zukünftige Testgelände wurde für ein Taschengeld von nur 450 Dollar erworben, bald entstanden die ersten Gebäude. Lockheed, der Auftraggeber, hielt sich vornehm im Hintergrund, kontraktierte unter dem fingierten Firmennamen »CLJ«, hinter dem niemand anders stand als Clarence L. »Kelly« Johnson!

Später sollte dieses entlegene Gelände unter dem Namen *»Area 51«* in die Geschichte der UFO-Forschung eingehen, untrennbar verknüpft mit den geheimsten Geheimnissen um außerirdische Aktivitäten. Eigentlich aber existiert eine *»Area 51«* überhaupt nicht. Dieser Name fand nämlich nur ein einziges Mal Verwendung – in einer Karte, die für Präsident John F. Kennedy vorbereitet worden war, der die Einrichtung 1962 besuchte. Welchen offiziellen Namen das Sperrgebiet heute trägt – (beinahe) niemand weiß es.

Schon 1955 kam die erste *U-2* in Einzelteilen als »Artikel Nr. 341« per Frachtmaschine auf Groom an und wurde im selben Jahr geflogen. Die schnelle *A-12* des Projekts *Oxcart* stand als nächstes auf dem »Einkaufszettel des Teufels«, wie die Produktionsliste der »Black-Aircraft« auch treffend genannt wurde. Wieder fand die Erprobung am Groom Lake statt. Später folgte dann die bereits erwähnte *SR-71* als verbesserte Version der *A-12*.

Unterdessen wuchs sich die geheime Basis am Groom Lake zu einer supergeheimen Stadt aus. Von 1960 bis 1980 hat sich die Ausdehnung der Anlage verdoppelt, Landepisten sind hinzugekommen oder wurden verlängert – insgesamt entstanden 180 neue Gebäude und Einrichtungen, darunter auch ein geheimnisvoller, gigantischer Hangar, der scherzhaft als »Hangar 18« bezeichnet wird. Ein Insider-Witz, denn dieses Kürzel spielt auf einen gleichnamigen US-Film von 1980 an, in dem es um die in New Mexico geborgenen Flugscheiben aus dem All geht, die angeblich in einen »Hangar 18« verbracht worden sind. Wie es heißt, befindet sich dieser spezielle Hangar, auch als »Blue Room« bekannt, allerdings nicht am Groom Lake, sondern auf der Wright-Patterson-Basis in Ohio. Doch scheinen de facto zwischen den beiden räumlich weit auseinanderliegenden Basen dennoch vielfältige Verbindungen zu bestehen!

Auf *Area 51* wurden auch die Flugzeuge der modernen »*Stealth*«-(»Tarnkappen«)-Kategorie erprobt: das Lockheed-Kampfflugzeug *F-117A* sowie der Northrop-Bomber *B-2*. Sie zählen ohne Zweifel zu den ungewöhnlichsten Flugzeugen der Luftfahrtgeschichte! Und es kommt nahezu einem Wunder gleich, daß sie überhaupt fliegen!
Tatsächlich sind komplizierte elektronische Steuersysteme (»Fly-by-Wire«) nötig, damit sich diese merkwürdigen Vögel in der Luft halten können, denn ihre Aerodynamik ist miserabel!
Der große Vorteil aller *Stealth*-Flugzeuge: Sie entziehen sich der Entdeckung durch feindliches Radar fast vollständig, dafür sorgen spezielle Baumaterialien und Konstruktionsprinzipien.
Der absolut schwarze *F-117A* sieht aus, als wäre er ziemlich provisorisch und wirr aus den verschiedensten Metallsegmenten zusammengeschweißt worden. Trapezförmige, dreieckige und andere geradlinig begrenzte Flächenstücke stoßen in unterschiedlichen Winkeln aufeinander und bilden den Rumpf des eigenartigen Fluggeräts, der nach hinten stark abflacht, wo er in eine doppelte Heckflosse ähnlich einem Schwalbenschwanz übergeht.
Dieser Aufbau hat nur einen Sinn: Auftreffende Radarwellen sollen möglichst stark gestreut, nicht aber zum Feind zurückreflektiert werden. Die Wirksamkeit der Konstruktion ist unfaßbar: Eine *F-117A* besitzt ungefähr den gleichen Radarquerschnitt *wie eine Seemöwe!*
Das Flugzeug wirkt aus bestimmten Perspektiven äußerst utopisch, ja, direkt von vorne betrachtet könnte man es in der Tat leicht mit einer fliegenden Untertasse verwechseln! Ähnlich verhält es sich mit dem ungleich wuchtigeren *B-2*-Bomber, der wiederum ein bißchen wie ein fliegendes Dreieck aussieht. Ein Rumpf ist so gut wie gar nicht zu erkennen, *B-2* zählt somit zu den Nurflügel-Flugzeugen, die schon immer von einem Hauch des Geheimnisvollen umgeben waren.

Für Skeptiker exotischerer Theorien lagen mit den erst Ende der achtziger Jahre bekannt gewordenen Details der *Stealth*-Technologie freilich sofort auch eindeutige Beweise für die

Herkunft aller anderen so mysteriösen boomerangförmigen Flugobjekte vor – in ihren Augen waren sie schlichtweg nichts als Prototypen der futuristischen *B-2,* Produkte einer geheimen, doch rein irdischen Militärtechnik!

War damit das Problem der erschreckenden »Boomerangs« wirklich gelöst?

Weit gefehlt!

In vielen Fällen zeigten die *unidentifizierten* boomerangförmigen Objekte eine außerordentliche Wendigkeit, wie sie von den *Stealth*-Flugzeugen niemals erreicht werden könnte. Auch die gemessenen Beschleunigungen und ihre Höchstgeschwindigkeiten lagen weit jenseits der *Stealth*-Leistungsfähigkeit. Nicht zu vergessen: Sowohl *F-117A* als auch *B-2* sind *Unterschallflugzeuge!* Und wie verhält es sich mit der Lärmentwicklung? Im Gegensatz zu *Stealth* gaben die rätselhaften Boomerangs kaum Geräusche von sich. Sie besaßen außerdem die Fähigkeit, unbeweglich in der Luft zu *schweben!*

Ein Augenzeuge, Dennis Sant, über dessen Haus 1983 ein solches Objekt verharrte, hatte plötzlich das Gefühl, in einem Lift abwärts zu fahren. Mit anderen Worten schien unter dem UFO *die Schwerkraft reduziert zu sein!*

Der ehemalige Flugzeugmechaniker und Pilot Tony Gonsalves kommt aus all diesen Gründen zu einer ungewöhnlichen Schlußfolgerung. Er glaubt aus den ihm vorliegenden Fakten ableiten zu können, daß neben dem nun bekannten *B-2*-Bomber eine Geheimversion von *Stealth* existiert, in die seiner Meinung nach *außerirdische Flugtechnologie* eingeflossen ist! Die Quelle dieser Technologie ist für ihn nichts anderes als der (oder die) Flugkörper von New Mexico, 1947! Genau ab diesem Jahr waren auch technologische Sprünge und ungewöhnliche Entwicklungen im Flugzeugbau zu verzeichnen, unter anderem die Konstruktion eines der ersten großen Nurflügel-Jets, der *YB-49,* die deutliche Ähnlichkeit zur *B-2* aufweist und mit 52,4 Metern kurioserweise zentimetergenau dieselbe Spannweite wie ihr modernes Pendant besitzt! Gonsalves: »Die YB-49 stellte einen radikalen Wechsel im Flugzeugdesign dar, der unmittelbar einem radikalen Ereignis folgte – der UFO-Bergung von Roswell. Der Ort jener Flugzeugkonstruktion und der Roswell-Absturz lagen auch geographisch eng beieinander.«

Ob sich dieser Zusammenhang so nun wirklich aufrechterhalten läßt, ist fraglich. Weder war *YB-49* der erste Nurflügler noch war er ein geheimes Projekt. Doch hat Gonsalves gewiß recht, wenn er feststellt, daß die Eigenschaften der geheimnisvoll-bedrohlichen »Boomerangs«, die weltweit gesichtet wurden, mit einer rein irdischen Technologie nicht mehr erklärbar sind. Interessant ist auch die offensichtliche Verbindung zwischen *Area 51* und der *Wright Patterson Air Force Base* in Ohio. Auf »Wright« wurden die seinerzeit geheimen *F117*- und *B-2*-Programme koordiniert; im »Wright Laboratory«, einer der größten US-amerikanischen Forschungsstätten der Luftfahrt, betreibt das Militär intensive *Stealth*-Forschung. Über *Aurora* schweigt man sich freilich auch dort aus. Gleichzeitig befindet sich auf »Wright« ein Zentrum zur Untersuchung fremder Flugtechnologie, das als *»Foreign Technology Center«* UFO-Sichtungen im Rahmen des berühmten Projekts *»Blue Book«* untersucht hat und heute den Namen *»National Air Intelligence Center«* trägt. Und natürlich: Wright Patterson AFB war der Zielort der Trümmer von Roswell!

Daß *Area 51* ebenso untrennbar mit Geheimflugzeugen und *Stealth*-Technologien verbunden ist, hat sich nur allzu deutlich gezeigt. Viele der so außerordentlich fremdartig wirkenden Fluggeräte nehmen dort ihren Ursprung. Genau wie die mysteriöse Basis in Ohio steht auch das superverborgene Testgelände im Hinterland von Nevada seit vielen Jahren hartnäckig im erschreckenden Ruf, Heimstätte außerirdischer Kräfte und Technologien zu sein. Mindestens neun extraterrestrische Flugscheiben sollen dort in riesigen Hangars untergebracht sein und von Wissenschaftlerteams analysiert werden. So unglaublich diese Behauptung auch klingen mag, so beeindruckend sind die Indizien, die sich in vergangener und jüngster Zeit dafür angesammelt haben.

Hier beginnt sich das tiefste Schwarz der »Schwarzen Welt« offensichtlich in seinem eigenen Abgrund zu verschlingen...

Geheimnisse um den Groom Lake

Glenn Campbell holte ein kleines Teleskop hervor, stützte es auf das Wagendach und peilte zielbewußt eine Bergspitze in der Ferne an: »Da oben sind Überwachungssysteme und Videokameras installiert«, bemerkte er zu meinem Freund und mir und hieß uns, durch das Fernrohr zu sehen. Deutlich war die Kontrolleinrichtung zu erkennen, eine von unzähligen in jener Gegend um den Groom Lake. Überall in der Wildnis sind sie diskret verteilt, die Videosysteme und Superkameras, Ammoniak-/Schweißsensoren und Bewegungsmelder, welche unliebsame Besucher schon aus großer Entfernung an die UFO-Basis verraten sollen, die sich hinter den Groom-Bergen auf *Area 51* versteckt und *offiziell überhaupt nicht existiert.*
Wir befanden uns an der berühmten »Black Mailbox«, dem schwarzen Briefkasten des Ranchers Steve Medlin. Von dieser Stelle aus sind in den vergangenen Jahren viele ungewöhnliche Erscheinungen über *Area 51* beobachtet worden. Noch ein kurzer Blick durch das Fernrohr, dann zurück auf den Highway, immer hinter Campbells kleinem weißen »Rallyeauto« her, das von Motorhaube bis Kofferraum über und über mit Städteaufklebern verziert ist. – Plötzlich scharf rechts heran, hinein in die Steppe. Beinahe wären wir im Sand auf unseren Vordermann draufgerutscht!
Das hier war der »Entführungsplatz« – erst wenige Monate zuvor hatten hier angeblich die »Aliens« zugeschlagen und ein amerikanisches Ehepaar in ihr Raumfahrzeug verschleppt. Das mußten wir uns genauer ansehen, doch erst am folgenden Tag, denn allmählich wurde es dunkel – also weiter, zum nächsten und vorerst letzten Halt. Über einen winzigen, verschlungenen Schleichweg, den wir allein nie hätten finden können, holperten wir zwischen den das Landschaftsbild prägenden Sage Brushes und Joshua Trees hin zu einem kleinen, ebenen Flecken in der Wüste, auf dem gerade unsere beiden Fahrzeuge Platz fanden. Von hier aus bot sich eine ideale Aussicht auf die Groom-Berge, benannt nach der Familie Groom, die seit Beginn des Jahrhunderts in jenem Gebiet lebt und schon seit Jahrzehnten

mit Berichten über Testflüge außerirdischer Scheiben vertraut ist.

Glenn Campbell, unbestritten *der Area-51*-Experte, drückte mir noch schnell einen leistungsfähigen Feldstecher in die Hand und überließ uns anschließend uns selbst bzw. der abendlichen Wüste des Tikaboo Valley. Hier schlugen wir nun endlich unser Zelt auf, in der Hoffnung, vielleicht sogar selbst eine der phantastischen Erscheinungen beobachten zu können, die jene Gegend hin und wieder heimsuchen.

Wir waren gerade mit unserem Nachtlager fertig, als es auch schon dunkel geworden war. Auf dem tiefen Schwarz des Wüstenhimmels breitete sich ein unvergleichlicher Sternenozean aus, einem funkelnden Diamantenteppich gleich. Wie ein gigantischer Zauberbogen spannte sich das Band der Milchstraße über die Nacht. Ein Glühen von abertausend Mysterien!

Das einzige, was wir in der Ferne unter der schwachen Silhouette der Groom-Berge ausmachen konnten, waren die Lichter der Medlin-Ranch und Scheinwerfer der Security-Fahrzeuge, die das so unvorstellbar geheime Gelände von *»Dreamland«* immer und immer wieder abfuhren – dem »Land der Träume«, wie *Area 51* unter anderem auch gerne genannt wird. Ja, und dann war da natürlich noch im Südosten der Lichterschein des Vergnügens – das Strahlen der 200 Kilometer entfernten Spielermetropole Las Vegas. In gewisser Hinsicht mehr Schein als Sein. Doch sonst kein Licht, kein Laut. Lautlos auch die Sternschnuppen, die ab und zu über *Dreamland* huschten, kosmische Boten, die auf die »Schwarze Welt« zu deuten schienen, fast so, als ob sie auf das außerirdische Geheimnis dort unten aufmerksam machen wollten.

Nach einigen Stunden erschien über den Gebirgszügen des Pahranagat Range im Osten der Erdbegleiter und begann sich unerbittlich zum Herrn der Nacht aufzuschwingen. Die schwächeren Sterne verblaßten. Die Landschaft war nun in ein unwirkliches Blau getaucht. Jenes merkwürdig sanftkalte Licht des Mondes streifte in flachem Winkel über die Buckel und Büsche der Wüste, die in seltsamem Kontrast zu den hellen Sandflächen standen. Im Verbund mit den kargen Höhenzügen am

Horizont vermittelte diese Szenerie wahrlich den Eindruck einer fremden Planetenlandschaft. Und dort, wo die schwachen Lichter der Sicherheitsfahrzeuge einen kaum merklichen Hinweis auf ununterbrochene, verborgene Aktivitäten gaben, nur wenige Meilen weiter im Westen, begann möglicherweise das Reich einer *nichtirdischen* Macht! So saßen wir wie gebannt stundenlang in unserem Mietwagen, hielten Ausschau nach ungewöhnlichen leuchtenden Flugkörpern und ließen jene bizarre Welt intensiv auf uns wirken. Nur das Radio brachte etwas Leben in jene verlassene Mondlandschaft – u. a. mit »Alien Nation«. Wirklich passend!

Langsam aber begann sich das »Land der Träume« unser zu bemächtigen, und wir entschlossen uns, die restliche Zeit in Schichten aufzuteilen. In den nur zwei Nächten, die wir draußen in der Wüste zubrachten, konnten wir natürlich nichts Ungewöhnliches beobachten. Selbst über *Area 51* schwirren die außerirdischen Flugscheiben nicht herum, wie Mücken um eine Straßenlaterne. Wer würde das letztlich auch ernsthaft erwarten! Doch die Ereignisse und Schilderungen der vergangenen Jahre sprechen für sich.

In meinem Buch »Wir sind nicht allein!« bin ich bereits recht ausführlich auf die mehr als ungewöhnlichen, geradezu sensationellen Enthüllungen des amerikanischen Physikers Robert S. Lazar eingegangen, der behauptet, Ende der achtziger Jahre auf *Area 51* das Antriebssystem eines außerirdischen Diskus erforscht zu haben. Daher möchte ich hier nur die wichtigsten Grundzüge seiner sehr komplexen Geschichte kurz wiederholen und einige weniger bekannte oder neue Details hinzufügen.

Im Sommer 1982 war Robert Lazar dem weltweit bekannten Physiker und »Vater der Wasserstoffbombe« Edward Teller begegnet, der damals in Los Alamos ein Seminar abhielt. Lazar hatte zu jener Zeit gerade ein Raketenauto entwickelt und kam mehr oder weniger zufällig ins Gespräch mit Teller, von dem er sich auch die Vermittlung einer neuen Stelle erhoffte. Damit brachte er einen mächtigen Stein ins Rollen, einen Stein, der allerdings in eine völlig unerwartete Richtung rollte.

Nebenbei bemerkt: Später auf Lazar angesprochen, gab Teller recht seltsame Antworten. So sagte er einmal in etwa: »Ich kenne diesen Mann nicht. Das heißt, es kann sein, daß ich ihn kenne, aber mich nicht mehr erinnere. Vielleicht war er sogar ganz sympathisch. Aber wissen Sie, Sie bedrängen mich hier mit Fragen, die ich nicht beantworten möchte.« Teller weicht ganz offensichtlich aus, sozusagen ein »fliegender Teller«. Nun, keine Antwort ist bekanntlich manchmal auch eine Antwort.

Wie auch immer, nach einem Einstellungsgespräch in den Laboratorien des Technikkonzerns EG&G (Edgerton, Germeshausen & Greer) wurde Robert Scott Lazar, Jahrgang 1959, verpflichtet, auf einem geheimen Testgelände an »fortgeschrittenen Antriebssystemen« zu arbeiten.

Ende 1988 flog man Lazar mit einer Boeing 737 der bis vor kurzem von EG&G betriebenen geheimnisvollen »Janet-Airlines« vom McCarran Airport, Las Vegas, zum Groom Lake. Von dort ging die Fahrt in einem verdunkelten Bus in westlicher Richtung weiter. Eine Viertelstunde später schien das Ziel erreicht. Durch die Frontscheibe des Busses glaubte Lazar ein Schild mit der Aufschrift »Area« oder »Tech Area S-4« zu sehen.

Dort, an den Ufern des *Papoose Lake* befinden sich nach Lazars Angaben riesige, getarnte Hangars, die miteinander verbunden sind und insgesamt neun Raumschiffe nichtirdischer Herkunft in sich bergen.

Lange schien es, als ob der so mysteriöse Papoose Lake von keinem Punkt außerhalb des Sperrgebietes einsehbar wäre, und niemand konnte kontrollieren, ob sich dort tatsächlich irgendwelche Hangars oder Militäranlagen befinden. Kürzlich aber ist zumindest *ein* Ort mit direkter Sichtverbindung entdeckt worden: der 2500 Meter hohe Mount Sterling rund fünfzig Meilen nordwestlich von Las Vegas. An klaren Tagen ist von seinem Gipfel aus der Papoose Lake erkennbar – in einer Distanz von 46 Meilen. Dieses Gelände mit eigenen Augen zu sehen, ist der Traum eines jeden *Area-51*-Forschers! Als wir uns 1995 diesen Traum erfüllen wollten, machten uns leider schlechte Sichtbedingungen einen Strich durch die Rechnung. Glenn Campbell

allerdings konnte uns berichten, vom Mount Sterling aus eine dunkle, hohe Struktur in der Mitte des ausgetrockneten Papoose Lake gesehen zu haben. Und wir selbst hatten von einem anderen Punkt immerhin etliche Straßen erkennen können, die vom Groom-Lake-Gelände in Richtung des Papoose Lake führen. Ganz offenbar befindet sich dort tatsächlich eine geheime Installation. Dafür spricht auch unsere Beobachtung, daß nachts eine zweite, schwächere Streulichtglocke südwestlich derjenigen des Groom-Komplexes am Horizont zu erkennen ist, genau in der Richtung des (entfernteren) Papoose Lake.
Eine der Flugscheiben, die Lazar auf *S-4* gesehen haben will, besaß typische Untertassenform und wirkte recht schnittig. Er nannte sie daher scherzhaft das »Sportmodell«. Angeblich war es auch dieses UFO, an dem Lazar seine technischen Analysen durchführen sollte. Allerdings, sein Tätigkeitsfeld beschränkte sich, wie er berichtet, ausschließlich auf den Antrieb – niemand, d. h. keiner der dort forschenden Ingenieure, durfte mehr sehen als zur Erfüllung seiner spezifischen Aufgaben absolut notwendig war. Und jeder arbeitete unter enormem psychischem Druck, wurde fortwährend verbal und physisch bedroht, unterlag einem weitgehenden Redeverbot usw.
So wurde man letztlich nur in einen kleinen Teil des ganzen Geheimnisses relativ konkret eingeweiht, während sich alles andere aus Zufallsbeobachtungen, Randereignissen, Mutmaßungen und einer Reihe logischer Folgerungen konstituierte. Dieses Sektionierungsprinzip, diese Aufteilung der Informationen in winzigste Portionen, reicht nach Lazar bis hinauf zum amerikanischen Präsidenten, der seinerseits zu bestimmten, wesentlichen Fakten keinen Zugang hat. Auch ihm scheint oftmals das »need-to-know« zu fehlen, die Notwendigkeit also, über einen bestimmten Sachverhalt Kenntnis zu erhalten.

Als Robert Lazar das Raumschiff zum ersten Mal sah, glaubte er seinen Augen nicht mehr recht trauen zu können. Ihm war sofort klar: *Diese* Technologie konnte nicht von der Erde stammen. Der metallische, runde Flugkörper, der einen Durchmesser von über neun Metern und eine maximale Höhe von nicht ganz fünf Metern besaß, wirkte wie aus einem einzigen Stück gegossen. Auch das Innere des Diskus gestaltete sich mehr denn utopisch. Eins ging ins andere über, es gab keine Kanten und Ecken, alles war abgerundet und glatt. Auffallend war das völlige Fehlen einer Instrumentierung, noch auffallender aber, daß sich im Raumschiff drei ungewöhnlich kleine Sitze befanden...

Lazar konnte sich im Inneren des Flugkörpers nicht sehr lange umsehen. Sicherlich entgingen ihm deshalb viele wichtige Details, doch mußte er sich ausschließlich und unablässig mit dem Antrieb des Diskus befassen. Wie Lazar erklärt, handelte es sich dabei um ein nach irdischen Maßstäben äußerst exotisches System, das bislang nur ansatzweise verstanden ist. Als Energielieferant dient ein Transuran, Element 115, das in natürlicher Form auf der Erde nicht vorkommt und auch nicht herstellbar ist. – Erlauben wir uns dazu einen ganz kurzen Ausflug in die zugegebenermaßen sehr komplizierte Welt der Atom- und Astrophysik:

Alle chemischen Elemente, deren Protonenzahl (= Kernladungszahl) größer als die des Uran (92) ist, werden Transurane genannt und sind mit einer einzigen Ausnahme (Plutonium-Isotop Pu-244) radioaktiv, zerfallen also mit teils astronomisch langen Halbwertszeiten in bestimmte Tochterisotope und müssen außerdem auf künstlichem Wege hergestellt werden.

Schwere Elemente werden aber auch im Inneren massereicher Sterne aufgebaut – während stellarer Endstadien. Kernreaktionen wie der »Salpeter-Zyklus«, auch »Tripel-Alpha-Reaktion« genannt, bilden in letztlich exergonischen Prozessen immer schwerere Elemente, bis hin zum Eisen, dem Endprodukt der Kette. Wächst sich dieser Eisenkern des sterbenden Sterns auf rund anderthalb Sonnenmassen aus, endet das Drama in einer lokalen Weltraumkatastrophe. Das eiserne Sternzentrum bricht unter seiner eigenen Schwerkraft zu einer im Vergleich zum Ausgangsvolumen winzigen Kugel zusammen. Die Protonen der Eisenatomkerne und herumschwirrende Elektronen verschmelzen dabei zu Neutronen – das Ergebnis ist ein »Neutronenstern«, massereicher als unsere Sonne, doch nur so groß wie eine Stadt!

Die wie Zwiebelschalen um das Zentrum angelagerten Außenschichten des Sterns fallen ebenfalls nach innen, während der entartete Eisenkern selbst nach dem gewaltigen Kollaps bereits wieder wie eine Gummimasse zurückfedert. Das Ergebnis ist eine mächtige Kollision der Materie, bei der es zu einem explosionsartigen Abstoßen der stellaren Außenhüllen kommt: einer Supernovaexplosion! Dabei steigen die Temperaturen derart an, daß sogar Uran und Transurane gebildet und anschließend im All verstreut werden.
Physikalischen Theorien zufolge existiert ungefähr jenseits des Elements 110 wieder eine Stabilitätszone, eine stabile »Insel« nichtradioaktiver Elemente, zu denen auch Element 115 zählen müßte. Seine Funktion bzw. die des Raumschiff-Reaktors erläuterte Lazar im Mai 1993 in kurzen Worten so:
»Was der Reaktor macht, ist im wesentlichen, elektrische Energie und die zu verstärkende Basis-Gravitationswelle zu liefern, was im Grunde durch eine Interaktion zwischen Materie und Antimaterie geschieht. Das funktioniert, indem ein beschleunigtes Proton in einen Klumpen ›115‹ hineingeschossen wird, was spontan Anti-Wasserstoff erzeugt... Die Antimaterie, die mit der Materie reagiert, produziert die Energie, vorwiegend Hitzeenergie, die durch einen thermionischen Generator mit scheinbar hundertprozentigem Wirkungsgrad in elektrische Energie umgewandelt wird. Ein Konzept, das allerdings nicht leicht zu glauben ist.«
Das Rätsel des Antriebssystems hat Robert Lazar jedoch letztlich nicht knacken können. Überhaupt verwunderte ihn immer wieder, daß ausgerechnet *er* dazu auserwählt worden war, an der Lösung dieses Problems mitzuwirken, gab es seiner eigenen Meinung nach doch weit qualifiziertere Wissenschaftler als ihn. War es die persönliche Vermittlung von Dr. Teller oder aber, wie er selbst auch mutmaßte, »die Tatsache, daß ich gewohnheitsmäßig alles von einer sehr ungewöhnlichen Warte anging und mich bei der Behandlung technischer Probleme im wesentlichen fern der ausgetretenen Pfade bewegte«?
Aber, für ihn gab es noch eine ganze Menge viel wichtigerer Fragen, so auch nach der Herkunft der Flugscheiben. Wer hatte

sie gebaut, wie waren sie überhaupt in die Hände des US-Militärs gelangt?

Niemand gab ihm darauf eine Antwort.

Man versuchte auf *S-4* ganz offensichtlich, durch »back-engineering« – also durch die vollständige Analyse und Rekonstruktion der zugrundeliegenden Mechanismen – herauszufinden, wie die extraterrestrischen Flugkörper funktionierten, und war damit befaßt, ihre Technik weitgehend zu reproduzieren. Auch Glenn Campbell erzählte mir, daß einem seiner persönlichen Zeugen zufolge auf *S-4* u. a. »Simulatoren« gebaut würden, Nachbauten der nichtirdischen Scheiben. Bekanntlich behauptet Robert Lazar, insgesamt neun fremde Flugobjekte in den verborgenen Hangars am Papoose Lake gesehen zu haben. Vielleicht erklärt sich diese zunächst überraschend große Zahl einfach dadurch, daß die meisten von ihnen solche »Simulatoren« waren.

Lazar hielt den fortwährenden psychologischen Druck und die Geheimhaltung auf *Area 51* nicht sehr lange aus. Die Situation spitzte sich außerdem gleich von mehreren Seiten zu. Lazar war nicht mehr bereit, an dem Projekt weiterzuarbeiten, und seine Auftraggeber sahen in ihm ein Sicherheitsrisiko. Wer an hochrangigen Geheimprojekten arbeitet, muß in jeder Hinsicht stabil und damit entsprechend zuverlässig sein.

Diese Voraussetzung war allein schon deshalb nicht gegeben, da Lazars Frau eine Affäre mit ihrem Fluglehrer hatte. Würde Lazar irgendwann davon erfahren, könnte dies auch in beruflicher Hinsicht zu beträchtlichen Schwierigkeiten führen. Schließlich entwickelte die ganze Angelegenheit eine gewisse Eigendynamik, und Lazar sah seine persönliche Rettung einzig in einer »Radikalkur«. – Er wußte zuviel, also war sein Leben in Gefahr. Indem er mit all seinen Kenntnissen ins grelle Licht der Öffentlichkeit trat, nahm er seinen Gegnern den Wind aus den Segeln. Denn, wenn ihm *nun* etwas »Bedauerliches« zustieß, wer würde dann noch an seiner verrückten Geschichte zweifeln? Ein gewagtes Spiel, doch Lazar gewann, und: Er machte mehr als jeder andere auf die so unheimlichen Geheimnisse der *Area 51* aufmerksam!

Das »Rote Quadrat«

Robert Lazar wäre längst nicht der erste und einzige gewesen, der im Morast der »Schwarzen Welt« auf Nimmerwiedersehen untergegangen wäre. Der amerikanische Journalist Michael DiGregorio berichtete 1994 von einem ihm persönlich bekannten Zivilisten, der eine Weile auf *Area 51* gearbeitet hatte und dann plötzlich verschwand. Wohin? Niemand weiß es. Nicht umsonst kursiert das »geflügelte Wort«: »Once you've gone black, you never come back!« – Wer einmal die »Schwarze Welt« betreten hat, kommt nie zurück.

So erging es auch insgesamt 22 Wissenschaftlern – sie waren nachweislich tief in *SDI (»Strategic Defense Initiative«)* und verwandte Projekte verwickelt, die intensiv am Groom Lake betrieben werden. All diese Forscher starben zwischen 1982 und 1988 unter teils äußerst mysteriösen Umständen: Fünf erstickten in ihren Autos, drei sprangen angeblich aus freien Stücken in den Tod, zwei überlebten offenbar ihre sexuellen Ausschweifungen nicht, zwei weitere Techniker versetzten sich tödliche Elektroschocks und einer gar vollführte eine »do-it-yourself-Enthauptung«, wie DiGregorio es nennt.

Zum Zweck der Geheimhaltung ist offenbar alles erlaubt! Und *Dreamland,* das ist nun einmal eine ganze Bibliothek voller Geheimnisse, eine Art »Bermuda-Dreieck« in der Wüste. Gerade auch Piloten wissen darüber einiges zu berichten.

Der Luftraum über *Area 51* wird als »Restricted Area R-4808E« bezeichnet, ist also strengstens für den regulären Flugverkehr gesperrt. Die Linienmaschinen, die von Los Angeles nach Europa starten, müssen stets einen großen Bogen um diesen Sektor ziehen. Doch selbst Piloten der *Nellis Air Force Base,* auf der sich ja auch die geheimnisvolle *Area 51* befindet, dürfen um keinen Preis in diesen Luftraum einfliegen! Sie respektieren das »Rote Quadrat«, wie sie das Gelände nach den Markierungslinien in ihren Flugkarten auch nennen, und halten sich stets strikt fern dieser Zone. Denn die Flieger wissen: Es könnte möglicherweise das letzte sein, was sie in ihrem Leben

überhaupt noch tun, wenn sie diese Grenzen mißachten. Und dennoch, im Lauf der Jahre kam es gelegentlich zu recht aufschlußreichen Zwischenfällen *über* Groom Lake!
Eine ungewöhnliche Beobachtung wird aus dem Jahr 1976 berichtet und soll sich während eines *»Red Flag«*-Manövers ereignet haben – *Red Flag,* das ist eine Luftkampf-Simulation größten Stils, die neben *»Green Flag«, »Maple Flag«* und anderen Manövern mehrmals jährlich auf Nellis exerziert wird (1995 erstmalig ergänzt durch *»Coalition Flag«*), eine Übung, die an Ausgefeiltheit deutlich über die berühmte *»Top Gun«* hinausgeht und auch im Vorfeld des Golfkrieges eine entscheidende Rolle gespielt hat.
Ein Air-Force-Colonel berichtete, daß sich damals, 1976, ein Pilot – kurz »Charlie« genannt – aus der simulierten Kampfhandlung von *Red Flag* »ausklinkte« und mit seiner Phantom *F-4* bis in den gesperrten Luftraum vordrang. Als er über Groom hinwegfauchte, sah er unten auf dem Gelände angeblich mehrere diskusförmige Flugobjekte, die miteinander verbunden zu sein schienen. Das größte von ihnen schätzte er auf etwa 25 Meter Durchmesser, während die kleineren Scheiben rund zehn Meter maßen.
Nach dieser Entdeckung flog er auf schnellstem Weg zurück und landete auf Nellis. Dort wurde er allerdings bereits erwartet und sofort in Gewahrsam genommen. Nach stundenlangem Verhör erschien er wieder, war aber nicht mehr gewillt, über sein Erlebnis zu sprechen.
Es gibt noch viele ähnliche Berichte. Die meisten von ihnen sind schwer oder gar nicht nachprüfbar, auf diese Weise entstehen natürlich auch Legenden. Andererseits halten sich seit nunmehr rund vierzig Jahren sehr hartnäckig die Gerüchte, daß auf *Area 51* außerirdische Technologie existiert, denn bereits Anfang der sechziger Jahre behauptete ein Techniker, dort Flugscheiben nichtmenschlichen Ursprungs gesehen zu haben. Die Aussagen ergänzen und bestätigen sich oft gegenseitig. Und nichts täuscht darüber hinweg, daß auf dem abgelegenen Wüstengelände ein unfaßbares Geheimnis verborgen gehalten wird.
Im Juni 1994 übermittelte mir Tom Adams aus Texas zwei Be-

richte recht bemerkenswerter Zwischenfälle, die sich ebenfalls bereits in den siebziger Jahren auf *Area 51* ereignet haben. Diese Schilderungen wurden Adams seinerseits erst um 1990 herum von einem ungenannten Air Force Master Sergeant zugetragen, der zwanzig Jahre bei der USAF tätig war, davon über die Hälfte als Waffenkontrolltechniker.

Im Frühjahr 1975 kam es zum ersten Zwischenfall. Die Einheit des Master Sergeant (301st Tactical Fighter Wing) war von Carswell in Texas nach Nellis abgestellt worden, um sich einem *Red-Flag*-Manöver anzuschließen, an dem der Bruder des Sergeant persönlich beteiligt war. Zusammen mit einem Kollegen wurde er zu einer *F-105D*-Maschine gerufen, um dem Piloten, Major Jeff Daniels [Pseudonym], bei der Entnahme von Filmmaterial aus der Bordkamera zu assistieren:

»Das Flugzeug war kaum zum Stillstand gekommen, als sich Major Daniels schon losschnallte und versuchte, das Filmmagazin aus der Gunsight-Kamera zu holen. Mein Bruder wollte gerade die Leiter hinauf, um Major Daniels zu helfen, aber noch bevor er bei ihm war, sagte ihm Daniels, er solle wieder hinuntersteigen... Er begann, den Film herauszureißen und setzte ihn dem Sonnenlicht aus... er hieß meinem Bruder und dem anderen Kerl, sie sollten vergessen, je gesehen zu haben, wie er den Film vernichtete.« Daraufhin erwähnte der Major nur noch, daß er über das Sperrgebiet von Nellis geflogen sei. »Major Daniels hat ihnen nie erzählt, was er sah, aber jeder dachte, er müsse Bilder des Lockheed-Komplexes aufgenommen haben, den man im nördlichen Teil des Nellis-Geländes vermutet... Major Daniels wurde kurz nach der Landung auch von den *Red-Flag*-Leuten und von der Air Force (OSI) [Office of Special Investigations] befragt.« Daniels mußte später seinen Dienst bei der Air Force quittieren, da er angeblich Regierungseigentum (Flugzeugtreibstoff) an private Gesellschaften verkauft hatte.

Der zweite Zwischenfall ereignete sich rund zwei Jahre darauf, im Mai 1977. »Wir hatten da einen ziemlich neuen Piloten namens John Marsh«, erinnert sich der Master Sergeant. »Nun, John hatte in den ersten Tagen ein paar schlechte Flüge hinter sich gebracht. Am ersten Tag hatte er sein Ziel verfehlt und am zweiten ging er verloren. Deswegen war John zum dritten Flugtag wirklich angespannt. Sein Ziel lag im Norden von Nellis ... John mußte an diesem Tag auf das Ersatzflugzeug zurückgreifen, denn sein eigener Jet hatte ein mechanisches Problem. Ungefähr 45 Minuten nachdem John gestartet war, wurden wir von der *Red-Flag*-Einsatzleitung darüber unterrichtet, daß er einen Bordnotfall (IFE, inflight emergency) durchgegeben hatte.«

Der Öldruck der Maschine schwankte stark. Kurz zuvor hatte Marsh allerdings einen Gebäudekomplex sowie einen Trockensee mit einer Landebahn in der Wüste ausgemacht und setzte nun sofort zur Notlandung an. Die *Red-Flag*-Leitung befahl ihm per Funk, dort *nicht* zu landen. Marsh wählte daraufhin den Sicherheitskanal – wieder dieselbe Warnung! Aber was sollte er tun? Er war in Not und direkt unter ihm befand sich die rettende Piste! Also ignorierte er alle Order und landete – mitten auf *Area 51!*

»Alles, was John jemals über diesen Ort sagte«, so fuhr der Sergeant fort, »war, daß er dort von einem mit bewaffneten Wachleuten voll besetzten Transporter empfangen wurde. Er sagte nicht, ob sie Dienstabzeichen trugen oder nicht, so daß ich nicht weiß, welchem Zweig des Militärs sie angehörten. Er berichtete, im Heck dieses Transporters plaziert und dann zu einem umzäunten Gebäude verbracht worden zu sein. Das Fahrzeug hatte verdunkelte Fenster; der Raum, in den John geführt wurde, besaß überhaupt keine Fenster und eine Trennwand zwischen der Vorder- und der ebenfalls verdunkelten Rückseite. Innen gab es weder einen Türgriff noch irgendwelche Möbel.«

Nach ungefähr drei oder vier Stunden, die er in diesem Raum festgehalten wurde, reichte man ihm ein Telefon hinein und gab ihm die Möglichkeit, der Basis mitzuteilen, daß er noch am Leben sei. *Wo* er sich allerdings befand, davon hatte er keinerlei Vorstellung.

Auf Nellis war inzwischen eine Suchaktion eingeleitet worden. Schließlich aber traf dann die Nachricht ein, Marsh würde zurückgebracht werden, man müsse aber sein Flugzeug im selben Zustand zurückfliegen, in dem es eingetroffen war. Diese Aufgabe übernahm ein Captain Walters, der in einem verdunkelten Fahrzeug abgeholt und zur Startbahn gefahren wurde. Er erzählte nie etwas über das Gebiet, das er auf dem Rückweg überflog. Das einzige, was er einmal sagte, war: »Die Bastarde befahlen mir, falls ich Probleme mit dem Flugzeug hätte, solle ich die Nase weg von ihrem Komplex richten und dann hinausspringen!«

John Marsh, der in Wirklichkeit Willie Kempe hieß, wechselte 1979 auf die Luke AFB in Arizona über, wo er mit einer *F-16* tödlich verunglückte. Wie ich gleichfalls von Tom Adams erfuhr, war auch »Walters« ein Pseudonym, hinter dem sich in Wirklichkeit ein gewisser Captain Reynolds (später Lt. Colonel) verbarg. Er schied 1985 aus dem Militärdienst aus und arbeitet seitdem für ein kalifornisches Unternehmen.

Nicht nur in der Luft, auch auf dem Boden ist Geheimhaltung in der Nachbarschaft von Groom Lake oberstes Gebot. Das Wüstenland um *Area 51* stellt eine Art militärische »Grauzone« dar, die zwar rechtlich als öffentliches Land gilt, aber dennoch vom Militär als »Pufferzone« stark beansprucht wird – illegalerweise. Meilenweit vor Beginn des eigentlichen Sperrgebiets patrouillieren bereits die weißen Jeep Cherokees der geheimnisvollen, schwerbewaffneten Sicherheitskräfte. Auf den Kennzeichen ihrer Fahrzeuge heißt es lediglich »US-Government – Official Use Only« (US-Regierung, nur zum offiziellen Einsatz), doch die in Tarnkleidung gehüllten Insassen tragen keinerlei Embleme, an denen ihr Auftraggeber zu identifizieren wäre. Diese Personen besitzen allem Anschein nach keine Identität. Weder die Air Force noch irgendeine Regierungsstelle noch eine private Gesellschaft bekennen sich offen als die sie beschäftigende Institution. Einige vermuten die mysteriöse »George-Wackenhut-Corporation« dahinter, andere den ebenso undurchschaubaren Konzern EG&G.

Direkte Begegnungen mit jenen Sondertrupps ereignen sich

recht selten. Die Wachleute sind ganz offenbar gehalten, Kontakt mit der Bevölkerung möglichst zu meiden, um dadurch ihre eigene Anonymität so gut es eben geht zu wahren – doch sind sie *immer* präsent, sie beobachten alles und stehen über ihre »bricks« (Handfunkgeräte) in ständiger Verbindung zur offiziell *nichtexistenten* Groom-Basis. Bewegen sich irgendwelche »suspekten Elemente« in dem Gebiet, dann wird zunächst oft der Sheriff aus dem rund vierzig Meilen entfernten Ort Alamo gerufen, der sich dann um die potentiellen »Groomspione« zu kümmern hat. Es gibt allerdings auch Ausnahmen.
Als wir 1993 um *Area 51* herumschnüffelten, hatten wir die »Ehre«, direkt mit zwei ausgewachsenen Exemplaren der »Wackenhuts« konfrontiert zu werden, die uns höflich um unsere Personalien baten und dann mit Gefangennahme bei weiterem Vordringen drohten. Blieb der Sheriff nur deswegen fern, weil jener Tag ein Feiertag war?
Wir hatten uns damals möglichst nahe zur Grenze von *Area 51* vorgewagt und von einem unmittelbar vorgelagerten Berg *(White Sides)* u. a. die angeblich nicht vorhandene Basis beobachten können – ich darf an dieser Stelle nochmals auf mein Buch »Wir sind nicht allein!« verweisen.
Nachdem wir vorher mit Glenn Campbell gesprochen und uns mit dem Gelände und einigen topografischen Karten gut vertraut gemacht hatten, kannten wir die aktuellen Grenzen des »Roten Quadrats« genau. Vor uns lag das Panorama von Groom Lake und seiner obskuren Basis, die einer regelrechten Phantomstadt glich. Wir waren natürlich längst entdeckt, und bekanntlich wird sofort, wenn neugierige Augen auf Groom gerichtet sind, der Funkspruch »Watchdog is in effect« – »Wachhund in Aktion« an die Basis übermittelt, um alle Hangars zu schließen und Geheimprojekte rechtzeitig zu verbergen. So auch vor uns. Die Tore fielen zu, und die wenigen zuvor erkennbaren Aktivitäten verebbten.
Der Übergang zur supergeheimen, superverbotenen »Schwarzen Welt« wird an den Hauptzufahrtswegen lediglich durch einen Wald von Warnschildern angekündigt und besteht ansonsten aus einer Reihe von Pfosten, auf denen orangefarbene

Stahlkugeln thronen. Ab diesem Limit darf prinzipiell scharf geschossen werden, das kündigen auch die Schilder an.
Dennoch kommt es gelegentlich vor, daß genauso ahnungs- wie harmlose Wanderer und Naturfreunde unbeabsichtigt zu weit vordringen und sich dann plötzlich überrascht einem Trupp bis an die Zähne bewaffneter Sicherheitskräfte gegenübersehen. So erging es im Januar 1994 auch einer Gruppe von sieben Amerikanern, die sofort festgenommen, stundenlang an die Wand gestellt und mit Waffen bedroht wurden. Niemand von ihnen war an der Basis interessiert, die noch meilenweit entfernt unsichtbar hinter den Bergzügen »schlummerte«.
In den letzten Monaten und Wochen hat sich die Geheimhaltung um Groom Lake drastisch verstärkt. Überall im Umland verteilt finden sich Sensoren und Bewegungsmelder, die frühzeitig auf »Eindringlinge« aufmerksam machen sollen, auf Eindringlinge in öffentliches, für jedermann ganz legal zugängliches Land! Hinter Büschen versteckt, liegen die Sendeeinheiten (manchmal allerdings auch »Wackenhuts« oder, wie Glenn Campbell sie getauft hat, »Cammo Dudes«, also »getarnte Trottel«). – Jene Sender sind über Kabel mit einer Batterie und zwei magnetischen Detektoren verbunden. Mittlerweile kommt außerdem auch eine Hochleistungs-Videokamera zum Einsatz, wohl in erster Linie, um »Spione« selbst aus großer Ferne auf frischer Tat zu ertappen, vielleicht dabei, wie sie versuchen, Skizzen anzufertigen oder gar die geisterhafte Basis zu fotografieren, was freilich strengstens verboten ist!
Natürlich sind auch diverse Fernsehsender an der entlegenen, verborgenen, »nichtexistenten« UFO-Basis interessiert. Ein Interesse, das vom Militär mit allem anderen als Freude begrüßt wird. Die Wächter von Groom Lake greifen nun immer massiver durch, wenn sich TV-Teams in der Nähe blicken lassen. Im April 1994 beschlagnahmten sie eine hunderttausend Dollar teure Filmausrüstung des Senders ABC News, der lediglich Glenn Campbell interviewt, die Basis selbst jedoch nicht gefilmt hatte. Erst Wochen später erhielt die Crew ihre Geräte zurück. Am 19. Juli 1994 wurde Glenn Campbell verhaftet und sofort in Handschellen abgeführt, als er sich zwi-

schen den Sheriff und das Fahrzeug einer anderen Fernsehmannschaft stellte, um gegen die Durchsuchung des Wagens zu protestieren.

Glenn Campbell kämpft mit großem Einsatz gegen die Geheimhaltung auf *Area 51.* Seit Jahren schon beobachtet er argwöhnisch die Entwicklung des Regierungs-»Cover-up«, der Verdeckung faktischer Zusammenhänge. Und die Abschottung der Basis soll noch größer werden. Das Militär nimmt immer wieder neues Land in seinen Besitz. Schon länger waren den dunklen Betreibern von Groom ganz speziell die Bergspitzen von *Freedom Ridge* und *White Sides* ein Dorn im Auge, denn von diesen direkt an der Grenze zu *Dreamland* liegenden Erhebungen bietet sich eine gute Aussicht auf den Groom Lake.

Im Herbst 1993 wandte sich Air-Force-Ministerin Dr. Sheila Widnall an den Innenminister und beantragte die Übergabe von öffentlichem Land an Nellis.

Eine paradoxe Situation! Was will man denn mit noch mehr Land, wenn sich auf dem vorhandenen angeblich doch gar nichts befindet?

Natürlich streitet auch Sheila Widnall die Existenz der Basis ab, frei nach dem Motto: »Groom Lake? Wo ist denn das?« Ebenso ahnungslos stellten sich der Nellis-Colonel Bud Bennett und General Walter S. Hogle, Air-Force-Direktor für Öffentlichkeitsangelegenheiten – um nur einige wenige Persönlichkeiten zu nennen. Der einzige, der kürzlich von »militärischen Anlagen am Groom Lake« sprach, war kurioserweise Hogles Untergebener, Major George Sillia, der, wie dem besonders aufmerksamen Leser vielleicht noch im Gedächtnis ist, im Februar 1994 eine sehr eilige Pressemeldung zum »Himmelsbeben« von Las Vegas veröffentlicht hatte, die allerdings so manche Frage offenläßt. Ob Sillia seine Äußerungen über die Existenz des Groom-Komplexes wohl mittlerweile bedauert hat? Möglich wäre es. So kann auch grundsätzlich jeder, der einmal auf »Groom« gearbeitet hat, bei bloßer Erwähnung der Tatsache, daß sich dort ein solcher Komplex befindet, ins Gefängnis befördert werden!

Bereits 1984 riß die Nellis-Basis sage und schreibe 36 000 Hek-

tar Land widerrechtlich an sich. Die Proteste schlugen hohe Wellen, doch das Militär trug den Sieg davon, denn dieser radikale Eroberungsfeldzug wurde vom amerikanischen Kongreß gebilligt, wenn auch erst nachträglich. Der völlig aufgebrachte Abgeordnete Harry Reid aus Nevada wurde damals von der Air Force zu einer Besichtigung des vereinnahmten Geländes eingeladen. Danach schien er wie ausgewechselt, sofort unterstützte er die kompromißlose Geheimhaltungstaktik, ohne Wenn und Aber!
Nebenbei bemerkt ist es schon seltsam, daß die große Landnahme von *Area 51* in die Tat umgesetzt worden ist, kurz nachdem Linda Howe die sensationellen Informationen über extraterrestrische Technologie zu Gesichte bekam – übrigens ganz ähnliche Informationen, wie sie auch William Moore erhielt oder dann später Robert Lazar…

Nach Angaben der Luftwaffe wurde die Landnahme von 1984 auf einer *dem Militär übergeordneten Befehlsebene* durchgeführt! Was war das für eine Ebene?
»Es gibt keine höhere Ebene als die der Gesetze der Vereinigten Staaten!« protestierte seinerzeit der Kongreßabgeordnete John Seiberling und mutmaßte, daß der Befehl direkt vom damaligen Verteidigungsminister Caspar Weinberger oder gar von Präsident Reagan selbst gekommen war.
Nun ist es wieder soweit, eine neue Runde im Kampf um *Area 51* ist eingeläutet! Wieder wird ein dunkler Schleier über das bereits mehrfach verhüllte Geheimnis geworfen, wieder wird das »Rote Quadrat« in der Wüste ausgeweitet. Die Rechtfertigung des Militärs ist schwach. In stereotyper Wiederholung heißt es stets nur, dies alles sei absolut notwendig, »um die öffentliche Sicherheit und den sicheren und reibungslosen Betrieb des Nellis-Komplexes zu gewährleisten.« – Die *öffentliche Sicherheit!* Eine gerne und immer wieder verwendete Floskel, wenn es darum geht, sich um Begründungen zu drücken und Geheimnisse zu verbergen!
Nach dem »Engle Act« von 1958 ist für eine Landnahme von über 2000 Hektar die Zustimmung des Kongresses erforderlich,

ein Umstand, den das Militär unbedingt zu umgehen versucht, allein schon, um hohe Publicity zu vermeiden! Die Air Force hat das Gelände gründlich eingezirkelt und »beschränkt« sich auf 1600 Hektar: Das reicht aus, um die beiden Berge *White Sides* und *Freedom Ridge* zu verschlingen. Dennoch wird bereits gemunkelt, daß letztlich doch rund 800000 Hektar (!) zusätzlichen Landes annektiert werden sollen!
Die »Schwarze Welt« – ein *Schwarzes Loch!*
Eine »Pufferzone« hüllt die nächste ein; wie lange soll das noch weitergehen? Aus Nevada wird mehr und mehr: *»Nellisvada«!*
Im August 1994 verschärfte sich die Situation, die Landnahme schien kurz bevorzustehen, und die Hinweise verdichteten sich, daß die Air Force Mitte Oktober zuschlagen würde. Damit schwanden auch sehr plötzlich meine eigenen Hoffnungen, noch einmal um die alte Grenze herumspionieren zu können. Am 5. September allerdings faxte mir Glenn Campbell: »Der Kampf ist noch nicht vorbei, und die Entscheidung über das Land wurde für ein weiteres Mal aufgeschoben – um mindestens sechs Monate von nun an gerechnet.«
Noch eine Galgenfrist also! Die Spannung aber wuchs mehr und mehr. Bestand eventuell doch noch Hoffnung, das fast allmächtige Militär auf *Area 51* zu besiegen?
Vorerst nicht. Anfang April 1995 konnte ich die »nichtexistente« Basis noch einmal von *White Sides* aus sehen. Wenige Tage später passierte es dann: Sperrschilder und Pfosten, die von anonymen Beschäftigten der Basis am folgenden Wochenende aufgestellt wurden, markieren nun die neue Grenze von *Area 51* und verwehren den Zugang zu jenen beiden Bergen …

Es ist schon mehr als seltsam, daß ausgerechnet jetzt, nach der Selbstauflösung des Hauptfeindes *Sowjetunion,* die Sicherheits- und Geheimhaltungsmaßnahmen auf *Area 51* derart massiv verstärkt werden. Und abgesehen davon verwundern die geheimdienstlichen Aktivitäten der vergangenen Jahre sogar Fachleute. Warum beispielsweise haben die Amerikaner die Zahl ihrer Spionagesatelliten seit dem Ende des Kalten Krieges und der Sowjetunion mehr als verdoppelt? Fast scheint es so, als ob die

USA sich nun gegen einen noch ungleich mächtigeren Feind wappnen würden, einen Feind von außen – oder präziser: *von »oben«*, aus dem All!

Lichter über dem »Schwarzen Imperium«

Wenn dem wirklich so wäre, wenn die USA auf *Area 51* wirklich Techniken zur Abwehr einer außerirdischen Macht zu entwickeln versuchten, dann würde es sich dort nicht um eine »Basis der Aliens« handeln – wie schon gelegentlich behauptet wurde –, sondern freilich vielmehr um eine »Anti-Alien-Basis«. Man würde dort extraterrestrische Artefakte wie z. B. Lazars Flugscheiben analysieren und könnte dabei prinzipiell Anhaltspunkte gefunden haben, die nicht zuletzt Einblicke in mögliche technologische Schwachstellen gewähren – auch eine uns um Jahrhunderte vorausentwickelte Ingenieurskunst muß noch lange nicht perfekt und exakt auf alle irdischen Gegebenheiten abgestimmt sein. In der Folge jedenfalls wäre die Konstruktion von geeigneten Abwehrwaffen als Präventivmaßnahme gegen die Fremden durchaus denkbar. Inwieweit diese Waffensysteme dann tatsächlich effektiv einsetzbar sind, steht auf einem anderen Blatt Papier. All diese Überlegungen sind zum gegenwärtigen Zeitpunkt rein spekulativ, denn wir wissen nicht, was de facto auf *Area 51* vor sich geht. Doch dürfen wir eines nicht vergessen:

Neben den zahlreichen Zeugenaussagen existieren auch etliche, bislang geheime Regierungsdokumente, die das UFO-Phänomen als Realität ausweisen. Aus einigen fragmentarischen Auszügen und Militärberichten geht hervor, daß wir mit einer fremden Intelligenz konfrontiert sind. *Area 51* spielt dabei nicht selten eine wesentliche Rolle. Diesem beeindruckenden Material werden wir uns später noch mit erhöhter Aufmerksamkeit widmen.

Wie Linda Howe bei ihrem ungewöhnlichen Aufenthalt auf der Kirtland-Base erfuhr, soll 1964 in New Mexico auch tatsächlich eine Abmachung zwischen der US-Regierung und einer extraterrestrischen Macht getroffen worden sein. Desinformation? Warum aber?

Präsident Reagan äußerte sich im Laufe seiner Amtszeit wiederholt und sehr ernsthaft zur Möglichkeit einer Bedrohung durch außerirdische Intelligenzen. So sagte er beispielsweise am 21. September 1987 vor dem UNO-Plenum in New York: »Ich denke, wie schnell eigentlich unsere Differenzen weltweit verschwinden würden, wenn wir uns einer fremden Bedrohung von außerhalb der Erde gegenübersehen würden.«

Im Frühjahr 1988 griff er diese Überlegungen ein weiteres Mal auf: »Ich frage mich oft, was passieren würde, wenn wir alle in der Welt entdecken würden, daß wir von einer Macht von einem anderen Planeten bedroht würden.« – Steckt in diesem Satz ein vorsichtiger Hinweis? Wenn wir jetzt einmal absichtlich ein wenig Wortklauberei betreiben, könnten wir freilich nachdenklich werden, denn Reagan sagte: »... wenn *wir alle* in der Welt entdecken würden ...« Er formulierte seine Gedanken demnach so, als ob eine Handvoll »Auserwählter« bereits von der Anwesenheit jener nichtirdischen Macht wissen würde, nur die Allgemeinheit eben nicht.

Linda Howe fragt sich in Anbetracht all dessen: »Wenn Waffen und Verteidigungsstrategien die Hauptsorgen der Regierung bezüglich der außerirdischen Lebensformen sind, ist es dann deshalb, weil sich die Motive der Fremden als wankelmütig und ihr Verhalten als heimtückisch erwiesen haben? Versucht unsere Regierung Waffen zu entwickeln, gegen irgend etwas dort draußen? Haben wir Technologien von abgeschlossen verwahrten Fremden und Raumschiffen kennengelernt und dieses Wissen auf *Stealth*- bzw. Star-Wars-Programme angewandt? Und, wurden diese Systeme gebaut, um sie vielmehr in einem Konflikt gegen die Außerirdischen einzusetzen als gegen die Sowjets?«

Ronald Reagan soll angeblich im Falle einer Bedrohung durch fremde Wesen aus dem All vorgehabt haben, Star-Wars-Geheimnisse mit Präsident Gorbatschow zu teilen und sämtliche Abwehrsysteme nach außen zu richten.

Sind es etwa Programme dieser Art, die nun, nach Auflösung der Sowjetunion, unter strengster Geheimhaltung auf *Area 51* weiterbetrieben werden?
Immerhin ist bekannt, daß das berüchtigte »Star-Wars-Programm« SDI auch 1994 ohne Kürzung der Mittel fortgesetzt wurde, seit 1993 lediglich unter dem veränderten Namen BMD (»Ballistic Missile Defense«). – Entgegen gelegentlicher Behauptungen kann also von einer Beendigung des SDI-Projektes keine Rede sein. Was sich aber nun letztlich auf der Groom-Basis abspielt, darüber kann größtenteils nur spekuliert werden.

Auf *Area 51* herrscht fast ununterbrochen regstes militärisches Treiben. Die Nächte sind erfüllt von rätselhaften Erscheinungen und unheimlichen Lichtern. Die meisten dieser »Groomlichkeiten« lassen sich auf ganz konventionelle Weise erklären. Auch Robert Lazar wies im Mai 1993 darauf hin, daß 99 Prozent aller dort gesichteten Objekte keine »fliegenden Untertassen« sind.
Da gibt es beispielsweise langgestreckte bläuliche Lichtspindeln, die immer wieder über die Landschaft hinwegziehen – Flugscheiben in Seitenansicht? Der unvorbereitete Beobachter könnte sich durchaus täuschen lassen. In Wirklichkeit aber handelt es sich bei diesem Phänomen um glühende Triebwerksgase von Jets, die in simulierten Kampfeinsätzen ohne jegliche Positionslichter fliegen. Über den Groom-Bergen erscheinen oft auch golden glühende Sphären. Viele von ihnen sind nichts anderes als riesige Magnesiumlichter, die dazu dienen, Kampfschauplätze zu beleuchten. Andere, kleinere Leuchtkugeln werden oft eingesetzt, um feindliche, auf Triebwerkshitze reagierende Geschosse vom eigentlichen Ziel abzulenken.
Ja, und dann geistert über Groom-Range noch »Old Faithful« herum, ein Objekt, das fast jede Nacht erscheint. Es zeigt sich zwischen 4.45 und 5.00 Uhr morgens meist in der Richtung des Papoose Lake, schwebt dann eine Weile fast bewegungslos über den Bergen, um sich anschließend leicht nach Süden zu bewegen und nach unten abzusinken, bis es gänzlich verschwindet. Nicht selten wurde diese Erscheinung für eine der berühmten

Lazar-Flugscheiben gehalten. Glenn Campbell ist der Sache nachgegangen und hat herausgefunden, daß ganz offensichtlich nichts anderes als die Landescheinwerfer einer Boeing 737 die Ursache sind, einer jener Maschinen, die täglich Personal von Las Vegas an den Groom Lake fliegen und der seltsamen »Janet Airlines« angehören. Niemand weiß im übrigen, was oder wer sich hinter »Janet« verbirgt – einige aber vermuten dahinter ein Acronym, nämlich die Abkürzung für »Joint Army Navy Employee Transport« – also etwa »Gemeinschaftstransport für Army/Navy-Beschäftigte«.
Wie dem auch sei, *viele* zunächst sehr erstaunlich wirkende Erscheinungen lassen sich konventionell erklären.
Aber eben *nicht alle!*

Wiederholt haben auch erfahrene Beobachter absolut Unverständliches über (oder auch: *auf*) *Area 51* beobachtet. Zwar glaubt nicht zuletzt auch Bob Lazar, daß die außerirdischen Flugscheiben mittlerweile an einen anderen geheimen Ort verbracht wurden (nachdem *Dreamland* durch seine Enthüllungen relativ bekannt geworden war). Dennoch existieren selbst aus allerjüngster Zeit noch sensationelle und glaubwürdige Berichte über konventionell unmöglich erklärbare Objekte im Luftraum von *Area 51.* So schilderte kürzlich ein altgedienter militärischer Photojournalist ein Erlebnis, das er im Januar 1994 im Umland von *Area 51* hatte:
»Ich kampierte in der Nähe eines sicheren Beobachtungsplatzes. Um 22.14 Uhr sah ich, wie eine vielfarbig erleuchtete Kugel hinter einem Bergrücken am nordöstlichen Ende von Papoose Lake aufstieg, etwa 18 Meilen entfernt. Während der nächsten eindreiviertel Stunden vollführte das Objekt unkonventionelle Flugbewegungen.
Ich beschäftige mich seit über zwanzig Jahren intensiv mit Luftfahrt- und Militärtechnologie und, zum Teufel, ich kann nahezu jedes Militärflugzeug, jede Rakete, Fernlenkwaffe oder Bombe in der Welt identifizieren. Doch habe ich nie zuvor irgend etwas gesehen, das dem hier glich. Das Ding hielt sich an einer Stelle, dann bewegte es sich ganz plötzlich um fünf bis

sechs Grad weg und verharrte schwebend, um anschließend zu taumeln und über den Himmel zu schlingern und dann wieder zu schweben...
Ich schiß mir aus Angst fast in die Hose, schaffte es aber trotzdem noch, meine Kamera mit einem 1250er Tele aufzubauen und einige wenige Schnappschüsse herauszuquetschen. Ein Bildanalytiker nimmt diese Fotos jetzt auf digitalem Weg auseinander. Ich habe keine blasse Ahnung, was er finden wird, obwohl ich nun beginne, den Geschichten über außerirdische Raumschiffe auf der Area *S-4* mehr Glauben zu schenken. Das erschreckt mich sogar noch mehr.«
Eine noch aktuellere und mindestens ebenso sensationelle Sichtung schilderte mir Ende März 1995 der Naturbeobachter Chuck Clark aus Vandenberg in Kalifornien. Ohne noch voneinander zu wissen, waren wir in der Nacht zum 31. März beide auf UFO-Pirsch im Gebiet von *Area 51* gewesen. Jeder hatte die Taschenlampe des anderen gesehen, obwohl meilenweit voneinander entfernt. Am nächsten Tag trafen wir uns dann in Rachel und konnten uns im nachhinein identifizieren.
Chuck zeigte mir eine ganze Reihe hochaufgelöster Aufnahmen der Geheimbasis, auf denen kleinste Einzelheiten ohne Schwierigkeit zu sehen waren. Ihm war es teils sogar gelungen, die Gesichter, die Haar- und Hautfarbe von Personal auf dem Groom-Komplex zu erkennen!
Im Verlauf unseres Gespräches tauschten wir dann zunächst unsere Erfahrungen über die Beobachtungsmöglichkeiten schwacher Galaxien unter den Bedingungen des so klaren Wüstenhimmels von Nevada aus, um aber bald wieder auf die Mysterien von *Dreamland* zurückzukommen.
Was Chuck nun berichtete, ließ mir den Atem stocken.
Nur dreizehn Tage vor unserem Treffen hatte er sich wieder einmal in die Nacht hinausbegeben, um Sterne zu beobachten und den Himmel über dem Gebiet von *S-4* am Papoose Lake zu überwachen. Und genau in jener Nacht vom 18. auf den 19. März 1995 wurde er Zeuge eines der berühmten »Lazar-UFOs«! Das Objekt tauchte über Papoose auf und entwickelte etwa die zwei- bis dreifache scheinbare Helligkeit des Planeten

Jupiter. Es vollführte die unglaublichsten Bewegungen: radikale Wendemanöver, abrupte Stopps; es »sprang« in Sekundenbruchteilen zwischen weit auseinanderliegenden Punkten am Himmel hin und her. »Das ist *fremde* Technologie. Es gibt keine andere Möglichkeit. Kein Flugzeug, keine Rakete kann sich *so* bewegen«, versicherte mir Clark, der die erklärbaren Phänomene des Nachthimmels gut kennt.

Auch der durchaus skeptisch eingestellte Glenn Campbell bemerkte im Februar 1994 zu *S-4* und dem »Fall Lazar«: »Jedermann kann lügen oder darüber phantasieren, auf einer geheimen UFO-Basis zu arbeiten. Aber die Geschichte dann mit so vielen untereinander übereinstimmenden Details wiederholt zu erzählen, ist kein einfaches Kunststück. Die Wahrheit zu berichten ist leicht – dazu rufen Sie sich einfach in Erinnerung, was geschehen ist. Doch eine Lüge derartiger Komplexität aufrechtzuerhalten, das würde unendliche Gigabytes und Megahertz an interner Verarbeitungskapazität erfordern, um zu vermeiden, sich selbst zu Fall zu bringen … Ob Sie ihn [Lazar] über Gravitationsantriebe oder die Umgebung befragen, in der er auf ›Area 51‹ gearbeitet hat, die Antworten, die er heute gibt, stimmen mit allem überein, was er jemals zuvor gesagt hat, und scheinen jedem, der darüber nachdenkt, einen perfekten, ganz sachlichen Sinn zu ergeben. Sein Bericht ist zurückhaltend, logisch konsistent und voll jener reichen und unerwarteten Nuancierungen, die eigentlich nur der Realität entstammen können.«

Lazar hat mehrere Lügendetektortests über sich ergehen lassen, die alle zu seinen Gunsten ausgefallen sind. Er wurde von Geheimnisträgern, Astronauten sowie ehemaligem Personal von *Area 51* nach bestimmten Programmen und Lokalitäten befragt und konnte sämtliche Details korrekt beantworten. Mittlerweile ist Lazar freilich auch müde geworden, weiter auf Fragen zu diesem Thema einzugehen, und zeigt sich auch nicht daran interessiert, mit *Area-51*-Forschern zu kooperieren. Aber wer will ihm das verdenken?

Außer Lazar haben auch andere Insider gelegentlich über die Geheimnisse von *Area 51* geredet. Darunter befand sich z. B.

der 1989 verstorbene CIA-Agent Marion Leo Williams. In den siebziger Jahren begann er für die Firma Lockheed zu arbeiten. Man sagte ihm dort, Lockheed würde eine supergeheime Basis in Nevada mit Instrumenten und Einrichtungen versehen, mit denen die Technologie havarierter UFOs sowie die Biologie von deren Insassen analysiert werde. Williams Aufgabe war, auch spezielle Gerätschaften anderer Hersteller zu organisieren und nach Nevada zu bringen, um die Basis damit auszustatten.

Wie Lazar, so berichtete auch Williams, mehrmals in verdunkelten Bussen nach *Dreamland* gebracht worden zu sein, ohne jemals gewußt zu haben, wo genau dieses Gelände lag. Der größte Teil der Anlage befand sich nach Williams' Schilderungen jedenfalls unter dem Wüstenboden oder war geschickt in die Hügel integriert. Auch Williams behauptete, daß in den Labors von *Dreamland* außerirdische Technologie in irdische Flugzeugkonstruktionen wie den *Stealth*-Bomber eingeflossen sei. Darüber hinaus führe man dort genetische Experimente an humanoiden Wesen durch. Erst kurz vor seinem Tod, als sämtliche Sicherheitsbestimmungen für ihn bedeutungslos wurden, erzählte Marion L. Williams einem Verwandten gegenüber ausführlicher von seinen ungewöhnlichen Erlebnissen.

Auf einer Versammlung am 2. März 1994 im *Cashman Field Center,* Las Vegas, behauptete auch der ehemalige Navy-Pilot Donald Eichholz, daß er als Fernmeldeoffizier mit zahlreichen Geheimdokumenten zu tun hatte, die sich mit Außerirdischem befaßten. Er hatte freilich nichts anderes im Sinn als *Area 51,* als er sagte: »Wenn UFOs irgendwo dort draußen sind, dann ist es dort, wo sie sich aufhalten.«

Auf dem 24. Jahressymposium der MUFON (Mutual UFO Network) in Richmond, Virginia, nannte der amerikanische Fernsehjournalist George Knapp im Jahr 1993 zahllose Zeugen, die Robert Lazars Behauptungen durch zusätzliche Informationen gleichfalls unterstützen. Knapp, der Lazar als erster ins Fernsehen brachte, berichtete unter anderem von: einem Elektroingenieur, der in den siebziger Jahren am Groom Lake gearbeitet hatte; einem EG&G-Techniker, der verantwortlich für die Video-Dokumentation aller Projekte seines Unternehmens war, darunter im besonderen des Testflugs eines extraterrestrischen Raumfahrzeugs; einem ehemaligen »Wackenhut«-Sicherheitsmann; einem bekannten Biologen aus Las Vegas, der behauptete, an der Analyse von Gewebeproben Außerirdischer beteiligt gewesen zu sein – um hier nur einige wenige zu nennen. Nicht zuletzt befindet sich unter den Zeugen ein Angehöriger einer bekannten Familie aus Nevada, der dort seit den fünfziger Jahren an Geheimprojekten mitgewirkt hat. Er versprach, daß nach seinem Tod ein Videoband an Knapp übergeben werde, welches einige UFO-Enthüllungen beeinhalten werde.

Auch Knapp glaubt übrigens, daß die Flugscheiben aus Gründen besserer Geheimhaltung von *Area 51* mittlerweile an einen anderen Ort verbracht worden sind. Wohin, das bleibt allerdings eine offene Frage. – Wenn John Lear recht hat, dann werden die Raumschiffe jetzt auf dem White-Sands-Testgelände in New Mexico verborgen gehalten!

Im übrigen gibt es, wie sich gezeigt hat, ja eine ganze Reihe US-amerikanischer Militärbasen, die in dem unheimlichen Verdacht stehen, außerirdische Technologie zu beherbergen. So berichtete ein anonymer Informant 1988, also etwa zur selben Zeit wie Robert Lazar, auf der kalifornischen Edwards Air Force Base ein diskusförmiges Flugobjekt gesehen zu haben, das im sogenannten »Delta-Hangar« oder »Hangar 1051« verwahrt wurde. – Irgendwie scheint gerade die Zahl »51« notorisch mit Außerirdischen in Verbindung zu stehen! Kurioserweise befaßt sich auch genau die »Kommission Nr. 51« der Internationalen Astronomischen Union (IAU) mit SETI – der »Suche nach Extra-Terrestrischer Intelligenz«! Auf einer öffentlichen Anhörung zur Ausweitung von *Area 51* durch das Militär rief ein Moslem gar lauthals Zitate aus dem Koran in die Menge. Darin nämlich geht es innerhalb einiger Passagen um ungewöhnliche fremde Wesen – und dies ausgerechnet wieder in Kapitel 51!

Jener soeben erwähnte anonyme Informant will übrigens auch auf *Area 51* mehrere Flugscheiben gesehen haben, die er genauso beschreibt, wie auch Lazar sie geschildert hat.

Der schon im Zusammenhang mit der unheimlichen »Dulce-Basis« zitierte Autor William F. Hamilton hat 1990 einen ehemaligen Angehörigen der Gegenspionage interviewt, dessen Bericht gleichfalls all jene Gerüchte um Flugscheiben auf *Dreamland* bestätigt.

Werden auch fremde Wesen auf *Area 51* verborgen gehalten? Abgesehen von einer Reihe sehr vager Berichte, gibt es dafür kaum Hinweise. Der »Kronzeuge« von *Area 51,* Robert Lazar, stellt sich zu dieser Frage sehr distanziert. Nur einmal hätte er, für einen ganz kurzen Moment, zwei Wissenschaftler in einem Raum gesehen, die beide über ein merkwürdiges kleines Wesen gebeugt waren. Doch konnte er keine Einzelheiten erkennen. Über die mögliche Präsenz der »Grauen« auf *Area 51* schrieb mir William Hamilton im März 1994:
»Einer Frau aus Las Vegas sind Berichte von Militär-Geheimdienstlern zu Ohren gekommen, daß ein 1,8 Meter großer ›Grauer‹ das Nevada-Testgelände oft aufgesucht hat. Ein vollkommen unabhängiger Informant hat gleichfalls erwähnt, diese großen ›Grauen‹ gesehen zu haben, während er auf dem Testgelände arbeitete. Diese Informationsquellen bewahren selbstverständlich ein unscharfes Profil und wollen anonym bleiben...« Was man nun letztlich von all dem halten soll, sei dahingestellt und bleibt freilich jedem Untersucher selbst überlassen.
»Normalerweise« ist vorwiegend von *kleinen* grauen Wesen die Rede. Nur gelegentlich schildern Augenzeugen ihre Begegnungen mit relativ großen grauhäutigen Fremden. Sind diese Berichte damit a priori als Schwindel abzustempeln oder existieren vielleicht unterschiedliche Formen der »Grauen«?
Wiederum eine neue Frage im nicht enden wollenden Rätsellabyrinth um die Außerirdischen! Wiederum eine Frage, auf die niemand eine Antwort weiß oder zumindest: auf die niemand sich traut, eine Antwort zu geben!
Denn einige wissen freilich mehr.
Ganz allgemein stellte Glenn Campbell kürzlich fest: »Wenn die Mauern um Groom Lake einmal zusammenbrechen, dann

ist es nur sinnvoll anzunehmen, daß viele Horrorgeschichten ans Tageslicht treten werden.
Die erschreckendsten davon werden wahrscheinlich den Geheimhaltungsmechanismen selbst entspringen. Tausende von Beschäftigten werden nicht allein von einem Loyalitätseid zum Schweigen gebracht. Jeder Reporter, der mit einem gegenwärtigen oder ehemaligen Arbeitnehmer [von Area 51] spricht, weiß, daß es dort auch viel Angst gibt. ›Loose Lips Sink Ships‹ – lockere Zungen versenken Schiffe; sie bringen auch einen Besuch der internen Sicherheitspolizei mit sich, um damit den Kodex der Stille zu erhärten. Ein Arbeiter, der in der örtlichen Bar ein Wort zuviel sagt, findet sich am nächsten Tag in einem von kaltem Neonlicht beleuchteten Konferenzraum vor einem Sicherheitsbeauftragten wieder. Es gibt keinen Grund anzunehmen, daß jemals Folter angewendet wurde – körperliche Folter. Mentale Folter aber definitiv. In einer abgeschlossenen Gesellschaft wie dieser hat der Beauftragte freie Hand, alles zu tun, was er will, und der Beschuldigte besitzt keine Rechte oder Zuflucht.«
Als ich mich im Frühjahr 1995 mit Glenn Campbell über sein persönliches Hauptinteresse an *Area 51* unterhielt, sagte er zu meiner Überraschung, er sei in erster Linie wegen der UFOs da, nicht wegen *Aurora* oder anderer Geheimflugzeuge. Ich erwähnte, daß er mir früher mehr oder minder das Gegenteil gesagt hatte, worauf Glenn sofort nickte und bestätigte, daß sich seine Meinung und Intentionen in der vergangenen Zeit tatsächlich verschoben hätten. Er stehe mit einigen glaubwürdigen, neuen Augenzeugen in Kontakt, die ihm persönlich die Überzeugung gäben, daß das so utopische Lazar-Szenario de facto zutrifft. Besonders die Schilderungen eines Zeugen, den Campbell als »Lazar-Senior« bezeichnet, bestätigen dieses Bild.
Aus den Informationen, die Campbell vorliegen, scheint auch hervorzugehen, daß 1973 noch unter Richard Nixon eine ultrageheime sogenannte »Satelliten-Regierung« eingerichtet worden war, die vollständig von allen übrigen Bereichen abgetrennt wurde und ausschließlich für UFO-bezogenene Projekte und Angelegenheiten zuständig war.

In der zu *Area 51* nächstgelegenen Motel-Bar, dem »Little A ›Le‹ Inn« in der winzigen Ortschaft Rachel, verkehren nicht selten auch Angehörige der »nichtexistenten« Groom-Lake-Basis. Auf neugierige Fragen pflegen sie lediglich zu erwidern: »Ich kann es dir erzählen, aber dann muß ich dich töten!« – Diese Personen sind selbst nirgendwo sicher. Alles, was sie je tun oder sagen, wird beobachtet und registriert. Die Augen und Ohren der Geheimdienste sind wirklich überall.
Der deutsche Militärjournalist Adalbert Bärwolf schildert in seinem Buch »Die Geheimfabrik« ein in diesem Zusammenhang ebenfalls recht aufschlußreiches Erlebnis:
»Als ich das erste Mal in Los Alamos war, der Atomstadt, die nur ein Hotel und kein Taxi hatte, und mit meinem PR-Betreuer in dem ziemlich feinen Blockhaus-Restaurant zu Mittag aß, hatte der offensichtlich im Hauptberuf für den militärischen Abschirmdienst arbeitende Barkeeper recht lange Ohren. Er näherte sich unserem Tisch und stellte mürrisch die Frage: ›Wer redet hier von Bomben?‹ Natürlich redeten wir über Bomben, über Atombomben. Über was sollte man sonst in Los Alamos reden als über Atombomben – historisch natürlich und nicht in technischen Details ... Erst als sich der rotbewestete Barkeeper vergewissert hatte, daß mein Begleiter auch den richtigen Ausweis in den richtigen Farben und den richtigen Stempeln und Unterschriften an seinem Rock trug, ließ er uns gewähren und brachte einen neuen Gin and Tonic.«

Area 51, das ist ein undurchdringlicher Dschungel der Geheimnisse, ein Schattenimperium, aus dem bis zum heutigen Tag nur sehr wenig nach außen gedrungen ist. Kaum einer wußte Konkretes über die Vorgänge dort zu berichten. Einige mußten ihre Mitwisserschaft offensichtlich gar mit dem Leben bezahlen. Eine ganz außergewöhnliche Rolle in jenem gefährlichen Spiel kommt unfraglich Robert Lazar zu. Was er an die Öffentlichkeit getragen hat, scheint schier unglaublich. Doch vieles spricht dafür, daß er die Wahrheit sagt. Wenn wir uns dennoch in ihm täuschen sollten, er tatsächlich nicht mehr als ein hochtalentierter Schwindler sein sollte, dann bleiben trotz allem immer noch unzählige andere Berichte und Aufzeichnungen, die seine Schilderungen bestätigen. Dann bleibt auch immer noch die Möglichkeit, daß er das, was er preisgab, vielleicht nicht selbst erlebt hatte, sondern nur aus anonymer Quelle publik machte. Doch ist das relativ unwahrscheinlich, denn dafür kennt Lazar die Details zu gut.

Das letzte Wort über Lazar und die außerirdischen Flugscheiben auf *Area 51* ist keineswegs schon gesprochen. Sollten all diese in ihrer Präzision und fundierten Detailfülle nicht gerade wenig beeindruckenden Enthüllungen nun wirklich authentisch sein, denn wahrscheinlich wird erst wieder einige Zeit verstreichen müssen, bis – wenn überhaupt – ein neuer Lazar wagt, mit ähnlich weitreichenden, ausführlichen und sensationellen Behauptungen ans Licht zu treten. Doch: Wird das überhaupt noch möglich sein? Wird dann nicht vielmehr das Militär einen solchen neuen »Kronzeugen« sehr schnell zum Schweigen bringen?

Einmal ist bekanntlich keinmal. Ein einzelner wie Lazar mag noch als Scharlatan, Wichtigtuer, Geldschneider oder Märchenerzähler hingestellt werden können. Summieren sich aber derlei umfangreiche Zeugenaussagen, so brechen für die Geheimnisträger wahrhaft schwere Zeiten an. Freilich *muß* uns klar sein, daß das Militär, die Regierung, die Geheimdienste, dieser aufs undurchschaubarste in sich verwobene Apparat, »bis zuletzt« alles abstreiten wird – das *muß* uns klar sein, denn wir wissen, daß jenes Management (unter anderem ...) auch einen militärischen Megakomplex abgestritten hat, dessen Existenz jedoch längst hundertprozentig erwiesen ist.

Über diese Fakten und Zeugenaussagen hinaus stellen sich noch unzählige hochoffizielle Papiere, Dokumente und Geheimschriften, Präsidentenbriefings und Memoranda, Studien und Militärberichte den ebenfalls hochoffiziellen Statements der Verantwortlichen mit energischer Vehemenz in die Quere:

All diese Indizien, teils jahrzehntelang mit aller Gewalt unter Verschluß gehalten, vereinen sich mehr und mehr zu einem bald unüberhörbaren Schlachtruf gegen jene, die weiter vertuschen, verdecken, verheimlichen ...

IV
Ufogate

Am 17. Juni 1972 und zuvor drangen Beauftragte des Komitees zur Wiederwahl des Präsidenten widerrechtlich in das Hauptquartier der Demokratischen Partei in Washington D.C. ein, mit der Absicht, sich politische Informationen zu verschaffen. Richard M. Nixon benutzte daraufhin die Macht seines hohen Amtes, um persönlich und durch Mitarbeiter und Beauftragte darauf hinzuwirken, die Aufklärung dieses Einbruches zu verzögern, zu erschweren und zu verhindern, die Verantwortlichen zu decken und in Schutz zu nehmen und die Tatsache und das Ausmaß anderer illegaler, geheimer Aktivitäten zu verbergen.« – Soweit der Artikel 1 aus der Anklageschrift gegen den 37. US-Präsidenten Richard Nixon, vor dem noch nie ein amerikanischer Präsident seines Amtes enthoben worden war.

Ähnlich wie im Falle der Watergate-Affäre, benannt nach den Washingtoner Watergate-Appartements, in denen sich das Hauptquartier der Demokraten befand, scheint nunmehr bereits seit über vier Jahrzehnten eine Vertuschung und Verschleierung von weitreichenden Informationen über das UFO-Phänomen stattzufinden, die an Umfang offenbar über alles Vorstellbare hinausgeht. Diese Taktik hat der Atomphysiker Stanton T. Friedman sehr treffend als »Kosmisches Watergate« bezeichnet. Insbesondere die US-Regierung hüllt sich in einen nahezu undurchdringlichen Mantel des Schweigens, wenn die Diskussion auf dieses Thema zielt. Doch auch die anderen großen Nationen unseres Planeten haben sich in mehr oder minder ausgeprägtem Maße dieser Politik der eisernen Abschottung angeschlossen. Ergebnis: ein weltweites »Cover-up«, eine beinahe undurchlässige Verdeckung und Zurückhaltung von Fak-

ten, die unser offizielles, vertrautes Weltbild in wohl nichts als ein geradezu mittelalterlich scheinendes Zerrbild wandeln würden, sofern sie ans Licht der Öffentlichkeit gelangten.
Mehr und mehr erreichen wir nun ein neues Stadium der Erkenntnisse, wir treten augenscheinlich in eine spannende Phase ein, ab der selbst die grundsätzlich sehr wirkungsvolle Methode der Lächerlichmachung des UFO-Themas nicht mehr greift. Augenzeugen riskieren zunehmend, mit ihren ungewöhnlichen Erlebnissen an die Öffentlichkeit zu treten, in der sich mittlerweile glücklicherweise eine höhere Aufgeschlossenheit und Aufmerksamkeit Schritt für Schritt durchzusetzen vermag. Heute wie nie zuvor beginnt sich irgendwo tief in unserem Unterbewußtsein das sichere Gefühl zu verwurzeln, daß SIE, die Fremden, Anderen, die Wesen aus dem Unbekannten, hier sind! Dieser Einsicht mangelt es keineswegs an Begründung. Trotz des so vehementen Cover-up stammen zahlreiche überzeugende Indizien aus den größtenteils streng verschlossenen Dossiers verschiedenster US-Behörden, wissenschaftlicher und militärischer Institutionen sowie dem undurchdringlichen Dschungel der Geheimdienste. Darüber hinaus finden sich aus unterschiedlichsten anderen Quellen hoher Kredibilität überraschende, ja gar schockierende Indizien dafür, daß die Welt, in der wir leben, eine gänzlich andere ist, als wir gemeinhin glauben.
Also: Es ist Zeit, einen Blick hinter die Kulissen zu werfen und dort Fakten aufzuspüren, die das Licht der Öffentlichkeit zum Teil noch nicht erblickt haben.

8

9

10

11

12

14

15

16

17

8 Die Zufahrt zur Holloman Air Force Base. Auf dieser Basis soll diversen Dokumenten und Aussagen zufolge 1964 eine Begegnung zwischen dem Militär und einer nichtirdischen Zivilisation stattgefunden haben.

9, 10 Die Archuleta-Mesa bei Dulce, New Mexico. Angeblich verbirgt sie einen unterirdischen Geheimkomplex, in dem auch außerirdische Wesen stationiert sind. Allerdings sind die entsprechenden Berichte inkonsistent, die Indizien sehr schwach. Möglicherweise dienen sie Zwecken der Desinformation und Streuung.

11 Der McCarran Airport in Las Vegas, Nevada. Von hier werden Angestellte mit Flugzeugen der mysteriösen JANET-Airlines zur supergeheimen »Area 51« geflogen, einem Gelände, auf dem offenbar UFO-Technologie getestet wird.

12 Der Autor im Gespräch mit dem »Nellis«-Experten Tim Gerlach, Las Vegas.

13 Abschottung: Warnschilder dieser Art bevölkern den letzten Abschnitt der »Groom Lake Road«, kurz bevor sie sich in der »Schwarzen Welt« verliert. Am 10. April 1995 hat die Air Force wieder zugeschlagen und rund 2000 Hektar Land verschlungen, um eine Basis, die offiziell nicht existiert, noch mehr aus dem Blickfeld der Öffentlichkeit zu rücken. Was geht dort vor?

14 Diese Nachtaufnahme zeigt einen »winzigen« Teil der Nellis-Basis, deren Geheimhaltung rund 200 Kilometer nördlich von Las Vegas, auf »Area 51«, in geradezu grotesker Weise kulminiert.

15 Die legendäre »Black Mailbox« wenige Meilen vor Beginn des Sperrgebiets von »Area 51«. Dieser schwarze Briefkasten des Ranchers Steve Medlin stellt in weitem Umkreis die einzige signifikante Landmarke dar. Von diesem Punkt aus wurden etliche unidentifizierte Flugobjekte gesichtet. Die Erhebung rechts der Bildmitte ist White Sides. Von diesem Berg aus bietet sich freie Sicht auf die Groom-Lake-Basis, doch wurde er im April 1995 von der Air Force vereinnahmt.

16 Der Autor zu Besuch bei »Area-51«-Spezialist Glenn Campbell, der sein kleines, aber effektives »Area 51 Research Center« nur wenige Meilen vom Sperrgebiet entfernt eingerichtet hat.

17 Nahezu schwärzeste Nacht über der »Schwarzen Welt«. Das Originalnegativ zeigt eine zweite schwache Streulichtglocke südwestlich des Scheins der Groom-Basis. Ein Indiz für »Area S-4« am Papoose Lake.

Das Mysterium der Zwölf

Manche Tage vergißt man sein Leben lang nicht. Plötzlich, von einem Moment auf den anderen, ändert sich alles, in einigen Fällen zum Guten, in anderen zum Schlechten, und in wiederum anderen Fällen weiß man nur, *daß* etwas Entscheidendes eingetroffen ist, dessen Konsequenzen sich jedoch nicht leicht absehen lassen.

Für den amerikanischen Filmproduzenten Jaime Shandera war der 11. Dezember 1984 so ein Tag. An jenem Morgen fand er einen merkwürdigen Umschlag in seinem Briefkasten. Nirgends war ein Absender vermerkt, nur der Poststempel schien den Herkunftsort zu verraten: Albuquerque in New Mexico. In dem beigen Umschlag steckte ein weiterer, kleinerer und darin noch ein längliches weißes Kuvert, das nichts außer einer Patrone unentwickelten Films enthielt. Das wirkte nun tatsächlich sehr geheimnisvoll, und Shandera wurde freilich neugierig. Schon am folgenden Tag hielt er die fertigen Negative in Händen. Und nun wurde es erst richtig spannend, denn was Shandera auf dem Filmstreifen erkannte, waren ganz deutlich Ablichtungen streng geheimer Regierungsdokumente mit mehr als erstaunlichen Informationen!

Das Geheimpapier, das Shandera aus unbekannter Quelle zugespielt worden war, datiert auf den 18. November 1952 und trägt den Titel »Informationspapier: Operation Majestic 12. Vorbereitet für den designierten Präsidenten Dwight D. Eisenhower: Nur zur Einsichtnahme.« Auf jeder Seite befindet sich der Stempel: »TOP SECRET / MAJIC – EYES ONLY« – »STRENG GEHEIM / MAJIC – NUR ZUR EINSICHTNAHME.«

In dem Dokument, das als vorläufige, kurze Fassung einer umfangreicheren Schrift ausgewiesen wird, bestätigt der für diesen

Bericht verantwortlich zeichnende Admiral Roscoe H. Hillenkoetter dem neu gewählten US-Präsidenten Dwight D. »Ike« Eisenhower gegenüber, daß im Jahr 1947 ein Raumfahrzeug nichtirdischer Herkunft in der Wüste von New Mexico abgestürzt ist. Und weiter (Seite 3 des Dokuments): »Am 7. Juli 1947 wurde eine Geheimoperation gestartet, um die Bergung der Wrackteile dieses Objektes für wissenschaftliche Studien sicherzustellen. Im Verlauf dieses Unternehmens entdeckten Luftaufklärer, daß sich vier kleine, menschenähnliche Wesen offenbar aus dem Flugkörper herauskatapultiert haben, kurz bevor er explodierte. Sie sind etwa zwei Meilen östlich des Fundorts der Wrackteile auf die Erde gefallen. Alle vier waren tot und stark verwest, aufgrund der Aktivität von Raubtieren und da sie bis zur Entdeckung ungefähr eine Woche lang den Elementen ausgesetzt waren. Ein spezielles Wissenschaftsteam hat die Aufgabe übernommen, diese Körper zu Studienzwecken abzutransportieren (siehe Anhang ›C‹). Die Überreste des Raumschiffs wurden gleichfalls an mehrere unterschiedliche Örtlichkeiten verbracht (siehe Anhang ›B‹). Zivile und militärische Zeugen der Umgebung wurden befragt, und Reportern wurde die wirkungsvolle Deckgeschichte erzählt, das Objekt sei ein fehlgeleiteter Wetterballon.«
Wie aus dem zweiten Blatt des Dokuments hervorgeht, wurde die »Operation Majestic 12« als streng geheime Forschungsaktion gestartet, die direkt und ausschließlich dem Präsidenten untersteht. Sie wurde auf Empfehlung von Dr. Vannevar Bush, dem wissenschaftlichen Berater des Präsidenten, und Minister James V. Forrestal am 24. September 1947 von Präsident Harry S. Truman ins Leben gerufen. Die mit dem Code »MJ-12« versehene exklusive Forschergruppe setzte sich aus zwölf hochrangigen amerikanischen Militärs und Wissenschaftlern zusammen, die gewissermaßen die Führungselite des Projekts zur Untersuchung des geborgenen außerirdischen Materials bildeten.
»Majestic 12«, das waren im einzelnen:

- *Roscoe Henry Hillenkoetter (1897–1982), Admiral, erster Direktor der »Central Intelligence Agency« (CIA), die 1947 gegründet wurde, also im selben Jahr, in dem sich der Absturz von Roswell ereignete.*

- ***Dr. Vannevar Bush*** *(1890–1974), hochrangiger US-Wissenschaftler. Auf seine Initiativen gehen unter anderem der »Nationale Forschungsbeirat für Verteidigung« und das »Amt für wissenschaftliche Forschung und Entwicklung« zurück. Dr. Bush war wissenschaftlicher Berater des Präsidenten.*

- ***James Vincent Forrestal*** *(1892–1949), Marineminister. Im Juli 1947 (!) wurde ihm dann das Amt des Verteidigungsministers übertragen. Am 22. Mai 1949 nahm er sich nach einem Nervenzusammenbruch das Leben. Der Arztbericht wird nach wie vor unter Verschluß gehalten.*

- ***Walter Bedell Smith*** *(1895–1961), General, war im Zweiten Weltkrieg Stabschef Eisenhowers und wurde am 1. August 1950 für den verstorbenen Forrestal in MJ-12 eingesetzt. General Smith war zwischen 1950 und 1953 Direktor der CIA.*

- ***Nathan Farragut Twining*** *(1897–1982), General, agierte während des Zweiten Weltkriegs als »Stabschef der Kommandierenden Generäle« im Südpazifik, wurde von 1945 ab kommandierender General des Air Materiel Command auf Wright Field und im Jahr 1953 Stabschef der U.S. Air Force.*

- ***Hoyt Sandford Vandenberg*** *(1899–1954), General, war ab 1946 Direktor der »Central Intelligence Group« (CIG), der CIA-Vorgängerinstitution.*

- ***Dr. Jerome Clark Hunsaker*** *(1886–1984) galt als einer der herausragendsten Aeronautikingenieure und war Vorsitzender des »National Advisory Committee on Aerospace«. Sein außergewöhnliches Wissen im Flugzeugbau mußte auch im Fall Roswell von besonderem Nutzen gewesen sein.*

- ***Sidney William Souers*** *(1892–1973), Konteradmiral, beriet Präsident Truman in Fragen der Militärfinanz und war erster CIG-Direktor.*

- ***Gordon Gray*** *(1909–1982), Staatssekretär der Armee und Heeresminister, Sonderberater des Präsidenten in Fragen der Nationalen Sicherheit.*

- ***Dr. Donald Howard Menzel*** *(1901–1976), Astrophysiker, leitete das Harvard-Observatorium für Sonnenforschung und war von 1966 bis 1971 Forschungswissenschaftler am Observatorium der ehrwürdigen Smithsonian Institution. Menzel zeigte sich in der Öffentlichkeit als kompromißloser UFO-Gegner und verfaßte mehrere radikal ablehnende Bücher zu diesem Thema.*

- ***Robert Miller Montague*** *(1899–1958), General, war zwischen 1947 und 1951 kommandierender General der Sandia Base in Albuquerque, New Mexico, die der amerikanischen Atomenergiekommission unterstand.*

- ***Dr. Lloyd Viel Berkner*** *(1905–1967), Navy-Offizier und Atmosphärenforscher. Er war verantwortlich für ein Projekt zur Konstruktion eines Frühwarnsystems, das einen feindlichen Angriff aus der Richtung des Nordpols rechtzeitig melden sollte.*

- ***Dr. Detlev Wulf Bronk*** *(1897–1975), Physiologe und Biophysiker, Spezialist für Nervenphysiologie. Bronk war wissenschaftlicher Berater der Präsidenten Truman, Eisenhower und Kennedy.*

Keine Frage: Diese einmalige Gruppe sorgfältig ausgewählter Spitzenkräfte der US-Verteidigung und -Wissenschaft konnte unzweifelhaft als *das* geeignete Untersuchungskomitee schlechthin bezeichnet werden, wenn es um die Bergung und Erforschung eines außerirdischen Raumschiffs ging.

Shandera hielt mit den »Majestic-12-Papieren« ein unfaßbares, einmaliges Zeugnis für den Roswell-Zwischenfall von 1947 in Händen. Doch bleibt freilich noch die große Frage zu beantworten:

Sind diese aus anonymer Quelle stammenden Dokumente wirklich authentisch?

Leider lagen die Papiere nicht im Original vor, sämtliche Abdrucke stammen von den Negativen, die Jaime Shandera in jenem Kuvert aus Albuquerque fand. Andernfalls wäre es möglich gewesen, beispielsweise das Papier oder die Tinte auf das Alter und andere Details zu überprüfen, die weiteren Aufschluß hätten geben können. Somit blieb nur die Möglichkeit, die Daten, die genannten Personen, die äußere Form des Dokuments zu kontrollieren.

Interessant ist die Tatsache, daß Shandera die MJ-12-Papers nur etwa drei Monate nach dem Tod von Jerome Hunsaker, des letzten MJ-12-Mitglieds, erhielt.

Wieder war es Stanton T. Friedman, der die wohl wesentlichsten Beiträge zur Frage der Echtheit jener Dokumente lieferte. Mit Hilfe des »Fund for UFO Research«, der Friedman 16000 Dollar für seine Recherchen zur Verfügung stellte, durchforstete der Wissenschaftler in langwieriger Kleinarbeit unter anderem vierzehn maßgebliche amerikanische Archive nach zusätzlichen Informationen, die die MJ-12-Papiere entweder bestätigen oder widerlegen sollten. Diese detaillierte Suche ist noch nicht abgeschlossen, doch mittlerweile sind einige weitere Dokumente aufgetaucht sowie Details ans Tageslicht gedrungen, die *für* MJ-12 sprechen – entgegen zahlreichen Negativbehauptungen.

Was zunächst einmal als ausgesprochen befremdlicher Aspekt bei der Zusammensetzung der so »delikaten« MJ-12-Führung auffiel, war freilich die Beteiligung von Dr. Donald Menzel. Sein Name sprang den UFO-Forschern regelrecht ins Auge, als sie die angeblichen Geheimpapiere zum ersten Male zu Gesicht bekamen! Konnte es denn tatsächlich sein, daß ausgerechnet Menzel, der erklärte Erzgegner aller UFO-Befürworter, *selbst* an jenem jahrzehntelangen Cover-up teilhatte?

Die Überraschung war wirklich perfekt. Auch Stanton Friedman glaubte anfangs, die Auflistung von Menzel in MJ-12 würde deutlich gegen die Echtheit der Papiere sprechen. Stück für Stück allerdings fand er heraus, daß Menzel ganz offenbar ein anderer war, als der, den er gemeinhin nach außen hin vorzugeben beliebte, daß er nämlich vielmehr ein regelrechtes Doppelleben führte, ganz im klassischen Sinne. So äußerte Menzel im Jahr 1960 in mehreren Briefen an den Senator und späteren Präsidenten John F. Kennedy, eine ausgedehntere Verbindung zur supergeheimen *National Security Agency (NSA)* gehabt zu haben als jeder andere im Staat. Die NSA aber betreibt, wie sich noch sehr deutlich zeigen wird, ganz intensiv: UFO-Forschung!
Ebenso arbeitete Menzel für die CIA, besaß eine »TOP SECRET ULTRA«-Freistellung, die ihm Zugang zu US-Geheimnissen jenseits von »streng geheim« verschaffte, und wurde während einer qualvollen Loyalitätsanhörung im Jahr 1950 besonders von Dr. Vannevar Bush (!) aufs kräftigste unterstützt. All diese Fakten lassen es nunmehr ganz verständlich erscheinen, daß Donald Menzel tatsächlich für MJ-12 tätig war und sein öffentlich so vehement geführter Kampf gegen die UFOs nichts als reine Desinformationspolitik!

Die MJ-12-Papiere enthalten zahlreiche Einzelheiten, die nur einigen wenigen Insidern bekannt gewesen sein können. Sie haben bislang auch gründlichsten Überprüfungen standgehalten. Es sind einfach zu viele Details, die gegenseitig nahtlos ineinandergreifen, als daß diese Dokumente aus außergeheimdienstlichen Kreisen stammen könnten. Oft sind es scheinbar unbedeutende Sachverhalte, die dennoch zur Untermauerung herangezogen werden können. Beispielsweise übernahm – dem Dokument zufolge – General Walter B. Smith am *1. August 1950* den MJ-12-Platz von Verteidigungsminister Forrestal. Wie Friedman nach mühseliger Recherche herausfand, war dies »der einzige Tag in den ersten zehn Monaten jenes Jahres, an dem er [Smith] mit Präsident Truman zusammentraf, ein kurzes Treffen an der Westpforte des Weißen Hauses, anstatt am

sonst üblichen Ort... Nun, wie sollte irgend jemand das wissen?«
Die letzte Seite des vorliegenden Präsidenteninfos über MJ-12, Seite 8, beinhaltet das sogenannte Truman-Forrestal-Memo, in dem der amerikanische Präsident der »Operation Majestic 12« gegenüber seinem Verteidigungsminister »den Segen« gibt. Diese Notiz ist auf den 24. September 1947 datiert. Wiederum hat sich nachweisen lassen, daß dieser Tag, über eine Periode von acht Monaten, der einzige war, an dem Truman mit Dr. Vannevar Bush zusammentraf, der in jenem Dokument gesondert Erwähnung findet.
Verschwiegen werden soll allerdings keinesfalls, daß die Unterschrift Trumans den Forschern einige Probleme bereitete. Sie erwies sich nämlich als nahezu völlig identisch mit seinem nachgewiesen echten Signum in einem Schreiben an Dr. Bush vom Oktober 1947. Wurde diese Unterschrift also einfach in das (dann freilich gefälschte) Memo hineinkopiert? Der schon erwähnte englische UFO-Forscher Timothy Good, dem im Jahr 1987 Ablichtungen der Dokumente von einem Informanten aus Geheimdienstkreisen zugeführt worden sind, schrieb in seinem Buch »Sie sind da!« über die möglicherweise gefälschte Signatur im Truman-Memo: »Stanton Friedman führt zwar dagegen an, daß es einige Unterschiede in Länge und Größenverhältnis gebe (die tatsächlich vorhanden sind), doch dürfte es einem geschickten Fälscher ein Leichtes gewesen sein, sie einzubauen. Außerdem reicht Trumans Unterschrift in allen Beispielen, die ich gesehen habe, ausnahmslos in den maschinengeschriebenen Text hinein, und das ist bei der Aktennotiz Trumans an Forrestal nicht der Fall.«
Anfang März 1994 schrieb mir Tim Good zu dieser Sache: »Ich glaube, daß zumindest eines der Dokumente (das Truman-Memo beispielsweise) eine Fälschung ist..., aber ich bin überzeugt davon, daß es tatsächlich einen MJ-12-Ausschuß gab, der sich mit diesen Angelegenheiten befaßt hat, und daß die Information, die in diesen Dokumenten enthalten ist, im wesentlichen den Tatsachen entspricht.«
Interessant ist, daß Good mittlerweile weitere Regierungspa-

piere vorliegen, welche die Existenz der Majestic-Gruppe zu erhärten scheinen. So teilte er mir mit: »Außerdem habe ich kürzlich einige zusätzliche Dokumente erhalten, die offenbar eine weitere Bestätigung für die Existenz dieses Komitees darstellen wie auch für die hohe Geheimhaltungsstufe, die ihm zugedacht wurde, doch ich werde sie nicht freigeben, bevor eine ausreichende Überprüfung stattgefunden hat.« Auch rund ein Jahr später, am 7. Mai 1994, erwähnte Timothy Good mir gegenüber, daß er diese Dokumente noch weiter untersuchen möchte und das Material vorerst nicht veröffentlicht.

Ähnlich sieht es bei Stanton Friedman aus. Er besitzt zwar nicht, wie einmal (allerdings nicht von ihm!) behauptet wurde, noch weit aussagekräftigere Unterlagen als die MJ-12-Papers, doch berichtete er mir im Oktober 1994: »Ich habe einige zusätzliche MJ-12-Dokumente, die noch nicht veröffentlicht worden sind. Einige von ihnen konnte ich als Schwindel entlarven. Einige aber sehen sehr danach aus, als ob sie echt seien.«

Majestic-12 findet weitere Erwähnung in einem Dokument, das im Juli 1985 im US-Nationalarchiv entdeckt wurde. Es handelt sich dabei um eine Notiz, die Eisenhowers Berater in Fragen der nationalen Sicherheit, Robert Cutler, für den damaligen Air-Force-Stabschef General Nathan Twining verfertigt hatte. Darin ging es um das spezielle Studienprojekt »MJ-12« des *Nationalen Sicherheitsrates (= National Security Council, NSC).*

Skeptiker – allen voran der notorische Phil Klass, der sich als Nachfolger von Menzel sieht (und vielleicht auch ein Doppelleben führt?) – gaben zu Bedenken, daß dieses »Cutler-Twining-Memo« vom 14. Juli 1954 nicht in der üblicherweise im *White House* verwendeten Schriftart getippt sei. Zu dieser Angelegenheit ein kleines Kuriosum am Rande: Phil Klass veranstaltet gerne Preisausschreiben, nach der Devise: »Wenn du mir das und das als Gegenbeweis vorlegen kannst, bekommst du soundso viele Dollars von mir!« – Diesmal bot er für jedes NSC-Dokument, das in der Schrift jenes Memos gedruckt war und aus der Zeit zwischen 1953 und 1955 stammte, hundert Dollar Prämie. Vorsorglich aber schränkte er die Zahl der Dokumente auf maximal zehn ein – was Friedman sehr bedauerte, denn er

fand: Dutzende! Klass blieb nichts übrig, als zähneknirschend einen Scheck über tausend Dollar herauszurücken!
Das Cutler-Twining-Memo ist nicht unterschrieben. Manche sehen darin einen Beleg dafür, daß es sich um eine Fälschung handelt. Vor etlichen Jahren schon stellte sich aber heraus: Cutler befand sich am 14. Juli 1954 nicht in den Staaten, sondern in Europa. Es war ihm also schlichtweg nicht möglich, dieses Memo zu unterschreiben.
George Knapp, der Journalist, durch den Robert Lazar und *Area 51* weiter bekannt wurden, reiste im März 1993 nach Rußland, um einige der Informationen ausfindig zu machen, die man dort über UFOs besitzt. Er erhielt ein interessantes Dokument mit der Bezeichnung *Thread 3*, das sich u. a. auch auf *Roswell* und *MJ-12* bezieht. Demnach wurde im Dezember 1947 ein Projekt mit dem Codenamen *Malice* gegründet, das eine Verbindung zwischen der offiziellen UFO-Studie der Air Force, *Project Sign,* und *Majestic-12* herstellen sollte. Der Weltraumexperte Dr. Valeri Burdakov bestätigte Knapp gegenüber die Korrektheit der Aussagen von *Thread 3* und erklärte darüber hinaus, daß man die offizielle »Wetterballon-Geschichte«, mit der die USA den Roswell-Absturz versehen hatten, in Rußland bereits vom ersten Moment an nicht glaubte. Dieser Unglaube resultierte nicht allein aus grundsätzlichem Mißtrauen, sondern auch aus der intensiven Spionagetätigkeit der Sowjets, die sich seinerzeit auf die nuklearen Entwicklungsstätten in New Mexico konzentrierte.
Wenn die Aussagen, die sich im russischen (!) *Thread-3*-Dokument finden, tatsächlich zutreffen, so wären sie eine ausgezeichnete Bestätigung für die Existenz von MJ-12.

Verschiedene Forscher und UFO-Untersucher bekamen zuweilen Dokumente zu Gesichte, in denen die bizarrsten Szenarien um die Anwesenheit Außerirdischer auf unserem Planeten entworfen wurden – so zum Beispiel Robert Lazar auf *Area 51,* Linda Moulton Howe auf der Kirtland-Basis oder angeblich auch Navy-Offizier Milton William Cooper während seiner Dienstzeit bei Admiral Bernard A. Clarey. In manchen Fällen gab es interessante Hinweise zur Majestic-12-Gruppe, die auch unter zahlreichen anderen Namen »gehandelt« wird: *Majority 12, Majesty, MAJI, MAJIC, PI-40, 54/12, The Committee.* – Darüber hinaus kursieren Gerüchte über einen gänzlich geheimen Treffpunkt, den *Country-Club,* an dem sich die Mitglieder von MJ-12 von Zeit zu Zeit zu ihren Unterredungen getroffen hätten. So erwähnte Cooper in einem längeren Gespräch Linda Howe gegenüber: »Ich erinnere mich, daß in den Informationspapieren behauptet wurde, sie hätten in der Wildnis eines der US-Staaten einen Platz vorbereitet, der ausschließlich aus der Luft erreicht werden könnte. An diesem Ort gebe es Wohngebäude, Konferenzräume und eine Bibliothek, in der alles enthalten sei, was man über die Außerirdischen wisse... Es gebe dort nirgendwo Straßen in der Nähe oder Wege, die herausführten. Dieses Gelände könne nur auf dem Luftweg erreicht werden. Und in den Papieren wurde es der ›Country Club‹ genannt.« Im Prinzip sind das sehr ähnliche Aussagen, wie sie sich auch in John Lears freilich umstrittenen Ausführungen finden.

Längst sind nicht alle Fragen um »Majestic-12« geklärt, doch weist vieles darauf hin, daß diese geheime Untersuchungsgruppe tatsächlich existiert hat (oder möglicherweise sogar noch existiert) und, wie Timothy Good schon festgestellt hat, daß zumindest der *Inhalt* der MJ-12-Dokumente den Tatsachen entspricht. Aus nicht unerheblichen Gründen ist Stanton Friedman gar der Überzeugung:

Die MJ-12-Papiere sind echt!

Viele Umstände erscheinen mysteriös, gerade auch das Verhalten einzelner Regierungsstellen, sofern sie auf MJ-12 angesprochen werden.

Mitte September 1988 nahm ein Special Agent des schon mehrfach zitierten *Air Force Office of Special Investigations (AFOSI)* Kontakt zur amerikanischen Bundespolizei *(FBI, Federal Bureau of Investigations)* in Dallas auf und legte den Beamten Kopien der MJ-12-Dokumente vor. Dort ging man von ihrer Authentizität aus und vermutete, daß nun eine gefährliche Sicherheitslücke durch ihre Veröffentlichung entstanden sei.

Sechs Wochen später trafen sich FBI-Agenten mit Leuten des AFOSI, die behaupteten zu wissen, daß mehrere Kopien der vermeintlichen Geheimpapiere in Umlauf seien, es sich aber bei der ganzen Sache um nichts als einen ausgemachten Schwindel handele. Man leitete diese Informationen daraufhin mit der Einstufung »GEHEIM« (!) nach Dallas weiter und empfahl den dortigen FBI-Agenten, den Fall als erledigt und geschlossen zu betrachten.

Der englische UFO-Untersucher Nicholas Redfern hat sich mit dieser Angelegenheit näher auseinandergesetzt, wobei ihm dann allerdings doch einige sehr seltsame logische Widersprüche aufgefallen sind:

»Der Chef der AFOSI-Informationsabteilung auf der Bolling AFB hat mir gesagt, man besitze keine Aufzeichnungen über MJ-12 außer den betreffenden Dokumenten selbst«, so schrieb er über seine Recherchen. »Man hat mir auch gesagt, daß die OSI-Agenten, welche die MJ-12-Dokumente mit dem FBI diskutiert haben, keine Aufzeichnungen über ihr Gespräch geführt haben, da die MJ-12-Papiere kein Besitz der U.S. Air Force seien. Wenn sich das OSI aber nicht im Besitz von Dokumentationen über MJ-12 befindet und auch keine Untersuchungen zur Frage ihrer Authentizität oder auch anderen Punkten ausgeführt hat, wie war es dann in der Lage festzustellen, daß die Dokumente nicht echt seien, und wie konnte es dann feststellen, daß sie sich nicht im Besitz der U.S. Air Force befanden? Mehr noch: Wenn das OSI keine Untersuchung durchgeführt hat, wie konnte es dann wissen, daß die Dokumente landesweit in den USA verteilt worden waren?«

Wie gesagt, das Kapitel »MJ-12« ist noch lange nicht abgeschlossen, und auch hier wäre noch so manches anzumerken. Doch drängen nun schon wieder zahlreiche andere Fakten, Paradoxien und Unfaßbarkeiten im so feinmaschigen Gespinst der Geheimhaltung an die Oberfläche. Sie sind oft nur vage zu erkennen, zeichnen zaghaft ihr auf den ersten Blick so schwaches Relief in das verwirrende Gesamtmuster und prägen sich ihm dennoch unverkennbar auf.

Helfen wir diesen Stimmen des Schweigens doch, sich ein wenig Gehör zu verschaffen!

Neue Entdeckungen um alte Geheimnisse

Fast schien es, als ob die *Invasion aus dem All* nun wirklich kurz bevorstand, sichtbar für alle Welt. Die Geschichte nahm ihren Anfang, als in der Nacht vom 19. auf den 20. Juli 1952 insgesamt acht unbekannte Flugobjekte auf den Radarschirmen des *Washington National Airport* auftauchten und einen ungewöhnlichen, wenn nicht gar bedrohlichen Kurs einnahmen: Sie flogen geradewegs in den gesperrten Luftraum über dem Weißen Haus und dem Capitol ein! Radar-Chefoperateur Harry Barnes empfahl den Einsatz von Abfangjägern, doch ausgerechnet in diesen Tagen war die Verteidigungsstaffel für Washington D.C. (wegen Ausbesserungsarbeiten an den Landepisten) verlegt worden – von der Bolling Air Force Basis nach Wilmington/Delaware. Das brachte eine nicht unerhebliche Zeitverschiebung mit sich. Genau zu der Stunde, zu der die Jäger in Washington eintrafen, verschwanden seltsamerweise die acht unheimlichen Lichter. Erst, als die Flugzeuge wieder abgerückt waren, erschienen die UFOs erneut! Ähnliche Vorgänge waren auch kurz zuvor aus New Jersey berichtet worden. Wie in Washington hatten die unidentifizierten Objekte regelrecht Katz und Maus mit den Jägern gespielt.
Die UFOs zeichneten sich durch eine ganz außergewöhnliche Manövrierfähigkeit aus, wie sie von Beobachtern nicht selten geschildert wird. So bewegten sich die Flugkörper recht unvermittelt auf- und abwärts und vollführten immer wieder auch scheinbar unkontrollierte Sätze zur Seite. Dieses offensichtlich unsinnige Verhalten konnte deutlich auf den Radarschirmen verfolgt werden, und auch Besatzungen zahlreicher Linienmaschinen bezeugten, damals solche geheimnisvollen Leuchtobjekte gesehen zu haben. Handelte es sich um ein bislang unbekanntes Naturphänomen?

Auf einer sehr eiligen Pressekonferenz, die am 29. Juli 1952 stattfand, erklärte der Air Force General John Samford die Lichter über Washington schlicht als Folgen einer Temperaturinversion in der Atmosphäre. In einer solchen Situation befindet sich entgegen den normalen Verhältnissen eine wärmere Luftschicht *über* einer kälteren. Dabei kann der Weg von Lichtstrahlen durch die Atmosphäre so stark verändert werden, daß Beobachter offensichtlich unerklärliche Objekte und Erscheinungen sehen, bei denen es sich jedoch in Wirklichkeit um nichts als »gewöhnliche« Sterne oder Planeten handelt.

Aber ließen sich mit dieser Deutung auch die UFOs von Washington erklären?

Nein!

Nur wenige Tage vor jener Pressekonferenz wiederholte sich der Spuk über Washington, ziemlich genau eine Woche nach der ersten Sichtungswelle. Am 26. Juli 1952 erschienen gegen neun Uhr Abends bis zu zwölf unidentifizierbare Flugobjekte auf dem Radar. Wieder dasselbe Spielchen: Sobald Abfangjäger das Zielgebiet erreicht hatten, waren die unheimlichen Besucher auch schon wieder verschwunden und vice versa. Dieses Verhalten kann mit einer Temperaturinversion schlichtweg nicht begründet werden!

Schließlich, am frühen Morgen des 27. Juli kam es dann doch noch zu einer engeren Begegnung zwischen »Jäger« und »Gejagtem« *(wer war hier wer?):*

Gegen 3.20 Uhr morgens meldete der Air-Force-Lieutenant William Patterson von seiner Maschine aus Sichtkontakt zu den mysteriösen Erscheinungen, die er als riesige, bläulich-weiße Lichter beschrieb. In ihrer »UFO-Enzyklopädie« berichtet die amerikanische Autorin Margaret Sachs über diesen Zwischenfall: »Als er [Patterson] sich einer Gruppe von UFOs näherte, formten sie einen Ring um ihn herum. Der eingeschüchterte Pilot fragte nach, was er nun tun solle. Im Radarkontrollraum herrschte bedrückende Stille. Nach einem spannungsgeladenen Augenblick zogen sich die UfOs zurück und verließen die Szene. Gegen 3.45 Uhr kehrten die Abfangjäger wieder nach Wilmington zurück. Die unidentifizierten Ziele wurden auf

dem Radar noch bis in die Dämmerung hinein verfolgt.« Temperaturinversionen?
Der Air-Force-Sprecher Albert Chop, der selbst an den Einsätzen und Radarbeobachtungen der zweiten Sichtungswelle über Washington beteiligt war, bestätigte später, daß die atmosphärischen Gegebenheiten jener Nacht in keiner Weise zu derartigen Effekten hätten führen können! Seiner Überzeugung nach stammten die UFOs nicht von der Erde.
Timothy Good zitiert in seinem Buch »Jenseits von Top Secret« ein FBI-Memorandum vom 29. Juli 1952, in dem Air-Intelligence-Commander Boyd gleichfalls seine allgemeine Ansicht ausdrücklich zu verstehen gibt, daß die beobachteten Objekte »möglicherweise von einem anderen Planeten stammen könnten... und die Luftwaffe gegenwärtig bemüht ist, jedesmal, wenn glaubhafte Meldungen über derartige Beobachtungen eingehen, Abfangjäger hochzuschicken, um sich diese Objekte genauer anzusehen«.
Die überaus zahlreichen UFO-Sichtungen in den fünfziger Jahren beunruhigten die Öffentlichkeit wie auch die Militärs. Ging möglicherweise von den mehr als rätselhaften Erscheinungen oder Flugkörpern oder was immer diese seltsamen Dinger waren, irgendeine reale Gefahr aus? Abgesehen von der Frage, ob sie vielleicht von einer uns gegenüber feindlichen Intelligenz gesteuert werden könnten, blieb das Problem, ob die reine Präsenz der UFOs bedrohliche Entwicklungen mit sich bringen könne. So kursierte auch die Befürchtung, eine ausländische Macht möge versuchen, die UFO-Sichtungswelle für einen unbemerkten Raketenüberfall auf die USA zu nutzen.
Anfang 1953 trat deshalb ein Ausschuß unter dem Vorsitz des Physikers und Waffensystemtechnikers Dr. H. P. Robertson zusammen, um genau dieser Frage nachzugehen. Die Mitglieder, allesamt namhafte Wissenschaftler und Militärs, nahmen sich die Daten einiger bedeutsamer UFO-Fälle vor, untersuchten Film- und Fotomaterial und diskutierten die Ergebnisse diverser UFO-Forschungsprogramme – das alles innerhalb von nur vier Tagen zwischen dem 14. und 17. Januar 1953! Man gelangte unter anderem zu der Schlußfolgerung, daß »das vorlie-

gende Material über unidentifizierte fliegende Objekte keine Anzeichen aufweist, daß diese Phänomene eine direkte physische Bedrohung der nationalen Sicherheit darstellen«. – Sehr interessant. Allein die Fülle der angesprochenen Fälle zeigt jedoch in Anbetracht der zur Verfügung gestellten Zeit deutlich, wie oberflächlich der Ausschuß, auch als *Robertson Panel* bekannt, sich mit den einzelnen Aufzeichnungen befaßt haben muß!

Erst 1975 wurden die beiden somit 22 Jahre lang geheimgehaltenen Abschlußberichte des Ausschusses – der *Durant-Report* bzw. der *Robertson-Report* – freigegeben. Zwar zeigte sich nun, daß sie keinerlei sensationelle Enthüllungen zum UFO-Thema enthielten, doch waren die Gründe dafür auch sehr schnell klar. In diesem Kontext ist zum Beispiel auch recht aufschlußreich, daß jener Report vom »Office of Scientific Intelligence« (OSI, nicht zu verwechseln mit dem »Office of Special Investigations«, dem »OSI« der Air Force) in Auftrag gegeben wurde, das der CIA angehört. Der Chef der Geheimdienste war zu jenem Zeitpunkt aber immer noch Walter Bedell Smith, der natürlich bei der Auswahl der Panel-Mitglieder nicht wenig mitmischte und dessen eigene Mitgliedschaft in der MJ-12-Gruppe sehr wahrscheinlich ist. Mit anderen Worten: Es dürfte nicht unbedingt verwundern, wenn der Robertson-Ausschuß zu bereits vorher beschlossenen »Forschungsergebnissen« kam. Übrigens findet sich in dem so »neutralen« Team auch der ebenfalls aus den MJ-12-Papieren bekannte Dr. Lloyd V. Berkner!

Wie die beiden amerikanischen Untersucher Dale Goudie und Jim Klotz kürzlich herausgefunden haben, existieren außerdem sogar etliche Hinweise, die dafür sprechen, daß hinter den »Forschungen« des Robertson-Ausschusses noch höherrangige und geheimere Institutionen als die CIA standen und daß die gesamte Aktion größtenteils zur Desinformation durchgeführt wurde. Aus CIA-Briefen geht auch die Mitwirkung des nachrichtendienstlichen Beratungsstabs hervor *(Intelligences Advisory Committee, IAC),* der 1947 gegründet wurde (!) und sich aus den Chefs der diversen Geheimdienste unter dem Vorsitz

des »Direktors des zentralen Nachrichtendienstes« *(Director of Central Intelligence, DCI)* zusammensetzt.
In einer persönlichen Mitteilung schrieb Dr. Robertson mit Bezug auf den »UFO-Ausschuß« an den damaligen CIA-OSI-Direktor H. Marshall Chadwell: »Vielleicht wird das die Forteaner [gemeint sind die Verfechter der UFO-These, Anm. d. Verf.] für eine Weile ruhig stellen. Ich bin froh, daß die Mitglieder des Panels, mit der möglichen Ausnahme von Thornton [Dr. Thornton Page, Astrophysiker, Anm. d. Verf.], nicht von mir selbst ausgewählt worden sind – ich hatte wirklich keine Vorstellung von den Meinungen der anderen…« Dieser sehr aufschlußreiche Brief stammt vom 20. Januar 1953, wurde also nur drei Tage nach Beendigung der »Studie« abgefaßt. Ganz offensichtlich spielten vorgefaßte Meinungen der Mitglieder eine recht große Rolle! Im gleichen Schreiben spricht Robertson übrigens auch ein Treffen mit der so besonders geheimen *National Security Agency* (*NSA*) an, mit der er selbst augenscheinlich in Kontakt zu stehen schien.

Zu den altbekannten Kapiteln der UFO-Forschung zählt, daß auch die Air Force seit langem Akten über Fallmeldungen anlegt. Die erste Datensammlung lief seit dem Jahr 1947 unter dem Namen *Project Sign* (»Projekt Zeichen«), wurde dann ab Dezember 1948 unter etwas veränderten Vorgaben als *Project Grudge* (»Projekt Groll«) und schließlich von März 1952 ab als Projekt *Blue Book* (»Blaubuch«) weitergeführt. Allerdings, was im Rahmen dieser Programme geschah, war recht oberflächlich, auch wenn zwischen *Sign* und *MJ-12* angeblich, d. h. laut den MJ-12-Papieren, eine lockere Verbindung bestand. – Es ging schlicht darum, möglichst viele »eigentümliche« Beobachtungen zu sammeln und anschließend wegzurationalisieren. Der Mitarbeiterstab von *Blue Book* setzte sich aus nicht mehr als einem Offizier, einem Unteroffizier, einem Wissenschaftler und einem Sekretär zusammen. Damit war bestimmt kein Staat zu machen. Doch allgemeine Desinformation, das war möglich!
Auf rund 40000 Seiten sammelten die Mitarbeiter von *Blue Book* UFO-Beobachtungen, Fotos und Analysen. Einer der Leiter des

Projekts, Captain Edward Ruppelt, schrieb 1956, daß von den 4400 Fällen de facto nur 179, das sind nicht mehr als vier Prozent, *definitiv aufgeklärt* werden konnten. Mit Hilfe eines billigen, aber dennoch erfolgreichen Tricks ließ sich die Quote gelöster Fälle allerdings auf etwa siebzig Prozent anheben. Das Rezept bestand einfach darin, die meisten UFO-Sichtungen mit Kommentaren wie »wahrscheinlich handelt es sich um...« oder »möglicherweise erklärbar durch...« zu versehen.

In Abständen von jeweils einem Vierteljahr gab *Blue Book* Sonderberichte heraus. Der letzte in dieser Serie wurde im Oktober 1955 freigegeben – der »Special Report Nr. 14«. Das in ihm niedergelegte Material wurde unter der Projektbezeichnung *Stork* (»Storch«) von einem geheimen Team von zwölf (bis heute nicht identifizierten) Wissenschaftlern des renommierten *Battelle Memorial Institute* in Columbus/Ohio erarbeitet. Der mehr als dreihundertseitige Bericht umfaßt einen verwirrenden Analyseteil und eine Sektion mit »Schlußfolgerungen«, denen zufolge lediglich zwei Prozent der Beobachtungen nicht aufgeklärt werden konnten. Der amerikanische UFO-Autor William Moore machte 1993 darauf aufmerksam, daß der Bericht mit der Nummer 12 im September 1953 abgeschlossen worden war. Projekt *Stork* sollte im Dezember desselben Jahres beendet werden. *Stork* trug aber zwei Jahre später, zum Zeitpunkt seiner Freigabe, die Nummer 14!

Wo also war Nummer 13 abgeblieben?

Moore geht davon aus, daß es sich bei der »Unglücksausgabe« Nr. 13 um die unzensierte Variante von *Stork* handelte, in der die tatsächlichen Kommentare und Bewertungen jener mysteriösen zwölf Wissenschaftler (ganz sicher *nicht* MJ-12!) der Battelle-Institution aufgezeichnet und bis heute geheimgehalten sind. Offensichtlich waren diese Forscher demnach zu Ergebnissen gekommen, welche der Air Force in Anbetracht ihres übrigen *Blue-Book*-Programms einiges Unbehagen bereiteten. Entsprechend machte man sich an eine kleine Schönheitsoperation. Die ohnehin nahezu undurchschaubare Datensektion konnte wohl ohne Retuschen beibehalten werden, der zusammenfassende Abschlußbericht allerdings wohl kaum. Moore ist davon überzeugt: *Blue Book 14* wurde hier sogar kräftig beschönigt, geglättet, an das so beruhigende Gesamtkonzept perfekt angeglichen – die Air Force malte in Himmelblau!

Eine der skandalträchtigsten Untersuchungen zum UFO-Thema lief dann im Jahr 1966 an, unter der Leitung des Atomspektroskopikers Edward Uhler Condon von der Colorado-Universität.

Auftraggeber: die Air Force.

Vorgabe: UFOs existieren nicht!

Einzelne Wissenschaftler nahmen sich einzelner Aspekte und Fälle des UFO-Phänomens an, man befaßte sich mit Fotofällen, physischen Spuren, Radarkontakten, Sichtungen von Piloten, Astronomen und Astronauten – alles auf insgesamt fast tausend schwer verdaulichen Seiten! Kaum einer wird sich die Mühe machen, sich durch diesen Dschungel an trockenen Zahlen, Tabellen, Grafiken, Meßreihen usw. zu kämpfen. Und genau diese durchaus verständliche Aversion war – in alter Tradition – auch der Grund(hinter)gedanke, der sich mit dieser Studie verband, die unter der Bezeichnung »Condon-Report« zweifelhaften Ruhm erlangt hat. Schuld allerdings war nicht der Report an sich, sondern – wiederum – die zusammenfassende Darstellung Professor Condons, der die Fakten wider besten Wissens und Gewissens völlig entstellte. Während von den untersuchten UFO-Fällen faktisch nicht einmal die Hälfte geklärt werden konnte, behauptete Condon in seinem etwa hundertseitigen Abschlußbericht (und kaum jemand las mehr als diesen Text der Studie), daß:

»...in den vergangenen einundzwanzig Jahren aus dem Studium der UFOs nichts resultierte, was den wissenschaftlichen Kenntnisstand erweitert hätte. Eine sorgfältige Erwägung der Aufzeichnungen, wie sie uns zur Verfügung stehen, führen uns zu dem Schluß, daß ein weiteres ausgiebiges Studium der UFOs wahrscheinlich nicht durch die Erwartung gerechtfertigt werden kann, daß die Wissenschaft dadurch gefördert wird.«

Noch während der Arbeiten am Condon-Projekt kam es jedoch zu einem Eklat: Die beiden Mitarbeiter David Saunders und Norman E. Levine waren nämlich auf eine Notiz des Projektkoordinators Robert Low gestoßen, in der er – noch vor Beginn des Projekts – einige sehr deutliche Anmerkungen skizzierte, Anmerkungen über die gesteckten Ziele sowie über die notwendigen Maßnahmen, diese Ziele auch wirklich zu erreichen. Auch wenn keine Beweise gegen die Existenz von UFOs vorlägen, so Low, wäre es doch möglich, auf beeindruckende Weise zu zeigen, daß die Beobachtungen einer realen Grundlage entbehrten.

So weit so gut. Nun aber erläuterte Low den später auch tatsächlich beschrittenen »Lösungsweg« für dieses Problem: »Der Trick bestünde darin, so denke ich, das Projekt so zu beschreiben, das es der Öffentlichkeit gegenüber als eine völlig objektive Studie erscheinen würde. Der wissenschaftlichen Gemeinschaft gegenüber aber würde es das Bild einer Gruppe Ungläubiger vermitteln, die zwar ihr Bestes versuchen würde, objektiv zu sein, aber mit einer beinahe auf Null geschraubten Erwartung, eine Untertasse zu entdecken. Ein Weg, das zu erreichen, würde darin liegen, eine Untersuchung nicht der physikalischen Phänomene zu betonen, sondern eher der Leute, von denen die Beobachtungen stammen – die Psychologie und Soziologie von Personen und Gruppen, die berichten, UFOs zu sehen... Es ist verfrüht, eine besondere Meinung zu haben, aber ich neige in diesem frühen Stadium zu dem Gefühl, daß, wenn wir die Sache richtig aufbauen und uns darum bemühen, die richtigen Leute einzubeziehen, und Erfolg haben, das Bild gegenüber der wissenschaftlichen Gemeinschaft in der Weise zu präsentieren, in der wir es gerne präsentieren möchten, dann können wir den Job zu unserem Besten erledigen.« Zitat Ende.

Als Professor Condon erfuhr, daß Saunders und Levine dieses Schriftstück entdeckt und auch weitergegeben hatten, entließ er sie freilich sofort. Es kostete ihn einige zusätzliche Anstrengungen, die brüchige Ehre seines Projekts zumindest nach außen wieder herzustellen, und mit einigen Tricks – man hatte ja Übung – konnte die in jeder Beziehung schwerwiegende Studie der Colorado-Universität im Januar 1969 erscheinen. Sie war es auch, die mit ihrem Gewicht *Blue Book* (1969 beendet) und die gesamte offizielle UFO-Forschung erbarmungslos erdrückte.

Das Thema war endgültig vom Tisch der »Verantwortungsträger« und »Rationalisten«. So hatte es zumindest den Anschein, nach außen hin, versteht sich.

Der Palast der Rätsel

Doch die Wirklichkeit sah völlig anders aus. Ging es jetzt vielleicht gar erst richtig los? Immerhin, mehr und mehr stellte sich heraus, daß niemand unter den Maßgeblichen im Lande von der UFO-Forschung abgerückt war. Die Air Force registriert entgegen ihrer offiziellen Darstellung UFO-Beobachtungen weiterhin mit großer Aufmerksamkeit. Dies betrifft allerdings nicht nur solche Fälle, die sich über Air-Force-Gelände abspielen, wie die zahlreichen Sichtungen aus der Mitte der siebziger Jahre oder auch die Ereignisse auf der Kirtland-Basis. Ganz offensichtlich wird sogar auch *Blue Book* insgeheim weitergeführt. In einem teilweise kodierten Dokument, das ich vor einiger Zeit über Tom Adams erhalten habe, ist im Zusammenhang mit einer UFO-Sichtung ausdrücklich von einem *»New Project Blue Book«* die Rede. Das Dokument stammt vom 6. August 1990!
Ich habe dieses Dokument u. a. auch amerikanischen Nachrichtendiensten vorgelegt. Im März 1995 erhielt ich ein längeres Schreiben der CIA, in dem man mich bezüglich jenes ungewöhnlichen Schriftstücks auf folgenden Sachverhalt aufmerksam macht: »Wir sind weder verpflichtet, Nachforschungen durchzuführen, noch dazu autorisiert zu bestimmen, ob das von Ihnen beigefügte Dokument authentisch ist oder nicht.« – Ungeachtet dieser rechtlichen Maßgaben erschien mir allerdings interessant, daß man die von mir an die CIA übermittelte Kopie des Dokuments einbehielt.
Anfang 1993 erschien ein Artikel in der *New York Times,* der sich mit Beobachtungen unbekannter Flugzeuge und *Aurora* befaßte. Darin äußerte sich ein Sprecher der Air Force:

»Wir haben uns all diese Sichtungsberichte wie auch UFO-Berichte angeschaut, und wir können sie nicht erklären.«
Über diese wohl etwas unbedachte Bemerkung wunderte sich nicht zuletzt auch der stets sehr abwägend wie ausgewogen argumentierende Glenn Campbell. Denn, wie er sagt, bis dahin »hat die Air Force bei vielen Gelegenheiten abgeleugnet, auch nur einen Blick in UFO-Berichte zu werfen«.

Auch die amerikanische Bundespolizei FBI hielt sich in der Öffentlichkeit ganz und gar aus der UFO-Debatte heraus. Der frühere FBI-Chef J. Edgar Hoover hat mehrmals behauptet: »Es ist und war niemals Aufgabe des FBI, UFO-Berichte zu erforschen.« Dabei steht mit Sicherheit fest, daß die Air Force das FBI bereits 1947 um seine Mithilfe bei der Untersuchung von UFOs gebeten hat. Das geht eindeutig aus einem Regierungsschreiben an den FBI-Agenten D. M. Ladd vom 10. Juli 1947 hervor. Und genau auf diesem Schreiben findet sich auch ein eigenhändiger Vermerk von niemand anderem als Hoover selbst, diese Unterstützung zu gewähren, sofern das FBI uneingeschränkten Zugang zu den geborgenen Flugscheiben erhielte!
Mittlerweile sind mit Hilfe des »Freedom of Information Act« *(FOIA),* dem Mitte der siebziger Jahre verabschiedeten »Gesetz zur Informationsfreiheit«, Tausende von Seiten an UFO-bezogenen FBI-Dokumenten bekannt geworden. Allerdings »kratzt« auch der FOIA gerade nur an der Oberfläche des Geheimhaltungsapparates, denn es gibt – natürlich! – zahlreiche Möglichkeiten, um die wirklich brisanten Informationen weiterhin geheimzuhalten. So existieren diverse Ausnahmebestimmungen, die es erlauben, FOIA-Nachfragen zurückzuweisen, wenn z. B. die nationale Sicherheit der USA oder auch die Privatsphäre bestimmter Personen betroffen ist. Entsprechend stellt also auch dieses Gesetz kein größeres Hindernis der Geheimhaltung dar.

In Fort George G. Meade, Maryland/USA, befindet sich das gewaltige Hauptquartier der supergeheimen *National Security Agency*, kurz *NSA* genannt. Captain Edward J. Ruppelt vom

Blue-Book-Team nannte diese geheimdienstliche Spitzeneinrichtung »The Puzzle Palace«, den »Palast der Rätsel« – eine sehr treffende Bezeichnung, die später durch den gleichnamigen Bestseller von James Bamford allgemeiner bekannt geworden ist. Hinter die Kulissen dieser labyrinthischen Institution zu blicken, ist schier unmöglich. Jahrzehntelang wußte kaum jemand mehr, als daß es eine Organisation mit der Bezeichnung »NSA« gab – was sich aber dahinter verbarg, das blieb im tiefsten Dunkel. So entstanden dann auch derlei scherzhafte Prägungen wie »**N**o **S**uch **A**gency« (etwa: »Gibt's-nicht-Behörde«) oder **N**ever **S**ay **A**nything (»Sage niemals etwas«). Tatsächlich ist die NSA noch weit »verschwiegener« als die berühmte CIA. Die *Washington Post* schätzte 1990, daß die »Gibt's-nicht-Einrichtung« rund 160000 Beschäftigte umfaßt und einen jährlichen (»schwarzen«) Etat von etwa 10 bis 15 Milliarden Dollar erhält!
Schon lange gehen die Vermutungen, daß besonders bei der NSA intensivste UFO-Forschung betrieben wird. Bestätigungen hat diese Annahme nicht zuletzt durch die Verbindung von Personen wie Dr. Donald Menzel oder Dr. H. P. Robertson mit der NSA erfahren. Es stellte sich heraus, daß die NSA bereits seit 1972 eine weltweite UFO-Überwachung durchführt. In den vergangenen Jahren drangen jedoch Informationen nach außen, durch die sich die UFO-Forschung in einer ungeahnten Weise entwickelt und aufs spannendste ausgeweitet hat.
Auf ein wichtiges Glied in der Beweiskette stieß 1980 die private Gruppe *Citizens Against U.F.O. Secrecy* (»Bürger gegen UFO-Geheimhaltung«, *CAUS*). Diese Initiative startete eine Nachfrage bei der CIA und erreichte, daß immerhin 819 Seiten UFO-Material freigegeben wurden, zusammen mit einer Liste von 57 UFO-Dokumenten anderer Behörden. 18 davon entstammten der NSA. Nun wurde es immer interessanter. CAUS erfuhr über das »Gesetz zur Informationsfreiheit« (FOIA) von immerhin 239 UFO-Dokumenten in NSA-Archiven! 156 davon stammten von der NSA selbst. Spätestens von diesem Zeitpunkt an war also bewiesen, daß die NSA UFO-Forschung betrieb. Doch die Ergebnisse dieser Forschung blieben weiter-

hin bestens verwahrt in den eisernen Schreinen des so mächtigen Sicherheitsapparates. Auch FOIA half nichts.
Normalerweise werden sensible Dokumente einem Bundesrichter vorgelegt, der dann darüber zu befinden hat, ob eine Freigabe die nationale Sicherheit gefährden könnte oder nicht. Doch die NSA weigerte sich strikt. *Diese* Dokumente durfte niemand sehen! Schließlich verfertigte die NSA eine zusammenfassende Rechtfertigung von 21 Seiten Umfang mit der Einstufung »TOP SECRET« für den Bundesrichter Gerhard Gesell, der seine Entscheidung anhand dieses Materials treffen sollte. Keine Frage – diese Dokumente durfte wirklich niemand sehen! Der Richter stellte sich sofort auf die Seite der NSA, kompromißlos! CAUS startete dennoch einen weiteren, letzten Versuch. Denn vielleicht war es wenigstens möglich, Einblick in das 21seitige Schriftstück zu bekommen. Man ging also wieder vor Gericht und – erhielt den Bericht tatsächlich! Der Informationsgehalt war allerdings gleich Null: Zensoren hatten rund 75 Prozent des Textes geschwärzt und damit absolut unleserlich gemacht!
Natürlich bleibt zu bedenken, daß die UFO-Dokumente nicht allein wegen ihres Inhalts zum Thema unidentifizierter Objekte unter Verschluß gehalten werden könnten, sondern vielleicht auch deshalb, weil sie Einblicke in die Methoden und Möglichkeiten der NSA geben würden. Ein Umstand, der sich durchaus bedrohlich für die nationale Sicherheit auswirken könnte. Doch wurden auch FOIA-Anfragen zu in den UFO-Dokumenten angestrebten *Zielen* zurückgewiesen, also rein UFO-spezifische Fragen, die nicht im Zusammenhang mit anderen NSA-Interna stehen. Abgesehen davon ist es kaum vorstellbar, daß Dreiviertel einer ohnehin bereits stark komprimierten und zensierten Dokumentenfassung ausschließlich Hinweise eben auf jene geheimen Mittel und Wege der NSA geben und daher geschwärzt werden mußten!
Ein kurzes, aber nicht wenig interessantes Statement zum Thema UFOs gab die NSA über einen dramatischen Zwischenfall ab, der sich im März 1967 über Kuba ereignet hatte. Die Geschehnisse wurden seinerzeit genauestens von einem Horchposten der NSA verfolgt, von der 6947ten Sicherheitsschwa-

dron auf der Boca Chica Air Station in der Nähe von Key West in Florida.

Damals drang ein glühendes Objekt in den kubanischen Luftraum ein und wurde von zwei *MiG-21*-Abfangjägern verfolgt. Der Pilot der führenden Maschine berichtete, eine leuchtende Kugel aus Metall zu sehen. Sie flog ungefähr mit Schallgeschwindigkeit bei einer Höhe von rund zehntausend Metern. Nach einem erfolglosen Versuch, Funkverbindung zu dem UFO herzustellen, erhielt der Kommandant den Befehl, das Objekt abzuschießen. Kurz darauf löste sich sein Flugzeug vor den Augen des entsetzten Piloten der Begleitmaschine im Nichts auf! Die glühende Kugel stieg mit rasender Geschwindigkeit in eine Höhe von etwa dreißig Kilometer und verschwand in südsüdöstlicher Richtung (Südamerika).

Der Sicherheitsdienst der Air Force leitete einen Bericht über diesen Zwischenfall an die NSA weiter, die daraufhin sämtliche Unterlagen darüber einforderte und Order erteilte, die Angelegenheit als »Flugzeugverlust infolge eines technischen Defekts« zu behandeln!

In einem Schreiben der NSA an den US-Senator Pete V. Domenici, das auf den 30. September 1987 datiert war (zwanzig Jahre später!), heißt es ganz knapp zu dem Zwischenfall von Kuba: »Wenn die Agency [NSA] irgendwelche Aufzeichnungen über die UFO-Zerstörung einer kubanischen MiG im März 1967 hätte, würden sie nicht zur Freigabe zur Verfügung stehen, da sie fortlaufend und geeignet klassifiziert wären.«

Angesichts der üblichen Aussagenlogik der NSA und anderer Dienste kam dies fast schon einem »Geständnis« nahe. Welche UFO-Geheimnisse birgt der »Palast der Rätsel« wohl noch?

Im Gefolge des Wassermanns

Im Jahr 1983 tauchte ein merkwürdiges Papier auf, das angeblich aus Quellen der Air Force stammte. Es war als »SECRET« – »GEHEIM« klassifiziert und befaßte sich mit dem UFO-Bildmaterial, das Dr. Paul Bennewitz in der Nähe der Kirtland-Base in New Mexico aufgenommen hatte. In diesem Dokument war auch die Rede von MJ-12 sowie einem streng geheimen (»TOP SECRET«) *Project Aquarius (»Projekt Wassermann«),* das unter der Kontrolle der NSA stehe und sich ganz offenbar mit UFOs befaßte. Die Air Force distanzierte sich allerdings sofort von diesem Dokument und bezeichnete es schlichtweg als Fälschung. Tatsächlich fanden sich darin auch etliche Ungereimtheiten und sachliche Fehler. Mir fiel in erster Linie auf, daß innerhalb des lediglich als »GEHEIM« eingestuften Textes ein höher klassifiziertes Projekt (nämlich eben das *streng geheime Aquarius*-Projekt) erwähnt wird – der wohl ärgste Fauxpas des vermeintlichen Air-Force-Dokuments! Ein solches Vorgehen widerspricht jeglicher nachrichtendienstlicher Gepflogenheit! Niemals dürfen geheimere Projekte in geringer klassifizierten Texten auch nur erwähnt werden!

Der UFO-Forscher 1st Sergeant Clifford E. Stone, der dem Cover-up der US-Regierung schon seit Jahren nachspürt, hält dieses Dokument gleichfalls für eine Fälschung. Allerdings, so glaubt er, muß es von einem Insider verfaßt worden sein, denn: Die Existenz des NSA-Projektes *Aquarius* wurde erst im April 1986 von der *National Security Agency* zugegeben! Wie konnten einem Insider nun aber derart grobe Fehler beim Fälschen unterlaufen? Und, warum in aller Welt fälschte er überhaupt? Sollte hier wieder einmal gezielt für Unsicherheit gesorgt und Desinformation verbreitet werden?

Neben diesem seltsamen Papier drangen 1983 auch andere, detaillierte Informationen über *Aquarius* an die Öffentlichkeit, auf höchst verschlungenen Wegen und aus unbekannter Quelle. Der UFO-Forscher William L. Moore erhielt in jenem Jahr einen Anruf, in dem ihm sensible neue UFO-Informationen versprochen wurden, unter der einzigen Voraussetzung, daß er das Material persönlich entgegennehmen und allen Instruktionen aufs strikteste nachkommen müsse. Nun, das sollte freilich nicht das Hauptproblem darstellen, und Moore ging der Angelegenheit erwartungsvoll und höchst gespannt nach. Die Dinge nahmen einen ziemlich geheimnisvollen Lauf. Moore wurde

per telefonischer Anweisung kreuz und quer durch Amerika gejagt, von Flughafen zu Flughafen. In einem New Yorker Motel begegnete er dann endlich seinem Informanten, nach einer regelrechten Odyssee. Der unbekannte Kontaktmann legte ihm einen verschlossenen Umschlag vor und gab Moore genau neunzehn Minuten, um sich mit dem Material zu befassen. In dem Kuvert befanden sich elf Seiten eines Dokuments, das, ähnlich den *MJ-12*-Papieren, als »TOP SECRET« eingestuft war – genauer gesagt: als »TOP SECRET/ORCON« – und sich als amtliche Information über ein gewisses Projekt *Aquarius* entpuppte, datiert auf den 14. Juni 1977. Wie sich später herausstellte, bedeutete der Anhang »ORCON« soviel wie »urheberkontrollierte (= **or**iginator **con**trolled) Informationsverbreitung«. Moore fotografierte jede einzelne Seite des Schriftstücks und sprach den Text zur Sicherheit noch zusätzlich auf Band. Pünktlich nach Ablauf der festgesetzten Zeitspanne erschien der mysteriöse Fremde wieder und nahm die ebenso mysteriösen Dokumente an sich.
Wie es heißt, beinhaltete *Aquarius* 16 Ordner belegter Informationen über UFOs seit Beginn der US-amerikanischen Forschung auf diesem Sektor, inklusive des Materials über bereits identifizierte, nicht von Menschenhand geschaffene Raumfahrzeuge (IACs – *Identified Alien Craft*). Entsprechend muß auch ein enger Zusammenhang zu MJ-12 bestanden haben. Den Beschreibungen zufolge rief niemand anderes als Präsident Eisenhower selbst dieses Projekt 1953 ins Leben und unterstellte es sogleich MJ-12. Innerhalb von *Aquarius* sind angeblich diverse Unterprojekte auf den Plan getreten, die sich alle mit einzelnen Aspekten zur Analyse außerirdischer Lebewesen bzw. Technologien sowie zur Kontaktaufnahme mit Extraterresten befassen sollten. Zu diesen Subprojekten zählte auch *Sigma*. Wenn die Aussagen des *Aquarius*-Infos, das Moore 1983 vorgelegt worden war, wirklich den Tatsachen entsprechen sollten, was bis heute nicht sicher ist, dann wären die Konsequenzen mehr als phantastisch – gerade auch, was die unbestreitbar sensationellen Behauptungen über *Sigma* und seine Ergebnisse angeht! Denn im Rahmen dieses Projekts sollte nun endlich die Verbindung

genau zu jenen außerirdischen Intelligenzen hergestellt werden, die unsere Erde offenbar schon seit längerem beobachten. Und so sei es dann tatsächlich bereits im Jahr 1959 gelungen, diesen Kontakt aufzunehmen, wenn auch zunächst nur auf recht primitiver Kommunikationsbasis!

Als der absolute Knaller erwies sich allerdings die Aussage, daß schließlich, am 25. April 1964 in der Wüste von New Mexico, eine dreistündige Begegnung von Militärangehörigen und Wissenschaftlern mit Wesen einer nichtirdischen Kultur stattgefunden hätte!

Eine Begegnung am 25. April 1964 in New Mexico? Damit war freilich nichts anderes als das berühmte Holloman-Szenario gemeint!

Bereits Anfang der siebziger Jahre berichtete der Autor und Filmemacher Robert Emenegger, zusammen mit dem Produzenten Allan Sandler von hochrangigen Air-Force-Angehörigen wegen einer authentischen UFO-Dokumentation ins Vertrauen gezogen worden zu sein. Wie Emenegger und Sandler behaupten, zeigte man ihnen in Räumen des Pentagon einiges Foto- und Filmmaterial von UFOs, ja sogar von jenen unheimlichen grauhäutigen Wesen! Paul Shartle von der Norton Air Force Base erzählte ihnen dann später in Kalifornien, selbst gleichfalls Filmaufnahmen der Landung eines außerirdischen Flugobjekts auf der Holloman-Basis und der anschließenden Begegnung *Menschen – Außerirdische* gesehen zu haben. Shartle stand auch nach vielen Jahren noch zu seiner Aussage, genau wie zu den wahrlich verblüffenden Behauptungen Emeneggers. So wiederholte er seinen unfaßbaren Bericht 1988 sogar in einer landesweiten Fernsehsendung (»UFOS: Government Cover up – Live«).

Nun, als Emenegger und Sandler seinerzeit über die Holloman-Ereignisse aufgeklärt worden waren, sagten ihnen die beiden Air-Force-Colonels William Coleman und George Weinbrenner, man sei nun an einem Punkt angelangt, von dem ab die ganze Wahrheit über UFOs und Außerirdische preisgegeben werden solle. Die beiden Filmemacher sollten daher authentisches Material für ihre Dokumentation erhalten – Beweismaterial!

Wirklich?
Es dauerte jedenfalls nicht lange, da zog Colonel Coleman dieses unfaßbare Angebot plötzlich zurück. Begründung: Watergate! Die politische Lage hätte sich ungünstig entwickelt, man könne daher dieses Material keinesfalls freigeben!
Damit war der Fall erledigt – wäre sonst nicht auch alles viel zu schön gewesen?
Mit der Zurücknahme des Air-Force-Versprechens, alle UFO-Geheimnisse offiziell zu enthüllen, waren natürlich auch die schlagendsten Belege für jenes Projekt *Sigma* dahin!
Allerdings, auch Special Agent Richard Doty von der Kirtland-Basis in New Mexico hat während seines Gesprächs mit Linda M. Howe seinerzeit bestätigt, daß die Ereignisse auf Holloman tatsächlich stattgefunden haben, daß dort tatsächlich ein außerirdisches Raumfahrzeug gelandet sei und grauhäutige Wesen einer fremden Welt dort tatsächlich mit Vertretern unserer Art zusammengetroffen seien. Wie bereits in Kapitel »YY-II« erwähnt, zeigte Doty der Dokumentarfilmerin ein »Informationspapier für den Präsidenten«, das erstaunlichste Einzelheiten über die Fremden aus dem All enthielt. Interessanterweise ging das Dokument auch kurz auf eine zweite Gruppe der grauen Außerirdischen ein, auf die »Talls«, die »Langen« – Wesen mit Körpermaßen, die mehr den unsrigen ähnelten. Waren es Wesen dieser »Rasse«, von denen mir Bill Hamilton berichtete, sie seien im Gebiet der *Area 51* gesehen worden? Die Antwort darauf kennt vielleicht nicht einmal der Wind, der über die staubigen Hangars von Groom und Papoose Lake fegt. »Jeder von uns hätte gerne einen handfesten Beweis für die Existenz der ›grauen‹ Wesen auf Area 51«, resümierte Linda Howe mir gegenüber, »aber bis zum heutigen Datum besitzt niemand, einschließlich Bob Lazar, einen solchen unumstürzlichen Beweis, ausgenommen die U.S.-Regierung, die noch nichts verlautbart ...«
Im Rahmen des Projekts *Garnet* (»Granat«), über das Linda Howe ebenfalls in der Informationsschrift las, wurden mittlerweile angeblich alle Fragen zur Menschheitsentwicklung auf

diesem Planeten geklärt. Dieses Projekt sei dementsprechend nun abgeschlossen. Außerirdische hätten das genetische Material, die Erbsubstanz des Menschen, in größeren Zeitabständen immer wieder manipuliert, vor 2500 Jahren, vor 5000 Jahren, vor 15 000 Jahren und vor 25 000 Jahren. Wie es weiter heißt, sei gar vor zweitausend Jahren ein Wesen künstlich erschaffen und auf diesen Planeten gebracht worden, das Liebe und Gewaltlosigkeit lehren sollte (!).

Im »Doty-Dokument« wurde schließlich auch *Aquarius* als dominierendes, übergeordnetes Programm angesprochen sowie nicht zuletzt: ein Projekt *Sigma* – demnach stünde die Regierung seit 1964 tatsächlich in direktem Kontakt mit Extraterresten. Linda Howe sah sich natürlich sofort an Holloman erinnert...

Milton William Cooper, der seine Aussagen immerhin notariell beglaubigen ließ, hat sein Wissen in zwei Computer-Statements niedergelegt, zunächst am 18. Dezember 1988, dann, in einer revidierten Fassung, am 10. Januar 1989. Viele seiner Informationen, die er angeblich während seines Dienstes unter Admiral Clarey aus Geheimpapieren erfahren hat, decken sich mit dem Material, das William Moore vorgelegt worden war. Neben *Sigma* erwähnt Cooper zahlreiche weitere *Aquarius*-Unterprogramme, beispielsweise ein Projekt *Plato*, dessen Aufgabenbereich sich mit Fragen diplomatischer Beziehungen zu den Extraterresten befaßte. Auch *Garnet*, das Genprogramm, erwähnt Cooper. Unter den vielen angeblichen Projekten, offiziellen Kürzeln und geheimen Regierungsunternehmen zitiert Cooper, um nur einige weitere davon kurz zu streifen:

- ***Pluto***: *Ein Projekt zur Auswertung und Bewertung aller verfügbaren technologischen Informationen über unidentifizierte Flugobjekte (UFOs) und identifizierte außerirdische Flugobjekte (IACs,* Identified Alien Craft*).*

- ***Pounce***: *Vermittelt Richtlinien zur Bergung havarierter außerirdischer Flugobjekte sowie möglicher Insassen.*

- ***Joshua***: *Konzentriert sich auf die Entwicklung einer »Schallwaffe«, die einen gepulsten Ton niedriger Frequenz erzeugen soll. Diese Waffe soll nach Cooper als Störsystem effektiv gegen die Bordtechnik eines der extraterrestrischen Raumfahrzeuge einsetzbar sein. Name und Zielsetzung des Projekts wecken Reminiszenzen an die biblische Episode der »Trompeten von Jericho«. Geht das mysteriöse Summen von Taos möglicherweise von Versuchen mit diesem recht ungewöhnlichen Waffensystem aus?*

- ***Excalibur***: *Kernwaffe mit einer Sprengkraft des Äquivalents von rund einer Megatonne Trinitrotoluol (TNT) zur Vernichtung außerirdischer Untergrundbasen im »Bedarfsfall«.*

- ***NRO: National Reconnaissance Office***, *möglicherweise der geheimste aller US-Geheimdienste (Existenz erst 1984 enthüllt). Hauptquartier in Fort Carson, Colorado. Nach Cooper ist das NRO für die sichere Durchführung aller Projekte verantwortlich, die sich mit Außerirdischen sowie deren Raumfahrzeugen befassen.*

- ***Delta***: *Spezialzweig des NRO, der sich ausschließlich auf diese Sicherungsaufgaben konzentriert.*

- ***Luna***: *Eine außerirdische Basis auf der erdabgewandten Seite des Mondes. Diese Basis soll während der bemannten* Apollo-*Mondmissionen von Astronauten entdeckt und gefilmt worden sein.*

Es fällt sehr schwer, den umfangreichen Ausführungen William Coopers Glauben zu schenken. Es ist auch fraglich, ob diese Informationen alle tatsächlich der Wahrheit entsprechen oder einen gezielten neuen Fluß an Desinformation darstellen, der in einigen Teilen allerdings mit den Dokumenten übereinstimmt, die von Linda Howe und anderen gesehen worden sind. Cooper kann seine Behauptungen nicht beweisen. Allerdings mag er besten Wissens und Gewissens all jene so unfaßbaren, offiziel-

len Informationen, mit denen er möglicherweise konfrontiert worden war, korrekt weitergegeben haben, ohne selbst über die nötigen Quellen zu verfügen, die Inhalte zu überprüfen! Im Falle von Cooper wäre jedoch auch denkbar, daß er seine Kenntnisse nicht aus eigener Anschauung, sondern eventuell über andere Personen erhalten hat. Dafür spricht auch, daß er lediglich Unteroffizier war und daher während seines Dienstes wohl kaum in tiefere Geheimnisse eingeweiht worden sein dürfte. Doch auch hier ist das letzte Wort nicht gesprochen. Wie gesagt, wieder stehen wir also vor der Frage: Was ist Information und was Desinformation? Und, warum in aller Welt, sollten militärische und geheimdienstliche Insider derart abstruse Fehlinformationen verbreiten, wenn nicht doch auch einige wirklich faktische Sachverhalte damit verbunden wären!
Mittlerweile haben sich jedoch die diversen Aussagen und Informationen verschiedenster Dokumente immerhin zu einem derart feinmaschigen Netzwerk konsistenter Darstellungen verwoben, daß sich hinter all den irreführenden »Zugaben« doch ein »Plot«, ein logischer Ablauf der wahren Begebenheiten abzuzeichnen scheint. Hier freilich den Faden in der Hand zu behalten, ist gegenwärtig noch außerordentlich schwer.
Abgesehen von dokumentierten, nicht mehr von der Hand zu weisenden UFO-Zwischenfällen, liegen nun allerdings auch etliche weitere Indizien für die Vernebelungspolitik und die Zurückhaltung essentieller Beweise vor, wie sie sich z. B. durch beharrliche FOIA-Nachfragen bei Geheimdiensten, Regierungsbehörden und Militärorganisationen herauskristallisiert haben. Mit jeder neuen Enthüllung scheint sich auch das »Große Geheimnis« mehr auszuweiten. Den Ausgang aus einem Labyrinth zu finden, ist an sich schon nicht einfach. Handelt es sich bei diesem Labyrinth zudem noch um einen dynamischen, flexiblen, lebendigen Organismus – in diesem Falle bestehend aus unzähligen Regierungsinstitutionen mit unzähligen Seitengängen und Hintertürchen –, dann wird die Jagd durch den Irrgarten zu einem Nervenkrieg, der jeden Beteiligten an den Rand des Erträglichen zu treiben vermag. Aber genau dies ist schließlich die Absicht der Konstrukteure des La-

byrinths, jener einzig Wissenden, der Wächter über »Fact & Fiction«.

Doch die Suche geht weiter!

Damals, während jener epochalen Holloman-Begegnung in New Mexico, soll auch ein mysteriöser Austausch gewissermaßen »zwischen den Welten« stattgefunden haben: Den Fremden seien einige tote, konservierte Außerirdische (aus dem Roswell-Absturz?) zurückgegeben worden, und die Extraterresten ihrerseits hätten auch den Menschen etwas ausgehändigt, etwas, das für uns von wesentlicher Bedeutung ist und sich früher bereits in unserem Besitz befand. Worum konnte es sich dabei gehandelt haben?

Während des geheimnisvollen Gesprächs auf der Kirtland-Base erwähnte Richard C. Doty ganz beiläufig die Schlußszene des Science-fiction-Streifens »Unheimliche Begegnung der dritten Art« von Steven Spielberg. Innerhalb dieser Szene kommt es zwischen Menschen und Außerirdischen gleichfalls zu einem Austausch, bei dem vor Jahren von den Fremden entführte Personen wieder zurückgegeben werden.

War es vielleicht genau *das*? Enthielt diese »Fiction« mehr *Facts* als wir gemeinhin glauben wollen?

Linda Howe schließt diese Möglichkeit nicht aus. Doch war sie gleichermaßen verwirrt über all diese Informationen, die ihr Special Agent Doty zuspielte: »Es war, als ob die zerbrechlichen Fragmente alter Schriftrollen in meine Hände gelegt würden, eins nach dem anderen. ›Warum erzählt er mir so viel?‹, wunderte ich mich.« – Und sie stellte Doty beinahe dieselbe Frage, die ich auch einmal Dr. Cris nach seinen Enthüllungen über Roswell gestellt hatte: »Ist es für Sie nicht gefährlich, mit mir über all diese Dinge zu sprechen?« Dr. Cris entgegnete mir gegenüber damals sinngemäß:

»Es ist jetzt an der Zeit. Die Wahrheit muß ans Tageslicht, und ich bin bereit, die möglichen Konsequenzen zu ziehen. Im übrigen habe ich auch an Rückversicherungen gedacht. Sollte mir etwas Ernstes, Ungewöhnliches, Unnatürliches zustoßen, dann würde – dafür habe ich gesorgt – noch eine ganze Reihe anderer Informationen preisgegeben werden, bestimmte Namen und so weiter, was sich in vielerlei Hinsicht sehr negativ für manche auswirken könnte. Deshalb kann ich etwas mehr riskieren!« – Doty seinerseits gab Linda Howe die lapidare Antwort: »Man hat mir gesagt, ich solle es Ihnen sagen.« Später allerdings, in einem Schreiben an den Repräsentanten der Bürgerinitiative CAUS stritt er dann alles wieder ab. Er habe Linda Howe keine solchen Informationen geben können, dazu wäre er gar nicht befugt gewesen.

Ob dieser Brief überhaupt vom »echten« Doty stammt? Linda Howe jedenfalls fielen einige deutliche Unterschiede in der Unterschrift Dotys auf diesem Brief gegenüber einer Unterschrift auf, die Doty auf einem offiziellen Dokument zu den Kirtland-UFO-Sichtungen gegeben hatte. Stammte das Dementi also möglicherweise von einer ganz anderen Person? Was geschah mit dem echten Doty? Wer kennt die Antwort?

Grünes Licht für »Redlight«

Zu den ganz besonderen UFO-Zwischenfällen, denen, die sogar selbst unter hartgesottenen Skeptikern den nachhaltigsten Eindruck hinterlassen haben, zählt ganz ohne Frage auch ein unheimliches und folgenschweres Ereignis, das sich am 29. Dezember 1980 in der Nähe des Ortes Huffman bei Houston/Texas zugetragen hat.

An jenem kalten Winterabend fährt die damals 51jährige Geschäftsfrau Betty Cash zusammen mit ihrer Freundin Vickie Landrum und deren siebenjährigem Enkel Colby nach einem Ausflug zurück zu ihrem Wohnort Dayton/Texas. Gegen neun Uhr abends befinden sie sich auf einer selten benutzten Nebenstrecke durch die Wälder zwischen New Caney und Dayton, als Colby plötzlich ein unheimlich glühendes Licht am Himmel auffällt. Nun sehen es auch die beiden Frauen: Schätzungsweise einige Kilometer entfernt schwebt ein absolut unerklärliches Licht über der sonst nur vom fahlen Mondschein erhellten Landschaft. Was konnte sich dahinter verbergen?

Das rätselhafte Glühen näherte sich – und je geringer der Abstand wurde, desto fremdartiger erschien dieses Phänomen! Das Objekt senkte sich auf die Höhe der Baumwipfel nieder. Es hatte die Form einer Raute mit stumpfen Ecken, sah fast aus wie ein Kristall oder »Diamant aus Feuer«, so die Beschreibung von Vickie Landrum. Der mächtige Flugkörper, der in der Mitte von bläulich funkelnden Lichtern umgürtet war, stieß in unregelmäßiger Folge Feuersäulen nach unten aus und gab donnernde Geräusche von sich, begleitet von einem lauten gepulsten Piepston.
Die eingeschüchterten Beobachter waren nun nicht einmal mehr fünfzig Meter von dem UFO entfernt, das die gesamte Straßenbreite einnahm und somit jede Durchfahrt verhinderte. Die von ihm ausgehende Hitze wurde mittlerweile nahezu unerträglich stark, und Vickie Landrum beschwor Betty: »Um Gottes willen, fahr nur nicht weiter, sonst verbrennen wir alle!« Trotz der kalten Witterung war der Wagen von der Strahlung des mysteriösen Objekts so heiß geworden, daß die Frauen die Klimaanlage einschalten mußten, um wenigstens einigermaßen erträgliche Innentemperaturen zu erreichen.
Betty Cash lenkte ihren neuen Oldsmobile Cutlass an den Straßenrand und stieg aus, denn sie wollte einen freien Blick auf diese utopische Erscheinung werfen. Auch Vickie Landrum und ihr Enkel verließen das Fahrzeug. Vickie vermutete einen religiösen Ursprung des glühenden Diamanten und sagte zu Colby, er solle keine Angst haben, denn wenn jemand aus diesem Feuer herauskäme, dann könne das nur Jesus sein, und der würde ihm nichts tun.
Doch es kam niemand aus dem Feuer heraus. Die gleißende Hitze brannte auf der Haut der drei Zeugen, die – wie von einem magischen Auge hypnotisiert – sogar ihre bereits heftig schmerzenden Körper vergessen zu haben schienen. Als erster drängte Colby zurück in den Wagen. Er zerrte unruhig an seiner Großmutter, und schließlich suchten beide dann wieder Schutz im Inneren des Autos. Betty Cash allerdings stand immer noch erstarrt, fasziniert, abwesend im Freien, völlig ungeschützt vor der unbekannten Strahlung. Sie vermochte ihren

Blick nicht mehr abzuwenden von diesem fremden, dämonischen Glühen. Als sie sich endlich loslöste, waren mindestens fünf, vielleicht aber sogar zehn Minuten vergangen. Eine halbe Ewigkeit in Anbetracht der bedrohlichen Umstände! Vickie Landrum ihrerseits stand immerhin auch noch drei bis fünf Minuten vor dem Objekt, Colby vielleicht etwa eine Minute.
Langsam hob sich das UFO wieder von der Straße empor und begann, sich zu entfernen. Betty, die praktisch bis zu diesem Augenblick draußen gewartet hatte, mußte sich ihre Jacke um die Hand wickeln, um überhaupt den Türgriff anfassen zu können – so heiß war ihr Wagen mittlerweile geworden!
Mit einem Male wurde die Nacht neuerlich von ohrenbetäubendem Lärm erfüllt. Aus allen Himmelsrichtungen näherten sich Hubschrauber, insgesamt wohl knapp zwei Dutzend. Die meisten davon entpuppten sich als die berühmten »fliegenden Bananen«, die zweimotorigen *Boeing-Vertol CH-47* »Chinook«-Hubschrauber. Bei einigen kleineren handelte es sich wahrscheinlich um einmotorige *UH-1* »Bell Hueys«. Die Hubschrauber kreisten das diamantförmige fremde Flugobjekt regelrecht ein und »begleiteten« es ganz offensichtlich auf seinem unbekannten Weg in die Nacht...

Erschöpft kamen die drei nach dieser mehr als unheimlichen Begegnung zu Hause in Dayton an, viel zu erschöpft, um irgend jemand auch nur ein Sterbenswörtchen von ihrem ohnehin unglaublichen Erlebnis zu erzählen.
Sie wähnten zu jener Stunde noch, mit dem bloßen Schrecken davongekommen zu sein. Doch die Nacht sollte sich zu einem entsetzlichen Alptraum entwickeln. Betty Cash fühlte sich unwohl wie noch nie zuvor in ihrem Leben. Im Verlauf von nur wenigen Stunden hatte sich die anfängliche Erschöpfung in eine gravierende, ernstzunehmende Krankheit verwandelt. Die Haut rötete sich wie nach einem heftigen Sonnenbrand, die Augen schwollen an, wurden wäßrig und schmerzten stark. Betty konnte fast nichts mehr sehen und wurde von rasenden Kopfschmerzen heimgesucht. Auf den Augenlidern bildeten sich Bläschen, die schließlich aufplatzten und Flüssigkeit absonder-

ten. Ähnliche Schwellungen bildeten sich auf der Kopfhaut und am Hals. Schließlich setzten Magenkrämpfe und schwerer Brechdurchfall ein. Auch in den folgenden Tagen besserte sich der Zustand nicht. Im Gegenteil, Betty Cash mußte schließlich in ein Krankenhaus gebracht werden.
Vickie Landrum und ihr Enkel waren weniger stark betroffen, was auf die kürzere Zeit zurückzuführen ist, welche sie sich der starken Strahlung des Objektes ungeschützt aussetzten. Doch auch sie litten prinzipiell unter denselben Symptomen – Hautreizungen, Schwellungen, Appetitlosigkeit und Schwäche, Übelkeit, Durchfall...
Bei Betty und Vickie veränderten sich auch die Fingernägel, und den beiden Frauen fielen die Haare schließlich büschelweise aus, die typische Folge einer Strahlenkrankheit. Als die Haare später wieder nachwuchsen, hatten sie eine »gekräuselte Form«. Colby litt unter deutlichem Appetit- und Gewichtsverlust und wurde lange Zeit von Alpträumen gequält. Betty Cash und Vickie Landrum haben sich seit diesem folgenschweren Ereignis nie mehr vollständig erholt, sie sind für ihr Leben geschädigt.
Außer Betty Cash, Vickie Landrum und ihrem Enkel wurden noch zahlreiche weitere Personen Zeugen der unheimlichen UFO-Erscheinung vom 29. Dezember 1980, doch niemand befand sich vergleichbar nahe an dem glühenden Objekt, niemand sonst schien irgendwelche körperliche Schäden erlitten zu haben.
So sah die Bäckerin Belle Magee aus dem benachbarten Eastgate ein hell leuchtendes Objekt am Himmel, das sich offensichtlich nach New Caney bewegte. Von Dayton/Texas aus beobachtete der für eine Oil-Company tätige Jerry McDonald einen äußerst merkwürdigen, glühenden Flugkörper, ein UFO, das auch er als »diamantförmig« beschrieb. Wie er sagte, schossen aus dem Objekt helle blaue Flammen heraus.
Auch die mysteriöse Helikopter-Armada fiel freilich nicht nur den drei Hauptzeugen auf. Der Polizist L. L. Walker und seine Frau beobachteten auf der Rückfahrt von Cleveland/Texas nach Dayton/Texas zwölf *CH-47*-Hubschrauber. Sie kreisten in der

Gegend von Huffman und bildeten dabei vier V-förmige Dreiergruppen. Walker schätzte die Flughöhe auf etwa 150 Meter. Derjenige Hubschrauber, der sich dabei jeweils an der Spitze einer Formation befand, richtete seinen Suchscheinwerfer auf die Erde. Schließlich zogen sie in Richtung des Golfs von Mexiko ab.
Welche Rolle spielten die seltsamen Hubschrauber? Bedeutete ihre Beteiligung, daß der »Diamant« kein außerirdisches Raumschiff, sondern vielmehr ein irdisches, geheimes Militärprojekt im Testflug war? Woher stammten die Hubschrauber überhaupt?
Einige Untersucher des Falls haben angenommen, daß die Helikopter von Fort Hood bei Waco/Texas gestartet waren, möglicherweise auch von der nahegelegenen »Gray Air Force Base«, auf der so mancher ohnehin schon ein größeres Geheimnis vermutete. In seiner Studie »The Choppers – And The Choppers« schreibt Tom Adams, der sich u. a. auf rätselhafte Helikopteraktivitäten im Zusammenhang mit UFO-Erscheinungen spezialisiert hat: »Die Existenz des ›Gray Field‹ ist nicht geheim, aber aus einigen Gründen war es lange von einer Aura des Mysteriösen umgeben, hauptsächlich, weil so wenige Leute zu wissen scheinen, was dort wirklich vor sich geht. Tatsächlich gingen Mitte der siebziger Jahre die Gerüchte, daß das Militär in einer geheimen Einrichtung auf Fort Hood oder aber Gray Field eine UFO-Studie durchführte... Im Lauf der Jahre sind sogar die Soldaten und Wachleute auf Fort Hood neugierig geworden zu erfahren, was sich auf der Gray AFB für Vorgänge abspielen.«
Außergewöhnlich interessante Details erfuhr Tom Adams von einem Militärangehörigen, den er der Anonymität halber »Victor« nennt. Während eines Aufenthaltes auf einer ungenannten US-Militärbasis traf »Victor« mit einem Helikopterpiloten zusammen, der im Dezember 1980 auf Fort Hood stationiert war. Dieser Mann, kurz »Tony« genannt, berichtete ihm, damals, in den Tagen zwischen Weihnachten und Neujahr, habe es einen »Sonderalarm« gegeben. Man vermittelte den Piloten ungefähre Informationen zu ihrem Flugziel und erklärte ihnen, man

werde sie dann noch genauer einweisen. Sie müßten sich darauf einstellen, einen »ungewöhnlichen Flugkörper« zu sehen, der unterhalb der Radarerfassung flöge. Ziel der Mission sei, das Objekt entweder zur Landung zu zwingen oder aber auf niedrigem Kurs zu halten. Hinzu kam die Forderung zu verhindern, daß Zivilisten in die Nähe des Flugkörpers kämen – ungeachtet der Frage, wie sich dieser Auftrag letztlich erfüllen ließ!

Wie »Tony« sich erinnerte, wurde das ganze Unternehmen so außerordentlich schnell in Angriff genommen, daß er noch »halbtrunken« war, als er von Fort Hood aus startete. Spätestens aber, als das gewaltige Objekt vor ihm auftauchte, das er als den »größten, verdammtesten Diamanten« bezeichnete, den er je in seinem Leben gesehen hatte, spätestens in diesem Moment war er schlagartig wieder bei vollster geistiger Klarheit.

Der »Diamant« sprühte gleißende Funken und bewegte sich weiter auf seinem nächtlichen Kurs. Die Hubschrauberflotte nahm die Verfolgung auf und begleitete das UFO über eine Strecke von etwa sieben bis zehn Meilen. »Tony« flog einen der kleinen Bell-Huey-Helikopter, doch wie er »Victor« gegenüber erwähnte, waren an der Operation auch viele Chinook-Hubschrauber beteiligt. In ihnen befanden sich nach »Tonys« Auskunft »Kontaktteams«, die im Falle einer Landung bzw. eines Absturzes des glühenden Objektes die Gegend sofort hätten absichern müssen.

Plötzlich hielt der »Diamant« in seiner Bewegung inne. Er hörte auf, Funken zu versprühen, begann dafür aber, heftig zu glühen. Die Situation schien außer Kontrolle zu geraten, und die Piloten erhielten Befehl, den Einsatz abzubrechen und zurückzukehren. Wie Tony nach seiner Landung in Fort Hood von Vorgesetzten erfuhr, hatte er angeblich ein abgedriftetes Experimentalflugzeug begleitet, ein Testobjekt, bei dem technische Probleme aufgetreten waren. – Handelte es sich bei dieser Auskunft wirklich um die ganze Wahrheit? Oder steckte doch noch etwas anderes dahinter?

Zu viele Fragen bleiben in der Tat unbeantwortet, zum Beispiel: Warum wurde der Hubschraubereinsatz so spontan, so uner-

wartet gestartet? Wäre im Falle eines militärischen Testflugs nicht viel logischer und daher viel eher zu erwarten, daß vom ersten Anbeginn eines solch ungewöhnlichen Tests geeignete Begleitflugzeuge für den sicheren Ablauf des Unternehmens sorgen sollten und im Bedarfsfalle sofort gezielt eingreifen konnten? Man schien auf jenen Zwischenfall aber in keiner Weise vorbereitet zu sein! Warum, so fragt sich weiter, wurde dieser Testflug mit einem offensichtlich absolut exotischen, unausgereiften und auch entsprechend gefährlichen Flugobjekt relativ nahe einer Millionenstadt wie Houston durchgeführt, anstatt irgendwo über einem einsamen Wüstengelände? Warum lautete der Auftrag, das Objekt »zur Landung oder einem niedrigen Kurs zu *zwingen*«, wenn es sich doch um ein *eigenes* Militärprojekt handelte?
Wieder einmal schien das Militär ganz offensichtlich den Versuch eines Feldzugs taktischer Irreführung zu unternehmen.

Im April 1981 landete ein *CH-47*-Helikopter in Dayton/Texas. Colby Landrum beobachtete den Anflug und bekam es mit der Angst zu tun, denn schließlich handelte es sich um denselben Hubschraubertyp, den er wenige Monate zuvor während des schrecklichen Erlebnisses mit dem glühenden »Diamanten« gesehen hatte. Vickie Landrum ging mit ihrem Enkel zum Landeplatz, denn Colby sollte sehen, daß der Hubschrauber an sich harmlos war.
Der Pilot saß noch im Cockpit und sprach mit einigen Neugierigen, die sich um den *CH-47* versammelt hatten. Vickie hörte zu ihrer Überraschung, wie der Air-Force-Mann plötzlich erwähnte, vor nicht allzu langer Zeit in Huffman an einem Einsatz teilgenommen zu haben, bei dem ein UFO verfolgt worden sei. Als sie ihn darauf ansprach und erklärte, sie sei eine der Zeuginnen, die damals ganz in der Nähe waren, weigerte sich der Pilot, weitere Auskünfte zu geben und verließ eilig den Landeplatz. Mitglieder einer Forschungsgruppe aus Houston *(VISIT – Vehicle Internal Systems Investigative Team)* haben den Piloten später jedoch identifizieren können und befragt, wobei er allerdings alles wieder abstritt. Zu jener Gruppe zählt

übrigens unter anderen auch der NASA-Physiker Alan Holt, der davon überzeugt ist, daß unser Planet von mehreren außerirdischen Zivilisationen besucht wird.

Was aber war an jenem Dezemberabend 1980 nun wirklich vorgefallen?

Erinnern wir uns nur an den Brief, den Dr. Paul Bennewitz 1985 an Timothy Good schrieb (s. Kapitel *»Die Bennewitz-Akte«*). Darin erwähnte er unter anderem ein mysteriöses »Atomschiff«, bei dem es sich, wie Good später erfuhr, um genau dasjenige Objekt gehandelt haben mußte, das Betty Cash zusammen mit den beiden Landrums beobachtet hatte. Demnach wäre der »Diamant« tatsächlich ein außerirdisches Raumfahrzeug gewesen – im Testflug durch ein spezialisiertes Pilotenteam des US-amerikanischen Militärs!

Bereits in den sechziger Jahren kamen Gerüchte über ein entsprechendes Geheimprojekt auf, dessen Aufgabe es sei, den erfolgreichen Testflug geborgener nichtirdischer Flugobjekte durchzuführen.

Der Techniker Mike Hunt war damals für die Atomenergiekommission tätig und berichtete, einen solchen Testflug gesehen zu haben – nirgendwo anders als auf *Area 51!* Dieses hochgeheime Unternehmen trägt angeblich den Namen *Project Redlight.* Hunt sah diesen Namen auch auf einigen Transportkisten am Groom Lake, so behauptet er.

Nach etlichen Anstrengungen hat der TV-Journalist George Knapp aus Las Vegas den Techniker ausfindig machen können und aufgesucht. Hunt, der im Süden der Staaten wohnt, weigert sich allerdings, noch irgendwelche Fragen über *Redlight, Area 51* und seine eigenen verblüffenden Erlebnisse dort zu beantworten.

Der ehemalige Air-Force-Colonel Wendelle C. Stevens, der mittlerweile von der Anwesenheit Außerirdischer auf der Erde überzeugt ist, erhielt einige Informationen, die dieses sehr ungewöhnliche Szenario ganz offenbar sogar bestätigen. So sollen die Teams von *Redlight* schon im Jahr 1951 auf *Area 51* eingetroffen sein, nachdem dort zuvor eine unterirdische Anlage errichtet worden war. Insgesamt umfaßte *Redlight* nach Stevens Auskunft einen Stab von rund tausend Mann, darunter eine bemerkenswerte Zahl erstklassiger Wissenschaftler und Ingenieure. Der Informant, von dem Stevens sein Wissen bezog, erklärte ihm außerdem, daß auf *Area 51* mindestens drei nicht von Menschenhand geschaffene Flugscheiben existieren. Es habe auch einen Unfall gegeben: Eines der Objekte sei während eines Testfluges mit zwei irdischen Piloten an Bord explodiert. Stand auch im Falle des Cash-Landrum-Objekts eine solche Explosion kurz bevor? Fast scheint es wirklich so!

Woher diese Objekte stammten und *wie* sie in den Besitz der US-Militärs gelangt waren, das bleibt nach wie vor ein Geheimnis, ein Geheimnis, das auch Robert Lazar nicht lüften konnte. Im Gegensatz zu Lazar, der niemals behauptet hat, auf *Area 51* außerirdische Wesen gesehen zu haben (bis auf eine flüchtige, ihm jedoch nicht genügend beweiskräftige Beobachtung), ergänzte der Informant von Stevens seinen Bericht durch die unglaubliche Aussage, in *Dreamland* existiere ein spezielles Gebäude, in dem zwei der notorisch als klein und grauhäutig beschriebenen außerirdischen Wesen untergebracht worden seien. Allerdings hätte eines der beiden nur für sehr kurze Zeit überlebt.

Auch Milton W. Cooper erwähnt mehrmals ein Projekt *Redlight,* dessen Existenz ihm von einem Angehörigen der US-Army bestätigt worden ist. Es war derselbe Mann, der im »Delta-Hangar« auf der Edwards Air Force Base in Kalifornien einen außerirdischen Diskus gesehen haben will. Dieser Informant erzählte Cooper, dort auch für die »Delta«-Truppe ausgebildet worden zu sein, für jene Spezialeinheit also, die im Auftrag des topgeheimen *National Reconnaissance Office (NRO)* für die Sicherung geborgener ETI-Objekte zuständig sein soll. Was *Redlight* angeht, so bemerkte der Army-Mann: »Area 51 liegt am Groom Lake in Nevada. Es ist das Hauptquartier von *Redlight.* Die Scheiben werden hier geflogen. Das Gebiet ist ein Teil des Testgeländes. Es ist auf der Karte verzeichnet. Nur ein Trockensee und eine Top-Secret-Anlage, die darauf und drumherum gebaut ist.« – Interessanterweise

machte er zwar Angaben zu *Area 51,* weigerte sich aber, über *Dreamland* zu sprechen – demnach würde es sich also um *zwei nicht identische* Komplexe bzw. Testgelände handeln.
Angeblich konnte Coopers Gewährsmann selbst einmal einen der fremden Flugkörper in Aktion sehen, wobei ihm insbesondere auffiel, daß sich das Objekt außergewöhnlich schnell und absolut lautlos bewegte. Während dieses »UFO« die Form einer Scheibe besessen haben soll, gab es noch ein anderes mit einer abweichenden, relativ ungewöhnlichen Gestalt: »Das andere [Objekt], das ich gesehen habe, schaut aus wie ein Diamant... Es glüht tatsächlich, aber nur im Flug. Auf dem Erdboden ist es dasselbe Metall wie das der Scheibe auf Edwards.« – Hatte er den »Huffman-Diamanten«, das so gefährlich strahlende Cash-Landrum-Objekt gesehen? Wenn das, was dieser Zeuge erlebt haben will, den Tatsachen entspricht – und wir haben freilich nur sein Wort –, dann ist diese Möglichkeit durchaus denkbar. Auch in der Nacht vom 29. Februar 1984 erschien ein diamant- oder rautenförmiges UFO am Himmel. Dieses Objekt war mit weißen und roten Lichtern besetzt und zog über Mechanicsburg/Pennsylvania hinweg.
Irgendwo muß sich der »Huffman-Diamant« ganz offensichtlich noch befinden, wenn er nicht abgestürzt oder (aus unbekannten Gründen) zerstört worden ist. Somit wäre es also nicht verwunderlich, wenn *irgendwann* ein Militär-Angehöriger auftritt und, sehr vorsichtig, von seinen unglaublichen Erlebnissen zu berichten beginnt. Daß es für solche Personen alles andere als einfach ist, sich – und wenn auch nur verdeckt – zu ihren Erfahrungen zu äußern, ist in Anbetracht des mentalen Druckes, der stets und ständig auf sie ausgeübt wird, wohl ohne weiteres einsichtig. »Alles, was ich auf Delta gesehen habe«, so bemerkte auch Coopers Informant, »war ungewöhnlich. Ich habe Leute ohne erkennbaren Grund zusammenbrechen und gelegentlich weinen sehen. Wenn sich Dinge dieser Art ereignet haben, sah man die betreffende Person nie wieder.«

Bearbeitungsgebühr 155 000 Dollar

Die vielen UFO-Crashs, von denen seit dem Zwischenfall von Roswell wiederholt berichtet worden ist, stimmen nachdenklich. Auf der einen Seite haben wir es offensichtlich mit außerirdischer Technologie zu tun, die uns weit voraus ist, auf der anderen Seite stürzen jene utopischen Flugkörper immer wieder ab, aus unerfindlichen Gründen. Das passiert einfach viel zu häufig. Sicherlich, eine ganze Zahl vermeintlicher UFO-Havarien hat sich als Fehlinformation oder ausgemachter Schwindel erwiesen. Mit derartigen »Zeitungsenten« und Betrügereien muß man – leider – leben. Doch abgesehen davon bleiben noch einige unaufgeklärte Fälle übrig – und selbst diese restlichen Fälle scheinen grundsätzlich eine verdächtig hohe Quote technischen Versagens extraterrestrischer Flugkörper zu suggerieren. Möglich aber wäre, daß eine Reihe dieser Unfälle tatsächlich als Produkt gezielter Desinformationen zu werten ist oder aber auf den Betrieb ferngelenkter Raumschiffe bzw. Raumschiffrekonstruktionen zurückgeführt werden kann. So soll, nebenbei bemerkt, auch ein Projekt *Snowbird* existieren, in dessen Rahmen Nachbauten von UFOs eingesetzt worden seien. Wie im Falle Cash-Landrum vermutet bzw. behauptet worden ist, könnten auch Tests mit *HPACs*, also *Human Piloted Alien Craft* durchgeführt werden, mit Raumschiffen extraterrestrischer Herkunft, die von irdischen Piloten gesteuert werden.

Das klingt zunächst sicherlich abstrus! Wie sollten selbst unsere besten Techniker und Piloten ein absolut fremdes Flugobjekt auch nur einigermaßen erfolgreich starten und fliegen können? Und dennoch darf diese Möglichkeit nicht ganz außer acht gelassen werden. Schließlich spricht vieles dafür, daß die Regierung und das Militär bereits seit rund einem halben Jahrhundert mit der Analyse dieser Fremdtechnologie befaßt sind. Wie aus einigen Dokumenten, unter anderen den Majestic-12-Papieren hervorgeht, handelte es sich zum Beispiel beim Roswell-Raumschiff um einen offensichtlich nur für »Kurzstrecken« eingesetzten Apparat, dessen Technologie ein vielleicht schon seit

langem ausgereiftes und kaum mehr verändertes Konzept repräsentiert.
Diese außerirdische Technologie, die freilich ebenso den allgemeingültigen Naturgesetzen gehorchen muß, könnte auch für irdische Techniker partiell, ansatzweise verständlich sein. Robert Lazar behauptete übrigens gleichfalls, daß wir prinzipiell in der Lage seien, wenigstens einige Grundcharakteristika der Flugscheiben zu verstehen – andernfalls wäre ja auch jegliche Forschung auf *S-4* oder in ähnlichen geheimen Labors sinnlos.
Was aber, wenn all die »außerirdischen« Berichte nur erfunden worden wären, um Abstürze geheimer *terrestrischer* Flugkörper zu vertuschen und eine Aura der Unglaubwürdigkeit und Lüge aufzubauen, um weitere Nachforschungen zu vermeiden? Das klingt zunächst sinnvoll und um einiges wahrscheinlicher als die diversen UFO-Szenarien havarierter ETI-Raumschiffe aus fernen Welten! Wären solche »Gerüchte« aber einer effektiven Geheimhaltung wirklich dienlich? Wohl weniger. Im Gegenteil, viel eher sollte eben aufgrund der Verbreitung solcher Geschichten mit einer erhöhten Publicity, und entsprechend mit einer immens *gesteigerten* Neugierde der Öffentlichkeit zu rechnen sein. Dadurch könnten letzten Endes viel mehr Informationen zum Vorschein kommen, als wenn beispielsweise offiziell lediglich vom Absturz eines gewöhnlichen Militärflugzeugs gesprochen würde. Vielleicht müßten die Verantwortlichen nur noch eine leichte radioaktive Kontamination der näheren Umgebung der Absturzstelle erdichten, um neugierige Augen wirksam fernzuhalten. Aber sogleich außerirdische Raumschiffe nur zur Desinformation ins Feld zu führen, wenn sich nicht tatsächlich ein wahrer Kern hinter solchen Berichten verbirgt, *das* ist eigentlich doch zu weit hergeholt – besonders wenn man an die zahlreichen zusätzlichen Belege für die Realität des UFO-Rätsels denkt.

Eine große Zahl dieser Belege wird in den Archiven von NORAD gesammelt und unter strengstem Verschluß gehalten. Das NORAD *(North American Aerospace Defense Command)*

verfügt über ein ausgefeiltes Beobachtungsnetz zur Überwachung des Luftraums, um Nordamerika vor feindlichen Raketen- und Flugzeugangriffen zu schützen. Genauer gesagt, betreibt NORAD zwei große Einrichtungen zur Luftraumkontrolle: das *Space Detection and Tracking System* sowie das *Naval Space Surveillance System* in Dahlgren, Virginia.
Täglich erfaßt NORAD rund 25 000 Objekte im Luftraum, von denen sich der größte Prozentsatz freilich relativ unproblematisch identifizieren läßt. Um diese Fälle aber geht es freilich nicht. Wie stets, ist auch hier der kleine, jedoch signifikante Rest ungeklärter Sichtungen von Interesse, der sich bei näherem Hinsehen immer noch als eine gigantische Datenmenge erweist – seit 1960 bewegten sich etwa zehn Millionen »unknowns« durch den Erfassungsbereich der Luftraumüberwachung.
Daß NORAD aktiv an der UFO-Forschung beteiligt ist, liegt nahe – und geht auch aus Dokumenten hervor. Schon 1953 wurde dem *Director of Scientific Intelligence* mitgeteilt, daß der Hauptteil der *Blue-Book*-Forschung vom damaligen NORAD-Vorläufer, dem *Air Defense Command*, bewerkstelligt würde.
In einer Anweisung aus dem Jahr 1977 wird klargestellt:
Sämtliche UFO-Beobachtungen, ob aus ziviler oder militärischer Quelle, müssen an NORAD weitergeleitet werden. Nach außen hin aber solle stets betont werden, daß die Air Force seit Beendigung von *Blue Book* (1969) keine UFO-Forschung mehr betreibt sowie kein offizielles Interesse an UFOs besitzt!
Zu jener Zeit waren die Vereinigten Staaten von zahlreichen unerklärlichen UFO-Zwischenfällen auf diversen US-Militärbasen aufgeschreckt worden, und bereits in den Jahren 1966 und 1967 waren die Minuteman-Verteidigungssysteme der USA wiederholt vollständig ausgefallen, während diskusförmige Flugobjekte über die Militärbasen in South Dakota und Montana flogen. Die USA wären in diesen Momenten jedem Angriff völlig machtlos ausgeliefert gewesen! Kein Wunder, wenn NORAD gerade damals ein so ausgeprägtes Interesse an allen UFO-Berichten zeigte!
Unter dem *Freedom of Information Act* hat NORAD schließlich einige recht aufschlußreiche Dokumente zu diesen Zwi-

schenfällen freigegeben. Als die gegen jegliche UFO-Geheimhaltung agierende Initiative CAUS nach weiteren Informationen fragte, wurde ihr eine Suchgebühr von lockeren 155 000 Dollar in Aussicht gestellt! Daß diese Forderung ein wenig übertrieben ist, muß wohl nicht extra betont werden! Nicht ganz so happig zeigte sich die *National Security Agency*, als ein UFO-Forscher sich darum bemühte, an Unterlagen über das *Aquarius-Projekt* heranzukommen. Die NSA veranschlagte allerdings immer noch stolze 15 000 Dollar (!) für die Suche – **N**ever **S**earch **A**nything möchte man da empfehlen, suche nie etwas!

Angesichts dieser Umstände zeigt sich wieder, mit welcher Hartnäckigkeit Dokumente unter Verschluß gehalten werden und wie mit allen Mitteln versucht wird, das »Gesetz zur Informationsfreiheit« zu umgehen. Selbst, wenn jemand mit übergroßer Neugierde und einem ebenso dimensionierten Portemonnaie daherkäme und den betreffenden Behörden die verlangten Unsummen auf den Tisch blätterte, wäre damit noch in keiner Weise garantiert, daß er dann später auch wirklich an die relevanten Informationen gelangte. Und: Im Ernstfall läßt sich ja ohnehin immer noch die »nationale Sicherheit« als mächtiger, sehr wirksamer Riegel vorschieben. So erging es vor wenigen Jahren auch einem CAUS-Forscher, der um nähere Informationen zu NUTR bat, dem *NORAD Unknown Track Reporting System*. Diese Einrichtung verfolgt Objekte, die sich auf unbekannten Bahnen bewegen. Zwischen 1971 und 1990 konnte NUTR rund siebentausend solcher Sichtungen verzeichnen. Sie sind allesamt klassifiziert.

Natürlich handelt es sich längst nicht bei all solchen und ähnlichen geheimen Beobachtungen um UFOs im tieferen, eigentlichen Sinne, das ist klar. Beispielsweise wurde kürzlich bekannt, daß Spionagesatelliten des U.S. Department of Defense zwischen 1975 und 1992 insgesamt 136 heftige Explosionen in der Erdatmosphäre verzeichnet haben, deren Energien durchaus nuklearen Sprengsätzen entsprachen. Die Daten wurden über die Jahre geheimgehalten. Ihre Freigabe erfolgte hauptsächlich aufgrund der Bemühungen des Astrophysikers Simon P. Worden, der bis vor kurzem an Projekten der Ballistic Missile Defense gearbeitet hat (dem SDI-»Star-Wars«-Nachfolgeprogramm). Mittlerweile ist bekannt, daß diese Detonationen auf Meteorite zurückzuführen sind, kosmische Trümmerbrocken, die beim Eintritt in die Luftschichten der Erde explosionsartig verglühen.

Linda Howe gibt in ihrem außergewöhnlichen Buch »An Alien Harvest« einen interessanten Brief wieder, den die Gruppe *Justice for Military Personnel (J.M.P.)* im September 1987 an Präsident Reagan gerichtet hatte. Ihr Anliegen bestand im Erwirken einer Ausnahmebestimmung, die alle Regierungs- und Militärangehörige mit UFO-Kenntnissen dazu verpflichten solle, ihr Wissen unter Wahrung voller Immunität vor einem speziellen Komitee des US-Kongresses zu bezeugen. Das UFO-Cover-up solle beendet werden, da es die militärische Moral verletze. In einem Absatz mit der Überschrift: »Verbrechen, die wir unter dem Druck der CIA verübt haben« erklärt die anonyme J.M.P.-Gruppe, die nach eigenen Angaben aus ehemaligen, an der Vertuschung beteiligten Militärangehörigen besteht:

»1. Wir haben Piloten absichtlich angewiesen, auf UFOs zu feuern, in der Hoffnung, ein UFO für Forschungszwecke in die Hände zu bekommen. Die Folgen davon waren zuweilen plötzliche Explosionen und der Tod der Piloten oder aber ein sofortiges Verschwinden von Pilot und Maschine. Die UFO-Insassen scheinen alle Aktionen unserer Piloten zu überwachen ...
2. Wir haben Militärpiloten, die UFOs gemeldet haben, strikt zum Schweigen gebracht. Wir erlauben unseren Piloten nicht einmal, UFO-Verfolgungen untereinander zu diskutieren.
3. Wir haben Militärangehörige, die UFOs gesehen haben, befragt, eingeschüchtert und schikaniert, um sie (mit Ausnahme von Piloten und Astronauten) zu ›überzeugen‹, daß sie ›nicht gesehen haben‹, was sie sahen; wir haben ihnen lange Gefängnisstrafen in Aussicht gestellt und sie damit eingeschüchtert ...; einige von ihnen haben wir in Heilanstalten einweisen lassen; sie gefangen gesetzt; ihre militärische Karriere zerstört; wir

haben alles mögliche getan, um UFO-Zeugen Furcht einzujagen und sie dadurch zu Selbstzweifel und zum Schweigen zu bringen.
4. Wir haben falsche Informationen verbreitet, durch Sprecher des Militärs und der Regierung oder auch Wissenschaftler, um alle öffentlichen UFO-Sichtungen bloßzustellen.
5. Wir haben die FAA [Federal Aviation Administration], die NASA und andere Regierungseinrichtungen gezwungen, mit der UFO-Politik der CIA konform zu gehen.
6. Wir haben den Freedom of Information Act verletzt, indem wir Dokumente verheimlicht haben.
7. Wir haben kommerzielle Piloten, die öffentlich über UFOs berichtet haben, geschmiert und ihre Gesellschaften gezwungen, sie zum Schweigen zu bringen.
8. Wir haben keinerlei Fälle bestätigt, in denen Zivilflugzeuge weltweit zeitweilig ihre Kontrolle verloren haben oder aber vollständig verschwunden sind, als UFOs sich in ihrer Nähe befanden.
9. Wir haben einige unserer hervorragendsten und kompetentesten Bürger unerbittlich verleumdet, wenn sie es wagten, von UFO-Sichtungen zu berichten, auch wenn wir die ganze Zeit wußten, daß sie die Wahrheit erzählten, da wir die UFOs auf Radar verfolgten.
10. Wir haben Kongreßangehörige und Senatoren zum Schweigen gebracht, die auf Anfragen ihrer Wähler versucht haben, UFO-Informationen einzuholen.«

Ein umfassendes und überwältigendes »Geständnis« des unvorstellbaren Cover-up! Auch hier bleibt letztlich offen, ob diese Behauptungen allesamt den Fakten entsprechen. Doch haben sich mittlerweile wirklich genügend Indizien aus verschiedensten Quellen angesammelt, so daß ich die von J.M.P. geschilderten Aktivitäten durchaus für möglich halte. Die Gruppe schließt ihr noch langes Schreiben mit der Bemerkung: »Wir bedauern die Anonymität dieses Briefes, doch haben wir keine andere Wahl, da die CIA klare Richtlinien besitzt, alle Insider auszuschalten, die das Cover-up aufdecken könnten.«

Hat das *Weiße Haus* in irgendeiner Form auf diesen ungewöhnlichen Brief reagiert? Wie mir Linda Howe im Sommer 1994 mitteilte: »Niemand hat meines Wissens je eine schriftliche Antwort auf Erkundigungen bezüglich des J.M.P.-Briefes erhalten, von keiner Behörde innerhalb der US-Regierung.«
Kein Zweifel: Der Kurs der Geheimhaltung wird unerschütterlich fortgesetzt.

Was weiß die NASA?

Der Astronaut Gordon Cooper wurde während seiner Laufbahn wiederholt Zeuge von Erscheinungen unerklärlicher Flugobjekte. Seine ersten Sichtungen hatte er im Jahr 1951. Damals war er als Air-Force-Pilot in Deutschland stationiert und beobachtete innerhalb eines Zeitraums von zwei Tagen zusammen mit anderen Zeugen mehrere diskusförmige UFOs, die in großer Höhe über den europäischen Kontinent hinwegflogen. Später, während seines Fluges an Bord des Raumschiffs *Mercury 9,* fiel ihm am 16. Mai 1963 ein ungewöhnliches Objekt auf, ein grün strahlender Flugkörper, der einen rötlich leuchtenden Schweif hinter sich nachzog. Cooper entdeckte diese ungewöhnliche Erscheinung, als sich seine Raumkapsel nach der fünfzehnten Erdumkreisung gerade wieder über den australischen Landmassen befand. Auch die Bodenkontrolle in Cape Kennedy registrierte dieses potentielle UFO. Angeblich soll Cooper bereits einen Tag zuvor eine seltsame, wie es heißt »fremdartige und unverständliche« Stimme empfangen haben – auf der ausschließlich für den Dialog zwischen Erde und Raumschiff reservierten Sendefrequenz. Diese Stimme sei von der NASA aufgenommen worden, ohne jedoch identifiziert werden zu können.
In dem Buch »We Seven« äußerte sich Cooper, daß er zwar nicht an Märchen glaube, seiner Meinung nach aber viel zu viele nicht erklärliche Sichtungen existierten, als daß man die Mög-

lichkeit außer acht lassen dürfe, es könnten dort draußen im All tatsächlich fremde Intelligenzen agieren.

Im Sommer 1978 drückte Cooper auch vor den Vereinten Nationen seine Überzeugung aus, »daß diese außerirdischen Apparate und ihre Besatzungen diesen Planeten [die Erde] von anderen Planeten aus besuchen, von Planeten, deren Bewohner offensichtlich ein wenig fortgeschrittener sind als wir hier auf der Erde«. – Die in ihrer Darstellung des UFO-Phänomens durchweg sehr ausgewogen urteilende Autorin Margaret Sachs zitiert sogar eine noch deutlichere Aussage Coopers:

»Intelligente Wesen von anderen Planeten besuchen unsere Welt mit der Intention, einen Kontakt vorzubereiten... Die NASA und die amerikanische Regierung wissen das und besitzen eine erhebliche Menge an Beweisen. Dessen ungeachtet bleiben sie ruhig, um die Menschen nicht in einen Alarmzustand zu versetzen... Ich setze mich dafür ein, die Verantwortlichen dazu zu bringen, ihre Politik des Schweigens zu beenden.«

Nicht nur Gordon Cooper, auch viele andere Astronauten haben während ihrer Raumflüge UFOs gesehen, so zumindest wird sehr häufig berichtet. Nicht in allen Fällen läßt sich aber der Nachweis führen, daß die Schilderungen, die diesen Astronauten zugeschrieben werden, auch wirklich immer von ihnen selbst geäußert worden sind.

Letztendlich wird auch die Funktion der »Raumfahrer«, was UFOs angeht, ganz allgemein oft schlicht überbewertet. Man muß sich vor Augen halten, daß ihre »Ausflüge« nur winzige Sprünge in die unermeßlichen Weiten des Alls darstellen. Bis auf die *Apollo*-Mondmissionen (und selbst die wirbelten nur ein bißchen Staub auf der »Matte« direkt vor der irdischen Haustüre auf) bewegten sich alle bemannten Weltraumunternehmen faktisch »lediglich« am Rande der irdischen Hochatmosphäre! Natürlich steckt hinter der Verwirklichung dieser Vorstöße geniale Ingenieurskunst, höchster Einsatzwille, Präzision – alles zusammen gepaart mit viel, ja sehr viel Mut. Doch täuscht nichts darüber hinweg: Das alles sind gerade einmal frühe Versuche, die ersten Schritte hinaus ins All.

Der Mensch hat sich bisher aber noch keineswegs völlig von seiner Mutter Erde abnabeln können, hält sich stets in ihrer unmittelbaren Nähe auf. Der Aktionsraum jener fremden Flugobjekte dagegen muß zwangsläufig ungleich größer sein. In Anbetracht dieses Umstands und der Tatsache, daß die Zahl bemannter Raummissionen immer noch einigermaßen überschaubar ist, sind auffallend zahlreiche UFO-Berichte von Astronauten a priori nicht unbedingt zu erwarten. Unbestritten aber befinden sich Astronauten im Orbit auf einer vorzüglichen »Beobachtungsplattform«, auf einem kosmischen »Ausguck«, der ihnen einen sonst nirgends auch nur annähernd erreichbaren »Überblick« über unsere Welt verschafft. Und von dieser Plattform aus erfolgten tatsächlich einige bis heute unaufgeklärte Sichtungen.

Wer das nicht glaubt, der sollte ruhig auch einmal im berüchtigten Condon-Report aus dem Jahr 1969 blättern – nicht in der abschließenden Zusammenfassung jenes fadenscheinigen Professors, nein, direkt in der Studie selbst! In dem Kapitel »Visuelle Beobachtungen durch U.S.-Astronauten«, verfaßt vom wissenschaftlichen Leiter der Studie, Franklin D. Roach, steht klar und deutlich zu lesen: »Die drei ungeklärten Sichtungen, die aus einer großen Zahl von Berichten ausgewählt wurden, stellen eine Herausforderung für den Analytiker dar. Besonders rätselhaft ist der erste Bericht auf der Liste: Er enthält die zur Tageszeit erfolgte Sichtung eines Objektes, das Details wie Ausleger (Antennen?) zeigte, die von einem Körper mit beachtlicher Winkelausdehnung ausgingen. Wenn die NORAD-Auflistung von Objekten nahe des *GT-4*-Raumschiffs [= *Gemini 4*] zum Zeitpunkt der Sichtung komplett ist, und das ist sie voraussichtlich, werden wir entweder eine rationale Erklärung finden müssen oder, alternativ dazu, diese Beobachtung auf unsere Liste der unidentifizierten Fälle setzen müssen!« – Bei den drei Sichtungen, von denen zu Anfang des Zitats die Rede ist, handelte es sich im einzelnen um:

– UFO-Beobachtung von James McDivitt am 4. Juni 1965 an Bord des Raumschiffs *Gemini 4.*

– UFO-Beobachtung von James McDivitt rund einen Tag nach seiner ersten Sichtung auf *Gemini 4.*
– UFO-Beobachtung von Frank Bormann an Bord von *Gemini 7* im Dezember 1965.

Allein schon diese sowie etliche vergleichbare Beobachtungen legen nahe, daß auch die gigantische Raumfahrtbehörde NASA sich mehr oder weniger zwangsläufig mit UFOs auseinandersetzt.
Die Frage ist nur: *Wie weit* geht *ihr* Wissen über dieses Thema, wie weit *ihre* Geheimhaltungspolitik? Betreibt die NASA überhaupt eine solche Politik, ist sie, als eine *rein zivile Institution,* eine auf friedliche Weltraumforschung ausgerichtete Behörde, *überhaupt* am UFO-Cover-up der Regierung beteiligt? Wer sich mit diesen interessanten Fragen beschäftigt, gelangt zu einigen nicht gerade uninteressanten Einsichten!
Die *National Aeronautics and Space Administration* (NASA, *Nationale Luftfahrt- und Weltraumbehörde*) wurde 1958 als eine zivile Organisation zur Erforschung des Weltraums gegründet und stellt die Nachfolgerin des NACA *(National Advisory Committe for Aeronautics)* dar, dem »Nationalen Beratungskomitee für Luftfahrt«. Bereits damals taten sich Verbindungen zu militärischen Einrichtungen auf – und wenn es dabei anfangs auch nur darum ging, Geheimflugzeugen wie dem Höhenaufklärer *U-2* mit Hilfe von NACA-Emblemen auf den Flügeln ein gewisses »Unschulds-Outfit« zu verpassen. Damit sollte schlicht der Eindruck erweckt werden, diese Flugzeuge würden zu rein zivilen Forschungszwecken eingesetzt.
Im Zusammenhang mit NACA treten allerdings schon wieder einige mittlerweile altbekannte Namen auf die Bühne. Als ich mit Stanton Friedman über die Rolle der NASA im US-Cover-up korrespondierte, schrieb er mir: »Seltsamerweise wurde ich vor wenigen Tagen gefragt, ob ich, im Rahmen all meiner *Freedom of Information*-Nachfragen …, in die NASA eingedrungen bin. Meine Antwort ist, daß ich, auch wenn meiner Ansicht nach einige NASA-Einrichtungen und Mitarbeiter involviert

sind, diesen Weg noch nicht verfolgt habe, da ich nicht wußte, wo ich beginnen sollte. Erwähnen sollte ich natürlich, daß General Twinings Brief vom 23. September 1947 Bezug auf die NACA nimmt, aus der dann später die NASA wurde. Vannevar Bush war in der Vorkriegszeit Chef der NACA und auch Jerome Hunsaker (gleichfalls [Mitglied von] MJ-12) stand ihr viele Jahre lang vor. Ebenso befanden sich Twining und Vandenberg in ihrem Dienst. Dr. Detlev Bronk (MJ-12) kam im Jahre 1948 zusammen mit Dr. J. H. Doolittle zur NACA.« – Dr. Doolittle, ein gefeierter Flieger, der in Aeronautik promoviert hatte, war wie alle anderen an zahlreichen Geheimprojekten beteiligt...

In dem von Friedman erwähnten Twining-Brief von 1947 wird abschließend empfohlen, ein UFO-Studienprojekt zu starten und unter anderem auch die NACA mit den gewonnenen Daten zu versorgen. Jener Brief, den Twining als Memorandum für den kommandierenden Air-Force-General George Schulgen verfaßt hatte, erweist sich überhaupt als ein recht interessantes Dokument. Twining stellt zu den unbekannten »Flugscheiben« u. a. ganz deutlich fest: »Das berichtete Phänomen ist etwas Reales und nicht visionär oder fiktiv.« Trotzdem wurde der Brief nicht selten als Beweis dafür präsentiert, daß sich die US-Regierung *nicht* im Besitz von außerirdischen Raumschiffen befindet. Denn Twining schrieb, in dieser Angelegenheit sei zu berücksichtigen: »Der Mangel an greifbaren Beweisen in Form von nach Abstürzen geborgenen Wracks, welche die Existenz dieser Objekte unleugbar bestätigen würden.« – Dieses Statement aus Twinings Feder klingt in der Tat mehr als verblüffend! War er nicht ein Mitglied von Majestic-12? Saß er, als Chef des *Air Materiel Command* auf Wright Patterson/Ohio, nicht direkt an der Quelle der außerirdischen Beweise des Roswell-Crashs?

Natürlich!

Immer wieder aber wird übersehen, daß Twinings Brief nur als »SECRET« klassifiziert war, nicht aber »TOP SECRET«, wie es für eingehendere Enthüllungen in diesem Falle unabdingbar erforderlich gewesen wäre! Kein Wunder also, daß die Information, die er weitergab, sehr sorgfältig ausgewählt worden war!

Doch zurück zur Rolle der NASA.

Als am 1. Mai 1960 der CIA-Agent Francis Gary Powers mit einer *U-2* über Swerdlosk in der ehemaligen Sowjetunion abgeschossen worden war, waren die Seitenruder seiner Maschine nun mit einem NASA-Emblem verziert, anstelle des alten NACA-Abzeichens früherer Jahre. War das lediglich eine pure Tarnaktion, ohne tiefere Bedeutung für eine Kooperation zwischen der NASA und dem Geheimdienst? Oder steckte vielleicht doch mehr dahinter? Gibt es Hinweise, die möglicherweise die Behauptungen von J.M.P. stützen könnten, die NASA hätte das UFO-Cover-up bereits in den siebziger Jahren beenden und die Öffentlichkeit informieren wollen, sei aber von der CIA gezwungen worden, alle Fakten weiterhin unter Verschluß zu halten?

In den vergangenen Jahren zumindest sind zahlreiche Indizien ans Tageslicht gedrungen, die eine nicht gerade unbedeutende Verflechtung der NASA mit dem Militär und den Geheimdiensten CIA, NSA und gar NRO belegen. Auch wenn die NASA selbst sicherlich als die aufgeschlossenste US-Institution gelten kann und entsprechend als diejenige Organisation, die grundsätzlich an größter Offenheit interessiert ist, so ist damit keineswegs das Problem vom Tisch, daß sie durchaus in einer merklichen Abhängigkeit zu weniger offen gesinnten Behörden stehen könnte. Und:

Die NASA, das ist ein mächtiger, unüberschaubarer Organismus, ein Forschungsapparat, verteilt über zahlreiche Laboratorien in den Vereinigten Staaten. Nicht alle wissen dort alles. Einige Abteilungen mögen sich mit Projekten befassen, von denen nur sehr wenige Mitarbeiter Kenntnis haben.

Viele große NASA-Programme konnten nur durch finanzielle Unterstützung »anderer Behörden« realisiert werden. So schrieb der Luft- und Raumfahrtexperte Bill Sweetman 1993 über das *Space-Shuttle*-Programm: »Von Beginn an war das Shuttle ein Amphibium, das zumeist im strahlenden Licht der

NASA-Publicity-Maschinerie lebte, aber viel seiner Nahrung aus den schwarzen Tiefen der Geheimdienste bezog.
Als die NASA in den späten sechziger Jahren mit ihren Shuttle-Studien begann, erkannte die Behörde, daß das Projekt nur dann einen wirtschaftlichen Sinn machen konnte, wenn das Shuttle alle anderen US-Systeme für Weltraumstarts ersetzte, einschließlich derer, welche die US-Air-Force zum Start der NRO-Spionagesatelliten verwendete.« – Das NRO war freilich an einem ökonomischen Transportsystem interessiert, mit dessen aktiver Hilfe die Satelliten im All ausgesetzt, dort gewartet, eingefangen, zur Erde gebracht, repariert, neu ausgestattet und wieder in den Weltraum zurückgeführt werden konnten.
Interessanterweise wurde im Jahr 1982 ausgerechnet ein gewisser Lew Allen Direktor des im kalifornischen Pasadena ansässigen NASA-*Jet Propulsion Laboratory (JPL)*, des »Laboratoriums für Strahlantriebe«, das für die unbemannte interplanetare Raumfahrt zuständig ist. Lew Allen war zuvor NSA-Chef und CIA-Vizedirektor, außerdem stand er einer Weltraumabteilung des NRO vor! Nach seiner Auskunft geht der Etat des JPL zu einem Drittel auf Gelder des US-Verteidigungsministeriums zurück!
Wir erinnern uns: Dr. Cris behauptet, einige der außerirdischen Artefakte von Roswell bei der NASA in Pasadena gesehen zu haben! Sein Erlebnis datiert er auf das Jahr 1977, was in zweierlei Hinsicht von Bedeutung ist. Zum einen, weil damals genau dreißig Jahre seit dem Roswell-Zwischenfall vergangen waren, und einige »Insider« nun augenscheinlich glaubten, gegenüber anderen Expertenkollegen bereits etwas mehr Offenheit riskieren zu können, zum anderen aber möglicherweise auch, weil gerade zu jener Zeit zumindest nach Aussagen von J.M.P. der Drang der NASA sehr groß war, mehr Offenheit zum UFO-Problem an den Tag zu legen. Bei einem meiner Gespräche mit Dr. Cris legte ich ihm eine schriftlich formulierte Frage vor, die sich auf eine mögliche UFO-Geheimhaltung der NASA bezog. Ich fragte: »Sie haben bei der NASA gearbeitet... Halten Sie ein weltweites Cover-up für denkbar? Ist die NASA daran be-

teiligt?«, worauf Dr. Cris ein großes »Yes« mit drei Ausrufezeichen an den Rand schrieb.

Wer innerhalb der NASA *wieviel* weiß, und *welche* NASA-Institutionen am stärksten betroffen und unterwandert sind, ist nach wie vor absolut unklar. Wenn wir den Aussagen von Robert Lazar Glauben schenken – und sein Bericht scheint für mich aus mehreren Gründen authentisch zu sein –, so weiß die NASA beispielsweise offenbar auch nichts über *Area 51.* Im Mai 1993 bemerkte er: »NASA ist sich wahrscheinlich nicht darüber bewußt, was dort vor sich geht.«

Im Sommer 1994 hatte ich die Gelegenheit zu einem persönlichen Gespräch mit dem hochrangigen NASA-Manager und *Shuttle*-Direktor Professor Dr. Jesco von Puttkamer. Er sagte mir damals sinngemäß: »Sie können alles berichten, solange Sie nicht behaupten, daß die NASA Geheimnisse verbirgt. Wer behauptet, die NASA vertuscht, weiß nichts über die Struktur dieser Organisation und darüber, wie die Arbeit dort abläuft. Ein Geheimnis könnte sich wirklich nicht lange halten, es würde sofort etwas durchsickern und an die Öffentlichkeit dringen… Im übrigen werden Sie in allen wissenschaftlichen Einrichtungen offene Türen vorfinden, sofern Sie nur ein Fünkchen Vernunft zeigen. Wenn Sie aber von Vertuschungen, von Verschwörungen sprechen, dann werden sich die Türen sehr schnell schließen.«

Mir gingen diese Worte lange und immer wieder durch den Kopf. Was konnte jener ehrwürdige Mann der Raumfahrt, insbesondere des *Shuttle*-Projekts, mir auch anderes sagen? Niemand an seiner Stelle könnte die Realität eines Geheimnisses auch nur andeuten! Aber wenn überhaupt kein Geheimnis existierte? Ich versuchte mich in beide Situationen zu versetzen. Natürlich, im Falle, daß wirklich nichts verborgen werden sollte, würden die immer wieder geäußerten Vorwürfe einer Geheimhaltung auf Dauer sicherlich zum Ärgernis aller Betroffenen werden. Doch andererseits: Wären denn diese oft ohnehin von vornherein als unwahrscheinlich und abwegig bewerteten Vorwürfe überhaupt des Ärgers wert? Würde man nicht einfach souverän darüber hinwegsehen? Und warum schließen sich die Türen sofort, wenn jemand auch nur die *Möglichkeit* einer Zurückhaltung von Informationen durch eine wissenschaftliche Einrichtung anspricht? Schließlich belegen zahlreiche Fakten eine Verbindung zu militärischen und geheimdienstlichen Behörden. Natürlich ist es völlig unangebracht, in einem privaten Gespräch geäußerte Worte nun auf die Goldwaage legen zu wollen. Ich bin mir zudem sicher: Viele Geheimnisträger, ob innerhalb der Regierung, des Militärs oder der Wissenschaft, sind aufrichtig davon überzeugt, daß ihr so sparsamer Umgang mit Information zum Besten aller gereicht, auch der Öffentlichkeit.

Klar ist auch:

Wenn die NASA Gelder aus militärischen und nachrichtendienstlichen Quellen erhält, bedeutet das freilich zunächst nicht mehr und nicht weniger, als daß die Weltraumagentur als Gegenleistung Technologie zur Unterstützung von Projekten der jeweiligen Behörden zur Verfügung stellt, ohne dabei offenbar selbst zwangsläufig in Sinn und Zweck dieser Unternehmungen eingeweiht zu sein. Denken wir beispielsweise an die mit Hilfe des *Space-Shuttle* transportierten Spionage-Satelliten des NRO.

Allerdings fragt sich dann sofort, ob mit dieser Kooperation nicht unausweichlich auch ein recht tiefer Einblick in derartige Projekte verbunden sein muß – zumal für Experten. Um einen Satelliten als Nutzlast zu transportieren und auszusetzen, sind nicht gerade wenige Detailinformationen über diesen Satelliten erforderlich. Fest steht alles in allem auch, daß nun einmal *zivile* NASA-Technologie für *militärische* Programme eingesetzt wird. Was aber für das *Shuttle* recht ist, mag für diverse NASA-Laboratorien billig sein. Ich will damit sagen: Denkbar ist prinzipiell, daß beispielsweise auch Analysen militärisch relevanten Materials (einschließlich möglicher außerirdischer Artefakte) durchaus in NASA-Laboratorien ausgeführt werden könnten. Und, nicht zu vergessen: Auch unter federführenden NASA-Leuten finden sich immer wieder Forscher, die nachweislich hohe Positionen in den Nachrichtendiensten innehatten. Zu ihnen zählt auch der NASA-Verwaltungschef Daniel Goldin,

der lange Jahre an »schwarzen« Programmen mitgewirkt hat, so an der Entwicklung strenggeheimer Satelliten!
Eng mit der NASA, speziell mit dem JPL, verbindet sich nicht zuletzt auch eine offenbar sehr mysteriöse Geschichte, die in letzter Zeit mehr und mehr für Aufsehen gesorgt hat. Diese Geschichte beginnt auf der Erde, doch endet sie auf der »Roten Welt«, dem von Rätseln erfüllten Planeten Mars.

Die »Mars-Chroniken«

Nur drei Jahre nach der Gründung der NASA erschien im Jahre 1961 ein speziell für die neue Weltraumbehörde vorbereiteter Bericht des *»Brookings Institute«* zum Thema friedliche Forschung im Kosmos. Darüber hinaus befaßt sich diese Studie mit dem ganz besonders faszinierenden Aspekt eines möglichen Kontaktes mit Außerirdischen und der Entdeckung künstlicher, nicht von Menschenhand geschaffener Strukturen und Objekte auf anderen Planeten. In diesem Kontext ging es auch um die Frage eines Kulturschocks im Fall einer Begegnung der Menschheit mit fremden Zivilisationen oder auch nur deren Hinterlassenschaften. Da die *Brookings*-Untersuchung eine negative Auswirkung auf die verschiedensten Bereiche unserer Kultur nahelegte, wurde die Empfehlung an die NASA ausgesprochen, jegliche Kenntnisse unter Verschluß zu halten, sollten jemals derartige Entdeckungen gelingen.

Fünfzehn Jahre später: Die *Viking*-Raumsonden der NASA erreichen den Planeten Mars und funken Tausende von Aufnahmen in nie zuvor gekannter Qualität von der Oberfläche des Roten Planeten zur Erde, darunter auch Bilder einer sehr ungewöhnlichen Felsformation von etwa zwei Kilometer Ausdehnung. Merkwürdigerweise zeichnen Licht und Schatten auf dem mächtigen, rauhen Marsbrocken, der mitten in der Wüste eines Gebietes namens Cydonia liegt, eine symmetrische Struk-

tur – etwas, das ganz wie ein Gesicht aussieht! Doch was sollte die Nachbildung eines menschlichen Gesichts auf dem Mars? Das *Viking*-Team zeigte sich zunächst zwar gleichfalls einigermaßen überrascht über den seltsamen Fund, schrieb dessen Entstehung jedoch verständlicherweise den vielfältigen Launen der Natur zu. Das Gesicht sei, so ließen die Forscher verlautbaren, auf anderen *Viking*-Aufnahmen, die mit veränderter Perspektive gewonnen worden waren, nicht mehr zu sehen. Diese Aufnahmen wurden jedoch bisher leider nicht veröffentlicht. Andererseits gab es dennoch einige Bildanalytiker, die sich von jenem unwirklich scheinenden Gesicht so fasziniert zeigten, daß sie genauere Analysen durchführten (vgl. »Wir sind nicht allein!«). Das Ergebnis stimmte nachdenklich: Ganz offensichtlich blieb das Gesicht immer ein Gesicht, unter welchem Winkel man es auch betrachtete. Mit anderen Worten, die Struktur schien einer dreidimensionalen Plastik gleichzukommen. Konnte so etwas tatsächlich auf rein natürliche Weise entstanden sein? Diese Frage ist bis heute nicht geklärt.
Auf spannende Weise kompliziert sich die Angelegenheit auch dadurch, daß außer dem »Gesicht« noch eine ganze Reihe anderer merkwürdiger Strukturen in der Umgebung existiert – rechtwinklige Wälle, gleichseitige Pyramiden etc. –, die nach Auskunft einiger Untersucher in einer geometrischen Beziehung zueinander zu stehen scheinen. Zwar fügen sich all diese Objekte gut in die Marsgeologie ein, dennoch verblüffen ihre Gestalt und Ausrichtung.
War es *das*, was die *Brookings*-Studie vorweggenommen hatte, war *Viking* auf die ersten Artefakte einer nichtirdischen Zivilisation gestoßen, die irgendwann, vor vielen Jahrtausenden in das Sonnensystem vordrang und auf dem Mars aktiv wurde?
Einige glauben fest an diese aufregende Möglichkeit, doch die meisten Wissenschaftler sträuben sich nach Kräften gegen eine derartige Mutmaßung und – *bewiesen* ist bis auf den heutigen Tag tatsächlich nichts. Doch sollte das niemanden davon abhalten, sich weiterhin näher mit diesem ungewöhnlichen Fund auseinanderzusetzen, denn bekanntlich gilt: Nur wer suchet, der findet …

Eine endgültige Klärung dieses Rätsels erhoffte sich so mancher von der *Mars-Observer*-Raumsonde, die am 25. September 1992 gestartet worden war und sich nach einem knappen Jahr, im August 1993, kurz vor ihrem Ziel befand.
Mit an Bord des Raumschiffs: die hochauflösende *Mars Observer Camera (MOC)*, die noch Gegenstände auf der Planetenoberfläche hätte zeigen können, die rund 50mal kleiner sind als die kleinsten Details auf den *Viking*-Aufnahmen. MOC wäre in der Lage gewesen, die Motorhaube eines Mittelklassewagens aus dem Orbit zu erkennen. Mit dieser Bildauflösung hätte sich die Frage sicherlich klären lassen, ob das Marsgesicht künstlichen oder natürlichen Ursprungs ist. Doch am 21. August 1993, während der letzten Manöver vor dem Eintritt in den Marsorbit, brach die Funkverbindung zur Sonde unwiderruflich ab.
Was war geschehen?
Genaue Erklärungen für diesen Zwischenfall kann niemand anbieten. Es passierte, als eine automatische Sequenz ablief, bei der die Treibstofftanks des Raumschiffs unter Druck gesetzt werden sollten. Für diese Phase war eine Unterbrechung des Radarkontakts vorprogrammiert, da die Herstellerfirma andernfalls, wie es heißt, eine mögliche Beschädigung der Sendeeinheit befürchtete. Nach Ablauf der Sequenz erwarteten die Wissenschaftler, daß sich das System wieder eigenständig einschaltete. Doch nichts. Die Mars-Sonde war tot. Eine Untersuchungskommission des JPL versuchte, die Ursache für dieses Versagen herauszufinden, letztlich aber muß es bei Spekulationen bleiben – besonders, weil infolge der eingeplanten Funkstille keine verwertbaren Daten mehr auf der Erde eintrafen. Vielleicht fielen die Bordcomputer aus, vielleicht versagte das Regelsystem, so daß der Druck über einen kritischen Wert anstieg und die Treibstofftanks sprengte, vielleicht entstand beim Öffnen des Druckventils ein elektromagnetischer Störimpuls, von dem auch die Computer betroffen wurden.
So manch einer gibt sich mit diesen offiziellen Erklärungen jedoch nicht zufrieden und vermutet ein Täuschungsmanöver.

Die NASA würde Fakten verbergen, genau wie in der *Brookings*-Studie Jahrzehnte zuvor empfohlen worden war! Der *Mars Observer* wäre »wohlauf« und würde insgeheim Informationen und Bilder liefern, die die Öffentlichkeit nicht sehen dürfe, da sie bewiesen, daß jener ungewöhnliche Fels auf dem Mars das Werk einer außerirdischen Kultur sei.

Der amerikanische Wissenschaftshistoriker Professor Dr. Stanley V. McDaniel von der Sonoma State University in Rohnert Park/Kalifornien behauptet in einem von ihm verfaßten, nahezu zweihundertseitigen Bericht: »Die NASA hat an Mitglieder des Kongresses und an die Öffentlichkeit regelmäßig Dokumente verteilt, die falsche oder irreführende Aussagen über ihre Einschätzung des ›Gesichts‹ enthalten. NASAs Ignoranz der AOC-Forschung [*AOC = Artificial Origin of Cydonia,* also: ›künstlicher Ursprung von Cydonia‹], das Fehlen legitimer wissenschaftlicher Bewertung der AOC-Landmarken durch die NASA, die wie es scheint übertriebenen Mahnungen, daß solche Fotografien extrem schwer zu gewinnen seien, die mögliche Zurückhaltung der Daten unter der Ägis eines ›privaten Kontraktes‹ und die zweideutige Sprache, derer sich NASA-Repräsentanten bedienen, um ein Gefühl von Gleichgültigkeit zu erzeugen, was diese Angelegenheit betrifft, all dies unterstützt den Verdacht, daß hier die Motivation der erklärten Politik zuwiderläuft.«

Gibt es Belege für diese Anschuldigungen?

Unter der Bush-Administration brachte der Kongreß-Abgeordnete Howard Wolpe ein zweiseitiges offizielles NASA-Dokument an die Öffentlichkeit, das offenbar von Lawrence Ross, dem Direktor des *Lewis Research Center* der NASA in Cleveland, im Zusammenhang mit Plänen für nukleare Raumsondenantriebe vorbereitet worden war. Dieses NASA-Papier gibt Richtlinien für Regierungsangestellte, »Dokumente umzuschreiben oder sogar zu vernichten, um nachteilige Auswirkungen zu minimieren«. Außerdem sollten »Dokumente durcheinandergebracht und Handschriften so verändert werden, daß dadurch allgemein die Aussagekraft der jeweiligen Unterlagen geschmälert wird. Nicht zuletzt ging es auch darum, geeignete

»Schritte zu unternehmen, um die Nutzbarkeit verschiedener Ausnahmebestimmungen des FOIA zu erhöhen«.

NASA-Verwaltungschef Richard H. Truly, der Vorgänger von Dan Goldin, zeigte sich äußerst besorgt über dieses kompromittierende Dokument und ordnete eine Überprüfung der NASA-Maßgaben zu FOIA an. Er richtete außerdem ein Schreiben an alle Seniormanager der Weltraumagentur, »um sie daran zu erinnern, daß die NASA äußersten Wert auf Offenheit und Aufrichtigkeit in der Regierung legt«. Truly wies die Textpassagen von sich, die nicht mit dieser offenen Haltung konform gingen, stellvertretend für die gesamte NASA, und versicherte, daß sie sich derart illegalen Praktiken niemals anschließen werde.

Einer der schärfsten Verfechter der These, daß die NASA die wahren Hintergründe um den *Mars Observer* verheimlicht, ist der ehemals für die NASA beratend tätige Richard C. Hoagland. Noch bevor der Verlust der Raumsonde bekannt wurde, warf Hoagland der NASA vor, sie besäße keine handfesten Pläne, die Cydonia-Region mit der hochauflösenden MOC-Kamera aufzunehmen. NASA-Sprecher Don Savage wies diese Behauptung sofort von sich und betonte: »Wir hatten nicht nur Pläne, dieses Gebiet zu fotografieren, wir haben auch *gesagt*, daß wir solche Pläne hätten.« – Hoagland gab sich mit dieser Auskunft nicht zufrieden. Für ihn bestehen außerdem noch etliche andere »Verdachtsmomente«.

Beispielsweise beschäftigte ihn das Problem, warum von Anfang an beschlossen war, nicht alle *Mars-Observer*-Aufnahmen freizugeben, und warum diejenigen Bilder, die für die Öffentlichkeit bestimmt gewesen wären, vorerst einmal über einen Zeitraum von rund sechs Monaten analysiert werden sollten. Bei allen früheren Missionen gab es weder Zensur noch eine Zeitverschiebung, so Hoagland – die Aufnahmen wurden live übertragen.

Am 22. August 1993 fand dann in der ABC-Sendung »Good Morning, America« eine landesweit übertragene Fernseh-Diskussion zwischen Hoagland und Dr. Bevan French statt, dem Programm-Wissenschaftler des *Mars-Observer*-Projekts. Auch hier sprach Hoagland diese Fragen wiederholt an und kritisierte später, French habe stets ausweichend geantwortet. Zum Zeitpunkt dieser Sendung war innerhalb des Mars-Teams bereits seit zwölf Stunden bekannt, daß der »Observer« keine Signale mehr aussandte. Genau, als die ABC-Ausstrahlung durch den Äther gegangen war, wurde das Scheitern der Mission offiziell bekanntgegeben. Auch dieser Umstand erscheint Hoagland suspekt. Warum hatte man zwölf Stunden mit der Hiobsbotschaft gewartet? Das ist ebenfalls absolut unüblich. »Sie hatten während der Mission einige vorhergehende kleine Probleme mit der Kommunikation ..., und sie unterrichteten jedermann innerhalb von etwa einer Stunde. Nun warteten sie über zehn Stunden!«

Für Hoagland steht fest: Der *Mars Observer* fiel nur »für die Öffentlichkeit« einer technischen Panne zum Opfer, in Wirklichkeit läuft seine Mission im geheimen weiter, und er liefert Aufnahmen der Cydonia-Formationen, von denen niemand außer einigen Insidern etwas erfahren soll.

In den auf das Desaster folgenden Wochen erhielt Hoagland, wie er berichtet, eine Reihe von Anrufen angeblicher *Mars-Observer*-Ingenieure, die ihm diesen Verdacht bestätigten. Er wurde auch von Mitarbeitern der für das Funksystem der Sonde verantwortlichen Vertragsfirmen kontaktiert. Deren Informationen zufolge stimmte die Behauptung keineswegs, daß der Hersteller empfohlen hätte, die Geräte während der Druckregulierung sicherheitshalber auszuschalten. So eine Aktion würde außerdem allen Grundsätzen der Raumfahrt widersprechen, kommentiert Hoagland und erklärt zur Funktion des *Mars Observer*: »Er war computergesteuert. Jedes Experiment hatte seinen eigenen Computer. Das Raumschiff ist von den Experimenten getrennt und besitzt seinen eigenen Computer ... Und es besitzt mehrere Funkeinheiten. Der entscheidende Punkt ist, daß es in Anbetracht all der Sicherungssysteme und Computer unvorstellbar ist, daß irgendein Versagen dieses Ding ausgeschaltet hat. Das ist einfach unmöglich. Jungs und Mädels, wir befinden uns am Ende einer 35jährigen Entwicklung, nicht aber an deren Anfang. Wir haben mit der Technologie der sechziger Jahre bekanntlich die *Vikings* zum Mars geschickt, die konstruiert waren, um weit kompliziertere Aufgaben zu erfüllen als die, die wir bisher *diesem* Ding abverlangt haben.« – Wie Hoagland es auch ausdrückte, hier wurde gegen die »Prime Directive«, die Hauptvorschrift der Raumfahrt verstoßen: »Schalte niemals die Verbindung ab!«

Wie aber stellt sich Hoagland dann den tatsächlichen Ablauf der Dinge vor?

Nun, er geht davon aus, daß der *Mars Observer* freilich weiter voll funktionstüchtig ist und zeitweilig von dem – sehr kleinen – Missionsteam für eine geheime »Cydonia-Mission« eingesetzt wurde, um hochaufgelöste Aufnahmen des Steingesichts und anderer fremdartiger Strukturen auf dem Mars zu gewinnen. Dafür allerdings wären zahlreiche Bahnkorrekturmanöver nötig, da die Kamera selbst nicht auf ein definiertes Ziel ausrichtbar ist. Solche Manöver würden relativ viel Treibstoff verschlingen. Durch die Erklärung, eine Mini-Explosion an Bord der Raumsonde hätte den Funkkontakt unterbrochen, ließe sich auch ein Leck im Treibstofftank erklären und damit wiederum das Fehlen einer größeren »Spritmenge« nach dem Wiederauffinden der Sonde. Diese Treibstoffeinbuße wäre nach Hoagland allerdings auf nichts anderes als auf eben jene zusätzlichen geheimen Bahnmanöver zurückzuführen!

Einigen jener mysteriösen Anrufe zufolge, die Hoagland zum »Fall *Mars Observer*« erhalten hatte, sollte diese Geheimperiode bis zum 8. Januar 1994 andauern. Bis dahin hätten die Experten Zeit genug, die fraglichen Bilder digital zu manipulieren und die nun eindeutig als künstlichen Ursprungs nachgewiesenen Formationen als harmlose Felsblöcke wiederzugeben.

Ab diesem Zeitpunkt könnte man den *Mars Observer* auch für die Öffentlichkeit wiederbeleben, es müßte nur so aussehen, als sei es der NASA gelungen, mit geschickten Computeraktionen wieder an das verlorene Raumschiff heranzukommen! Und nun könnte die Weltraumbehörde auch Aufnahmen des vermeintlichen Marsgesichts ganz stolz öffentlich präsentieren, hochaufgelöste MOC-Bilder, die aber – zur herben Enttäuschung aller »Marsianer« – unzweifelhaft nichts als einen gewöhnlichen

18

DEPARTMENT OF ENERGY
UNITED STATES OF AMERICA
United States
Department of Energy

19

228
LOCKHEED
SR-71 BLACKBIRD
Reconnaissance
operational 1966-1990
The SR-71 could cruise at
speeds in excess of Mach 3
three times the speed of
sound-at altitudes of 80,000
feet. On March 6, 1990 an
SR-71 flew coast-to-coast in
68 minutes 17 seconds
length 107 ft 5 in
wingspan 55 ft 7 in
two Pratt & Whitney J-58
turbojet engines

20

21

PHOTOGRAPHY PROHIBITED
UNITED STATES ARMY
WHITE SANDS MISSILE RANGE
NOTICE
ALL PERSONS DESIRING ENTRY UPON THIS INSTALLATION ARE ADVISED THAT AS A CONDITION OF ENTRY, THEY, THE POSSESSIONS AND THEIR VEHICLES ARE SUBJECT TO SEARCH UPON ENTRY, WHILE WITHIN THE CONFINES OF THE INSTALLATION OR UPON DEPARTURE. ENTRY UPON THIS INSTALLATION IS CONSIDERED TO BE AUTOMATIC CONSENT TO SEARCH OF PERSON, POSSESSIONS AND VEHICLE. (PARAGRAPH 14, AR 210-10)
PHOTOGRAPHY, MAKING NOTES, DRAWINGS OR GRAPHIC REPRESENTATIONS OF THIS AREA OR ITS ACTIVITIES IS PROHIBITED UNLESS SPECIFICALLY AUTHORIZED BY COMPETENT AUTHORITY.
THE INTRODUCTION OF CONTRABAND SUCH AS ILLEGAL ALCOHOL, DRUGS, EXPLOSIVES OR FIREARMS TO THE RANGE IS STRICTLY PROHIBITED.
VIOLATORS ARE SUBJECT TO PROSECUTION UNDER THE INTERNAL SECURITY
THE COMMANDER
22

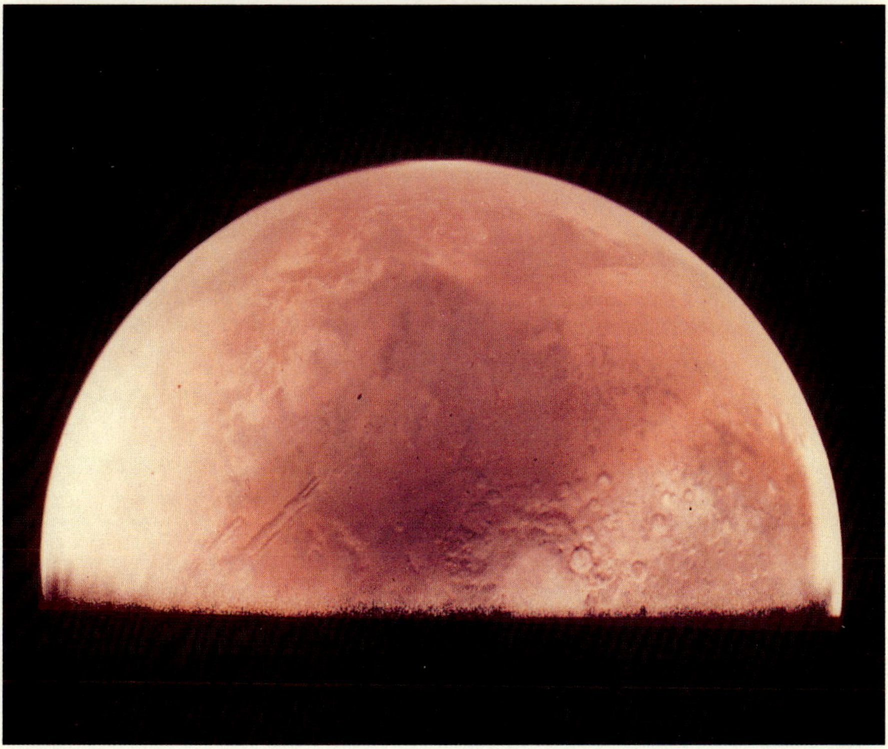
23

24 

18 »Stealth«-Technologie: Die F-117A. Hier ein Prototyp.

19 Offensichtlich spielt das »Department of Energy« (DOE, Nachfolger der Atomenergiekommission AEC) eine nicht unbedeutende Rolle im Zusammenhang mit dem UFO-Cover-Up. Unklar ist, ob »Groom« dem DOE untersteht.

20 Der rund 3,3 Mach (= 4000 km/h) schnelle »Blackbird« SR-71 machte wesentliche Entwicklungs- und Testphasen am Groom Lake durch. Überraschenderweise wurde das Superflugzeug 1990 von der Air Force sang- und klanglos aufgegeben. Doch nicht nur dieses Desinteresse spricht für die Existenz eines bis dato geheimen, weit utopischeren Flugzeugs — »Aurora«.

21 Eine der bestaufgelösten Detailaufnahmen, die derzeit vom supergeheimen Groom-Komplex existieren (C. Clark, Frühjahr 1995). Links im Bild: der so gigantische wie mysteriöse »Hangar 18«. Seine Größe läßt sich in Anbetracht der rechts davon im Vordergrund »parkenden« vier Maschinen vom Typ Boeing 737 annähernd ermessen. Diese Flugzeuge zählen übrigens zur verdeckt operierenden Speziallinie »JANET«.

22 Der Autor an einer abgelegenen Zufahrt des »White Sands Missile Range«, New Mexico, in dessen geheimsten Installationen einige Insider die »Lazar-Flugscheiben« heute vermuten.

23 Die rote Nachbarwelt Mars. Immer noch beschäftigen zahlreiche Rätsel um und auf diesem Planeten die Gemüter. Zuletzt sorgte das Verschwinden der US-Raumsonde Mars-Observer für Aufregung und Verwirrung.

24 Auf dieser Sternwarte auf dem »Mars-Hill«, bei Flaggstaff, Arizona, suchte bereits um die Jahrhundertwende der reiche amerikanische Privatmann Percival Lowell nach Anzeichen für Leben auf dem Mars.

Felshügel zeigten, dem »das Spiel von Licht und Schatten« gelegentlich und rein durch Zufall die vagen Züge eines menschlichen Gesichts aufzuprägen vermag! Und damit aus der Traum von den »Marsmenschen«!
Eine faszinierende Theorie. Nur, bislang war von einer plötzlichen Wiederbelebung des *Mars Observer* rein gar nichts aus den Reihen der NASA zu hören! – Oder entschied man sich seit der Publikation der Hoagland-Theorie vielleicht dazu, nun lieber gänzlich zu schweigen? Hoagland schlägt noch ein weiteres Szenario vor:
Möglicherweise zog nicht die NASA, sondern eine völlig andere Behörde den »Observer« aus dem Verkehr, als sich mehr und mehr herauskristallisierte, daß eine Zensur des MOC-Bildmaterials in Wirklichkeit kaum je erreichbar wäre. Hoagland zitiert als unterstützende Indizien einige weitere merkwürdige Zwischenfälle, von denen sich einer noch vor dem Start der *Titan*-Rakete ereignete, die den »Observer« als Nutzlast an Bord hatte. Nachdem der »Hurrican Andrew« über das Startgelände hinweggefegt war, machten sich die Techniker nochmals an eine Überprüfung, um sicherzustellen, daß auch kein Element beschädigt worden war. Natürlich kostete das nicht wenig Zeit, und der Start mußte verschoben werden. Trotzdem, diese zusätzliche Aktion war unbedingt notwendig. Als die Techniker nun also nach dem Rechten sahen, fanden sie zu ihrer Überraschung auch im Inneren der völlig geschützten Sonde starke Verunreinigungen, die dem gesamten Projekt hätten gefährlich werden können. Der *Mars Observer* wurde deshalb noch einmal aus der Rakete herausgehievt, genauer inspiziert und gereinigt. Zum Vorschein kamen unterschiedliche Fasern, Papierfetzen, Gips, Schmutz und Metallsplitter. Ähnliche Verunreinigungen fanden sich auch an der ganz speziell geschützten MOC-Kamera. Fachleute schließen aus, daß dieser Schmutz durch den Hurrican »Andrew« in die Raumsonde verfrachtet worden sein konnte.
Auf dem Weg zum Mars kam es dann noch einmal zu einer unerklärlichen Unterbrechung des Funkkontaktes, die über 85 Minuten andauerte, und schließlich wurden aus unerfindlichen

Gründen die Bänder mit den Startdaten gelöscht, um nach einiger Zeit allerdings wieder zu erscheinen.
Tatsächlich umgeben zahlreiche ungewöhnliche Ereignisse und Abläufe die *Mars-Observer*-Mission. Kein Wunder also, wenn allerorten dunkle Gerüchte im Umlauf sind. Bald nach dem Marsdesaster im August 1993 erschien in den USA ein verblüffendes »Beweisfoto«, das angeblich vom *Mars Observer* stammte und ein eindeutig künstlich geschaffenes »Marsgesicht« zeigte. Ich nahm dieses dubiose Bild widerwillig in mein Buch »Wir sind nicht allein!« auf, distanzierte mich allerdings schon damals deutlich von der »Aufnahme«, an der – soviel steht nun eindeutig fest – nicht das Geringste authentisch ist. Übrigens hat sich die berüchtigte Zeitung *Weekly World News (WWN)*, in der das Bild erstmalig abgedruckt worden war, meinen wiederholten Anfragen zu dieser »Aufnahme« und dem erläuternden Begleitartikel stets entzogen. Freilich erhielt ich auch auf meine Erkundigungen bezüglich echter, eventuell vom *Mars Observer* empfangener Aufnahmen weder vom JPL in Pasadena noch vom NASA-Hauptquartier in Washington eine Antwort. Etwas anderes hatte ich natürlich auch nicht erwarten können.
Dem WWN-Artikel zufolge wurde jenes sensationelle Bild aus den Händen eines Dr. Benjamin Frania – angeblich ein bedeutender NASA-Wissenschaftler – an die Öffentlichkeit getragen, um die Mars-Verschwörung aufzudecken. Nun, das ist alles purer Unsinn. Ein Dr. Frania existiert bei der NASA nicht.
Ed Komarek, der Gründer der amerikanischen Aktivistengruppe *Operation Right To Know (ORTK)* glaubt jedoch, daß hinter den WWN-Aktivitäten mehr steckt, als allein die recht offensichtliche Intention, sensationshungrige Leser zufriedenzustellen. Tatsächlich fällt jedem, der sich intensiver mit der UFO-Problematik befaßt, durchaus auf, daß WWN stets sehr gründlich recherchierte Fakten mit abstrusen Behauptungen und Phantasiegeschichten vermischt. Nicht umsonst war wohl auch der Chef des WWN-Unternehmens in Geheimdienstkreisen tätig. So mag prinzipiell mit den Kuriositäten, die von WWN verbreitet werden, eine gezielte Taktik der Lächerlich-

machung bestimmter Themen verfolgt werden. Das klingt zunächst unglaubhaft, doch die Effizienz dieser Methode ist nun einmal unbestritten sehr hoch. Interessant ist, ganz nebenbei bemerkt, daß der von WWN zitierte, vermeintliche NASA-Wissenschaftler den Namen »Dr. Benjamin Frania« trägt. Der Programmwissenschaftler des *Mars-Observer*-Teams aber ist ein *Dr. Bevan French*. Zufall oder Anspielung?

Lassen wir es damit bewenden. Wir verlieren uns sonst wirklich in reinen Spekulationen. Auch wenn die Geschichte um den Verlust des *Mars Observer* viele Ungereimtheiten enthält, bewiesen ist in diesem Fall eine NASA-Vertuschung noch lange nicht, das muß deutlich gesagt werden. Doch Richard Hoagland gibt nicht auf, er will die »Smoking Gun« finden, den harten Beweis dafür, daß seine Theorie stimmt und daß der *Mars Observer* immer noch »lebt«. So hofft er darauf, daß Radioastronomen vielleicht irgendwann charakteristische Signale aus der Nähe des Mars empfangen, Signale, die nur von *ihm* stammen können – dem seinerzeit so urplötzlich verschollenen Raumschiff!

Feuer aus der Ferne

Mit unvorstellbarer Geschwindigkeit dringt der kosmische Körper in die Lufthülle der Erde ein. Beim Aufprall auf die dichten Atmosphärenschichten entfacht er einen Feuersturm, entfesselt ungeahnte Naturgewalten. Das unbekannte Weltraumgeschoß rast in Sekundenschnelle über den Himmel, ändert vor dem Absturz seinen Kurs noch einmal, fast so, als ob es einen letzten verzweifelten Versuch unternehmen wollte, die Katastrophe zu vermeiden, und explodiert dann über einem einsamen Waldgebiet im Norden des asiatischen Kontinents. Alles, was sich in der näheren Umgebung des Unglücksortes befindet, geht in einem Flammenmeer unter, die Zone des Waldbrandes erstreckt sich kilometerweit, auf der halben Erde sind Beben zu spüren, Luftdruckwellen gehen um den Planeten. Was auch immer da aus dem Kosmos die Erde heimgesucht hatte, es zersprengte sich selbst – mit der Detonationswirkung von hundert Hiroshima-Atombomben!

Was nur mochte es gewesen sein? Was hatte sich dort draußen, in der Einsamkeit, in einer der abgeschiedensten Regionen unseres Planeten ereignet? Ein nuklearer Test, ein Atomunglück? Keineswegs. Zu dem Zeitpunkt, zu dem jene Katastrophe stattfand, war nämlich unsere gesamte Welt noch eine saubere, kernwaffenfreie Zone – auf den Kalenderblättern stand die Jahreszahl »1908« zu lesen! – Erst dreißig Jahre später begannen Physiker mit nuklearen Kettenreaktionen zu experimentieren. An jenem ungewöhnlichen 30. Juni 1908 aber war man noch weit von alldem entfernt, und jenes berühmte Ereignis, das als »Tunguska-Katastrophe« weltbekannt geworden ist, mußte eine völlig andere Ursache gehabt haben.
Der erste Wissenschaftler, der sich mit der rätselhaften tungusischen Explosion auseinandersetzte, war der Mineraloge Leonid A. Kulik. Während der zwanziger Jahre nahm er mehrmals den beschwerlichen Weg in das Hinterland von Sibirien auf sich, um nahe dem Tunguska-Fluß nach Überresten des explodierten Körpers zu suchen und dessen Natur zu enträtseln. Kulik war fest überzeugt, das explodierte Objekt sei ein Meteorit gewesen. Zur Überraschung des Forschers fand sich aber an der Absturzstelle kein Kraterloch. Zwar war alles rundherum zerstört, aber direkt am Punkt der vermuteten Kollision standen die Bäume aufrecht, auch wenn sie verbrannt waren und keine Äste mehr trugen. Unerklärlich! Was konnte da vorgefallen sein?
Forscher führten die unterschiedlichsten Hypothesen ins Feld. Einige glaubten, ein schwarzes Miniloch hätte die Erde durchbohrt, andere hielten eine Kollision mit Antimaterie für möglich. Vielleicht war es auch ein Komet, mit dem die Erde damals zusammengestoßen war – oder aber ein künstliches Objekt, ein extraterrestrisches Raumschiff!
Heute erklären die Wissenschaftler alles folgendermaßen:
Kulik hatte mit seiner Idee, ein Meteorit sei der Verursacher der Explosion gewesen, wohl völlig recht. Wie neueste Forschun-

gen zeigen, muß es sich um einen Steinmeteoriten gehandelt haben: einen Körper, der zwar so stabil war, daß er tief in die Erdatmosphäre eindringen konnte, ohne sofort vom enormen Luftwiderstand zerfetzt zu werden, allerdings doch nicht stabil genug, um den Erdboden zu erreichen. Kurz vor dem endgültigen Zusammenstoß muß er in den dichtesten Luftschichten zerrissen worden sein – damit erklärt sich das Fehlen eines Einschlagkraters ganz von selbst. Und daß die Bäume *genau unterhalb des Explosionspunktes* stehengeblieben waren, schien mit dieser Theorie plötzlich auch leicht begreifbar zu sein – »Wo sollten sie sonst auch hin?« möchte man fragen. Die Druckwelle kam direkt von oben, so daß nur die Äste genügend Angriffsfläche für den Luftdruck boten, nicht aber die Stämme. Sie hielten der Explosion folglich stand, auch wenn sie danach nur noch wie kahle Telegrafenstangen aussahen.

Kürzlich berichteten die italienischen Wissenschaftler Giuseppe Longo und Menotti Galli, in Baumharz aus der betreffenden Zeit und Region zahlreiche feste Teilchen gefunden zu haben, die eine für Steinmeteorite typische chemische Elementenzusammensetzung aufweisen. Manches spricht also sehr deutlich dafür, daß 1908 tatsächlich ein Meteorit knapp über der Erde explodiert ist. Diese Theorie ist gegenwärtig ganz sicher die wahrscheinlichste von allen.

Trotzdem verbinden sich mit all jenen Vorgängen von 1908 noch zahlreiche Fragen und Rätsel, die bis heute einer Lösung harren und sich offensichtlich nicht mit einem natürlichen Ursprung des abgestürzten Objekts vereinen lassen, zumindest zur Zeit noch nicht. Auch sie müssen nun einmal berücksichtigt werden, wenn es darum geht, die *richtige* Erklärung zu finden!

Von einem recht ungewöhnlichen Umstand war bereits die Rede: Jener Himmelskörper änderte kurz vor dem Niedergehen seinen ursprünglichen Kurs – für einen meteoritischen Körper ein merkwürdiges Verhalten. Für diesen plötzlichen Knick in der Flugbahn gab es zahlreiche Augenzeugen. Der Feuerball – dessen Form von Beobachtern damals übrigens als zylindrisch beschrieben worden ist – näherte sich von südöstlicher Richtung an, kurz vor der Explosion bewegte er sich aber fast genau von Osten nach Westen. Unter anderem aufgrund dieses Faktums entwickelte der russische Ingenieur A. P. Kasantsev die Vorstellung, daß damals ein außerirdisches Raumschiff über Sibirien abgestürzt war. Später griffen unter anderem auch die beiden Autoren Baxter und Atkins in ihrem bekannten Buch »Wie eine zweite Sonne« auf diesen spektakulären Gedanken zurück. Natürlich ist diese These sehr umstritten.

Auch in Rußland wurden UFO-Akten natürlich von Militär und Staatsführung jahrelang unter Verschluß gehalten. Themen dieser Art billigte die Regierung nicht. Entsprechende Berichte wurden dennoch von Privatpersonen gesammelt und kursierten lediglich in *Samizdat*-Form, das heißt, als mühsam erstellte Abschriften oder Übersetzungen bedeutsamer Dokumente und (oft verbotener westlicher) Bücher, die insgeheim ausschließlich unter befreundeten Forschern ausgetauscht wurden. Doch seit dem Zusammenbruch der Sowjetunion drangen mehr und mehr Berichte über unidentifizierte Flugobjekte und andere mysteriöse Erscheinungen nach außen, Beobachtungen, wie sie auch im Osten der ehemals halbierten Welt in großer Zahl geschildert und registriert worden sind.

Heute melden sich russische Naturwissenschaftler mit ihren verblüffenden Ideen zur Suche nach außerirdischen Intelligenzen oder auch zum UFO-Phänomen zu Wort und stehen zu Kollegen weltweit in ungleich engerer Verbindung, als es noch vor kurzem auch nur annähernd denkbar gewesen wäre. Ganz allgemein ist es nun endlich möglich, durch den »zerrissenen Vorhang« zu gehen und in einen gegenseitigen spannenden Dialog zu treten.

Interessanterweise haben Wissenschaftler im Gebiet der Tunguska-Explosion einige nicht durch die Meteoritentheorie erklärbare Anomalien gefunden, die mir auch aus erster Hand bestätigt worden sind. So schickte mir der Astronom Dr. Gennadij Andreev von der Universität Tomsk bereits vor einiger Zeit eine ausführliche Studie, die er zusammen mit dem Onkologen Dr. Nikolai Vasilyev erarbeitet hatte. Dr. Andreev leitet seit

langem die jährlichen Expeditionen in das Tunguska-Gebiet und hat auch mich schon mehrmals eingeladen, daran teilzunehmen, was mir bisher leider zeitlich noch nicht möglich gewesen ist.
Jene Tomsker Studie behandelt biologische Veränderungen, die eindeutig auf das Ereignis von 1908 zurückgehen. Beispielsweise fiel den Forschern ein unverhältnismäßig verstärktes Baumwachstum auf. Sie entdeckten außerdem definitive genetische Veränderungen bei Pflanzen, Tieren und sogar bei Menschen!
Tatsächlich ergaben Messungen eine unnatürliche Erhöhung der Radioaktivität im Tunguska-Gebiet. Damit liegt die Frage nahe: Sind die festgestellten Mutationen auf diese radioaktive Strahlung zurückzuführen? Woher aber stammte sie? Das Problem bei der Sache ist nämlich: Von Meteoriten ist bislang einfach nicht bekannt, daß sie radioaktiv strahlen, ein Geigerzähler würde auf keine der bekannten Meteoritenklassen ansprechen!
Andreev und Vasilyev stellen in ihrer Untersuchung fest: »Die Forschungsergebnisse sowie die Natur des vorliegenden Mutationseffekts haben gezeigt, daß er weder durch den Hitzeeinfluß der Explosion noch durch das Feuer, das ihr folgte, oder durch chemische Eigentümlichkeiten des Tunguska-Körpers erklärbar ist. Die Frage nach der Möglichkeit einer Strahlungsmutagenese bleibt offen, da die Quelle der angenommenen ionisierenden Strahlung nicht klar ist.« Die beiden Forscher untersuchten auch Kiefern, die um das Jahr 1908 gewachsen waren und stellten genetische Abnormitäten fest, ebenso bei bestimmten Insekten (sie hatten für ihre Forschung die weit verbreiteten Ameisenarten *Formica fusca* und *Formica exsecta* ausgesucht).
Wie schon erwähnt, bei Menschen fanden sich gleichfalls Veränderungen im genetischen Material. Auch wenn die Studie von Andreev und Vasilyev keine Einzelheiten zu den Auswirkungen dieser Mutationen nennt, so bestätigt sie doch, was lange Zeit als bloßes Gerücht galt: »... in den Jahren 1959, 1969, 1971 sowie in den achtziger Jahren führte die Universität von Moskau und das Institut für Allgemeine Genetik der Akademie

der Wissenschaften der USSR unter der Leitung von Professor Yu. G. Rychkov komplexe populationsgenetische Untersuchungen der evenkischen [= tungusischen] Bevölkerung in der Tungus-Chun-Region durch, auf deren Territorium die Tunguska-Explosion stattfand. Ein Teilergebnis dieser Studie ist die Entdeckung einer sehr seltenen genetischen Anomalie in der Familie der Rhesus-Faktoren. Genealogisch geht diese Anomalie auf einen Mann zurück, der 1908 in der unmittelbaren Nachbarschaft des Katastrophenzentrums geboren wurde.
All diese von uns genannten Daten bezeugen die Tatsache, daß die Tunguska-Katastrophe die Geburt einer ganzen Kette von biologischen wie auch genetischen Folgeeffekten einleitete, deren Entschlüsselung uns einzigartige und, möglicherweise, entscheidende Informationen über die Natur des Phänomens geben könnte.«

In den abgelegenen Wäldern Sibiriens scheint noch so manches Rätsel einer Lösung zu harren. So erfuhr ich aus zuverlässiger Quelle die folgende, recht merkwürdige Geschichte.
Seit bereits mehr als zehn Jahren untersucht ein gewisser Dr. Zotkin einen seiner Ansicht nach sehr ungewöhnlichen Stein. Wie er behauptet, muß dieser Stein von oben durch die Atmosphäre geflogen sein, obwohl es sich bei ihm nicht um einen »herkömmlichen« Meteoriten handelt. Auf einer Fotografie, die ich von dem Stein gesehen habe, war leider nicht sehr viel zu erkennen. Seine Oberfläche ist von orangeroten Mustern bedeckt, deren Aussehen ein wenig an Flechten erinnert.
Was war das nun wieder für ein seltsames Objekt? Alles nur neue Legendenbildung? Wer weiß …

Signale?

Am 13. September 1959 erhielt unser Mond »Besuch« von einem fremden, künstlichen Raumflugkörper. Der relativ kleine, nur knapp vierhundert Kilogramm schwere Apparat

schlug zwischen den drei Meteoritenkratern *Archimedes*, *Autolycus* und *Aristillus* auf, einer Formation, die auch als das »griechische Dreieck« bekannt ist, da alle drei Einschlagtrichter nach griechischen Philosophen benannt sind. Hier also, am Ostrand des riesigen *Mare Imbrium* auf der Vorderseite des Mondes, endete die Bahn eines kleinen Flugkörpers, der von der Erde gestartet worden war, um einen ersten Schritt in der interplanetaren Raumfahrt zu riskieren.
Mit *Luna 2*, so hieß jenes bescheidene Gefährt, gelang der Sowjetunion nach dem »*Sputnik*-Schock« von 1957 ein weiterer entscheidender Triumph über die amerikanische Raumfahrt, die in jenen Jahren notorisch hinterherhinkte, was sich später jedoch besonders durch die sensationellen *Apollo*- und *Space-Shuttle*-Missionen radikal ändern sollte.

Mit der Landung von *Luna 2* auf dem Mond ist eine ganz besondere Merkwürdigkeit verbunden. Nach mehrfach bestätigten Berichten zeigten sich damals, genau zur Stunde, als diese Sonde auf dem Mond niederging, seltsame Leuchtphänomene im »griechischen Dreieck«. Schon seit Jahrhunderten beobachten Astronomen solche ungewöhnlichen Lichter auf der Oberfläche des Erdbegleiters, doch bis heute kennt niemand eine Antwort auf die Frage, was sich hinter ihnen verbirgt und wie sie entstehen. Handelt es sich vielleicht um Staubwolken, die bei Einschlägen kleinerer Meteorite aufgewirbelt werden und das Sonnenlicht reflektieren? Oder sind es selbstleuchtende, ionisierte Gase?
Die »moonblinks« oder *Transient Lunar Phenomena* (*TLP*, »vorübergehende Mondphänomene«), wie diese geheimnisvollen Lichter auch genannt werden, erscheinen in unregelmäßigen Zeitabständen, doch sind sie offenbar nicht ganz zufällig über die Mondoberfläche verteilt. In einigen Regionen treten sie konzentriert auf, in anderen fast nie. Besonders mysteriös an ihnen ist jedoch der Umstand, daß ihre Häufigkeit ganz offenbar mit einigen bemannten und unbemannten Mondmissionen in Verbindung steht!
Der russische Radioastronom Alexey V. Arkhipov von der

Ukrainischen Akademie der Wissenschaften hat sich eingehend mit diesem Phänomen befaßt und ist dabei zu faszinierenden Einsichten gelangt. In der amerikanischen Fachzeitschrift »Selenology« (»Mondforschung«) machte er 1994 beispielsweise darauf aufmerksam, daß all die Jahre vor der Landung der US-Sonde *Ranger 6* am 2. Februar 1964 auf den dunklen Basaltflächen des *Mare Tranquillitatis* (auf der erdzugewandten Hälfte der Mondkugel) nur ein einziges TLP in diesem Gebiet beobachtet worden war. Dann aber, nur wenige Stunden nach dem Aufsetzen der Sonde auf den Mondboden, erschien im benachbarten Krater *Ross* eines jener seltsamen Lichter. Schließlich entwickelte sich ein etwa hundert mal hundert Kilometer weiter Sektor östlich von *Ross* zu einer regelrechten Aktivitätszone. Dann kristallisierte sich eine zweite Zone im »Tranquillitatis« heraus, nun weiter südlich, in der Nähe des Mondäquators zwischen den Kratern *Sabine* und *Maskelyne*, nachdem dort am 11. September 1967 die amerikanische Raumsonde *Surveyor-5* gelandet war. Die Astronauten der ersten bemannten Mondmission *Apollo 11* setzten nicht ganz zwei Jahre später ihre Fähre genau im selben Gebiet auf den grauen Sand des Mondes:

»Tranquillity Base, the ›*Eagle*‹ has landed!« – »Tranquillity-Basis, der ›*Adler*‹ ist gelandet!«

Und schon *in der Anflugphase* berichteten sie von ungewöhnlichen Lichterscheinungen, die auch von Beobachtern am Erdboden mit Hilfe leistungsstarker Teleskope erkannt und gemeldet wurden. Daraus geht im übrigen auch hervor, daß diese Phänomene nicht etwa auf die Bodenerschütterungen zurückgeführt werden konnten, die von den Landungen herrührten.

Wie Dr. Arkhipov über die Vorgänge im *Mare Tranquillitatis* schreibt: »Die zunehmende Zahl an LTP-[=TLP-]Berichten in den sechziger Jahren kann diese Phänomene nicht erklären. Ungefähr 7,7 Prozent der bekannten LTP zählten 1964–1969 zu diesem Mare, zu anderen Zeiten aber nur 0,1 Prozent. Diese örtliche ›Welle‹ von LTP-Berichten besitzt statistische Bedeutung.« Aufgrund der ihm vorliegenden Daten errechnete der Forscher eine Wahrscheinlichkeit von größenordnungsmäßig lediglich einem Milliardstel dafür, daß dieser Zusammenhang auf einem puren Zufall beruht. Mit anderen Worten: Dahinter steckt mehr!

Der russische Wissenschaftler hat außerdem noch einige weitere solcher Fälle entdeckt, so daß die Wahrscheinlichkeit für einen Zufall noch deutlich geringer wird.

Dr. Arkhipov spricht vom *»Invasions-Effekt«*.

Seiner Ansicht nach ist keineswegs ausgeschlossen, daß dort oben in der Einsamkeit der Mondwüsten Dinge vor sich gehen, von denen wir nichts wissen, nichts erfahren sollen, daß sich dort eventuell eine außerirdische Zivilisation aufhält, aus welchen Gründen auch immer – vielleicht, um die Erde zu studieren.

Nun, mit den Landungen der ersten Sonden auf dem Mond, begann nach Ansicht von Dr. Arkhipov eine Art *»Invasion«* durch die Menschheit. Um einer Entdeckung durch die »Störenfriede« auszuweichen, starten die Fremden nötigenfalls »TLP-Aktionen«:

»Im Falle einer geheimen Beobachtung der Erde«, so spekuliert Dr. Arkhipov, »müssen außerirdische Wesen den Kontakt mit uns meiden. Die ideale Tarnmethode auf dem Mond ist eine künstliche Explosion, um Spuren zu beseitigen und einen Schutzschild aus Staub aufzurichten. Diese Aktion erscheint wie der Einschlag eines Meteoriten, der einen gewöhnlichen Krater bildet... Somit könnten einige der LTP künstlichen Ursprungs sein.«

Aber – wäre es nicht viel eher denkbar, daß irdische Beobachter zu Zeiten der Mondmissionen das lunare Geschehen besonders aufmerksam verfolgten und, aus naheliegenden Gründen, ihr größtes Augenmerk auf die jeweiligen Landestellen richteten? Könnte es nicht sein, daß ihnen ausschließlich deshalb eine nur *scheinbar* verstärkte Aktivität der Leuchterscheinungen auffiel? Diese durchaus »einleuchtende« Erklärung läßt sich in Anbetracht mancher Fakten jedoch schlichtweg nicht halten.

In der fünfjährigen Zeitspanne, während derer TLPs nahe dem Krater *Ross* gesichtet worden waren, landeten sechzehn Sonden

in *anderen* Mondregionen. Wenn sich dadurch möglicherweise auch etwas am Beobachtungsverhalten änderte, an den Lokalitäten der TLPs änderte sich nichts! Und als *Apollo 17* am 11. Dezember 1972 rund 370 Kilometer nordöstlich vom *Ross*-Krater landete, stellte niemand ungewöhnliche Aktivitäten fest.
Dr. Arkhipov kommt deshalb zu dem ebenso logischen wie interessanten Schluß:
»Das Eindringen von irdischen Raumfahrzeugen in bestimmte Mondregionen regt eine statistisch signifikante, real vorhandene, zeitweilig ansteigende Wahrscheinlichkeit von *Lunar Transient Phenomena* an. Eine beobachtungsbedingte Auswahl kann nicht als angemessene Erklärung für diesen Effekt gelten. Die LTP aber könnten im Sinne einer verborgenen Anwesenheit Außerirdischer auf dem Mond gedeutet werden. Jedoch besteht ein psychologisches Vorurteil gegen diesen Ansatz... Was ist vernünftiger: die leichten Erdbeben in Nevada als ein Naturphänomen oder aber als Kernexplosionen zu deuten? Offensichtlich ist die zweite Hypothese die wahrscheinlichere. Aber, wie vermögen wir *a priori* die Wahrscheinlichkeiten für die Situation auf dem Mond einzuschätzen? Das ist auch der Grund, warum die ›künstliche‹ Deutung des ›Invasions-Effektes‹ einer Diskussion wert ist. Die Methoden der Geheimdienste sind für eine Suche nach stillschweigender außerirdischer Intelligenz eher angemessen als die Methoden der Astronomie, Selenologie und Geologie, die auf das Studium natürlicher Vorgänge oder Objekte ausgerichtet sind. – Es ist besser, auf der Hut zu sein, als die Anwesenheit Außerirdischer achtlos zu ignorieren.«
Ähnliche Gedanken bewegen auch Arkhipovs Landsmann und Kollegen Dr. Vladimir V. Rubtsov, der unter anderem auf einer großen SETI-Tagung im Jahr 1990 zu demonstrieren versucht hat, daß die These eines *künstlichen* Ursprungs des Tunguska-Objekts alle beobachteten Details dieses Vorfalls nach wie vor immer noch am besten erklärt.
Nun, in der Astronomie gilt schon seit langem ein Grundsatz. Dieser Grundsatz besagt, daß kein Wissenschaftler vom künstlichen Ursprung eines Signals oder der künstlichen Entstehung

eines Objekts ausgehen dürfe (also von einer dahinterstehenden Intelligenz), solange nicht alle »natürlichen« Erklärungen erwogen und ausgeschlossen worden seien. Ein zunächst sehr vernünftig scheinendes Prinzip. Tatsächlich aber ein Voranschreiten mit dickem Pferdefuß!

Eine typische astronomische Untersuchung werde niemals auf »künstliche« Erklärungsvarianten zurückgreifen, so gibt Rubtsov zu bedenken: »Jede abgelehnte Hypothese wird lediglich wieder von einer neuen ›natürlichen‹ Variante abgelöst werden.« Für die Suche nach einer Weltraum*technologie* ist es nun aber von Anfang an erforderlich, daß Forscher beide Möglichkeiten – die »natürliche« *und* die »künstliche« – gleichwertig berücksichtigen.

Dieser Grundsatz muß beispielsweise eindeutig in solchen Fällen wie dem des »Marsgesichts«, des »Tunguska-Ereignisses« oder der »moonblinks« angewendet werden, ungeachtet der Wahrscheinlichkeiten – mit denen man im Falle einer uns unbekannten und damit nicht einschätzbaren Fremdtechnologie ohnehin nicht operieren kann – und: ungeachtet des letztendlichen Ergebnisses dieser Forschung. Selbst wenn sich am Schluß herausstellen sollte, daß diese drei Phänomene allesamt auf ganz natürliche Weise erklärbar sind, auch gut. – Es geht ausschließlich um Objektivität und um die Wahrheit. Nichts anderes ist gefragt. Wenn Wissenschaftler aber von Anfang an unter der Vorgabe eines *rein* »natürlichen« Ursprungs arbeiten und dementsprechend *»reine«* Methoden anwenden, dann können als Resultat nur *rein* »natürliche« Deutungen dabei herauskommen. Die Frage allerdings ist: Sind diese Deutungen dann auch ganz »natürlich« richtig?

Im Frühjahr 1994 übersandte mir Dr. Arkhipov reichhaltige Unterlagen zu seinen neuesten SETI-Forschungen. – Als Radioastronom hat er in den achtziger Jahren übrigens bereits eine Reihe verdächtiger Signale aus der Umgebung einiger sonnennaher Sterne empfangen. »Jene Radioquellen könnten künstlichen Ursprungs sein. Sie wurden aber bisher noch nicht genügend weiteruntersucht«, so teilte mir der Wissenschaftler da-

mals mit. Doch hält er die gegenwärtigen, konventionellen Methoden der SETI-Forschung weder für angemessen noch für ausreichend. Eine Überzeugung, die er auch im Dezember 1993 in einem offenen Brief an die Fachzeitschrift *The Observatory* ganz deutlich zum Ausdruck gebracht hat.
Wie er erläutert, gehen SETI-Forscher im allgemeinen von folgenden Grundannahmen aus:

- *Außerirdische Wesen wollen Kontakt mit uns aufnehmen.*

- *Elektromagnetische Wellen (z. B. Licht, Radiowellen) stellen den bequemsten Modus der Informationsübermittlung dar.*

- *Künstlich ausgesandte Strahlen müssen engbandig sein, sich wiederholen und in Verbindung mit einer als sonnenähnlicher Stern identifizierbaren Punktquelle stehen.*

Der russische Astronom gibt dabei mit Recht zu bedenken: »Die meisten Radio- bzw. optischen (Laser-)Projekte verkörpern diese klassischen Thesen. Allerdings repräsentieren diese Forderungen nur *eine* Variante eines weiten Spektrums an Möglichkeiten. Beispielsweise kann intelligentes Leben in der Nähe von Sternen jeden Typus (und hinter ihnen) vorkommen, da sich künstliche Umwelten zum Lebenserhalt schaffen lassen. Außerdem könnte eine fortgeschrittene, bedachtvoll agierende Fremdzivilisation uns im geheimen studieren… ohne uns Antwort zu geben. Und letztendlich sind elektromagnetische Wellen nicht das einzige Kommunikationsmittel.«
Aus all diesen nicht gerade unwesentlichen Gründen, die aber in der üblichen SETI nicht berücksichtigt werden, befürwortet Dr. Arkhipov ein flexibleres, differenzierteres Programm. Genau wie der führende amerikanische SETI-Astronom Dr. Michael D. Papagiannis erkennt er einen der wohl reizvollsten Aspekte dieser Wissenschaft – nämlich die offensichtliche Notwendigkeit, direkt vor unserer »kosmischen Haustüre« zu suchen, direkt hier in unserem eigenen Planetensystem nach Hin-

weisen auf Außerirdische zu forschen. Und er geht noch einen Schritt weiter:
»Die Suche nach außerirdischen Artefakten im Sonnensystem, die Untersuchung ungewöhnlicher Radioquellen und die Erforschung unidentifizierter sporadischer Radioblitze aus dem Kosmos scheinen vielversprechende Beispiele nichtklassischer SETI-Unternehmungen zu sein. – Aber, ist es nicht vernünftiger, die ›Nadel‹ des Beweises für eine extraterrestrische Intelligenz statt im ›kosmischen Heuhaufen‹ vielmehr auf einer Art ›Himmelsmagnet‹ zu suchen? Der Mond, als eine geeignete Basis zur Überwachung unseres Planeten, scheint so ein ›Magnet‹ für außerirdische Artefakte zu sein. Dieses Problem wird unter der Bezeichnung SAAM-Projekt durchgeführt (SAAM = **S**uche nach **A**ußerirdischen **A**rtefakten auf dem **M**ond) und am *Research Institute on Anomalous Phenomena,* dem Forschungsinstitut für Anomale Phänomene, RIAP) in Kharkov, Ukraine, intensiv analysiert.«
Die *SAAM*-Forscher erinnern daran, daß der Mond bereits im Jahr 1960 als ein Himmelskörper von wesentlicher militärstrategischer Bedeutung zur Beobachtung der Erde erkannt worden ist. Ebenso würde er sich auch als Basisstandort für eine außerirdische Macht eignen. Eine extraterrestrische »Spähersonde«, die auf der Oberfläche des Mondes stationiert wäre, würde gegenüber einem Orbitalraumschiff – ob bemannt oder unbemannt, sei nun einmal dahingestellt – eine Menge an Vorteilen bieten:
Die Mission wäre besser getarnt. Der Mondboden würde das Raumschiff zur Hälfte vor dem Einfall von Mikrometeoriten und kosmischer Strahlung schützen, woraus eine deutlich höhere Lebensdauer der Technik resultierte. Und auch eine Bahnstabilisierung fiele weg. Die Energieversorgung des Systems, so schlägt *SAAM* vor, könnte über die Sonnenstrahlung geregelt werden. Nun müßte man nur noch einen Punkt finden, von dem aus Erde *und* Sonne fast andauernd zu sehen wären. Aber, gibt es so einen Platz überhaupt?
Da sich der Mond in derselben Zeit einmal um sich selbst dreht, in der er auch einmal vollständig um die Erde kreist, kommt es

zu einer ungewöhnlichen Situation, von der sich jeder überzeugen kann, der den Mond für längere Zeit beobachtet: Der Erdbegleiter zeigt uns *immer* dasselbe »Gesicht«, immer dieselbe Seite. Die geheimnisvolle »Rückseite« (erdabgewandte Seite) des Mondes zu sehen, war bisher nur den *Apollo*-Astronauten vergönnt. Zwar gibt es Schwankungen in der Bahn, doch da sie verhältnismäßig unbedeutend sind, soll uns das hier nicht interessieren. Wichtig ist zunächst nur, daß die Erde dementsprechend zwar nur von einer Hälfte des Mondes zu sehen ist, aber von dieser Hälfte aus ständig im Sichtwinkel liegt. Dieses Problem ist also schon einmal gelöst. Schwieriger, aber vielleicht auch nicht ganz so wesentlich ist jetzt, zusätzlich noch einen Ort zu finden, der fast andauernd im Sonnenlicht liegt.
Wie gesagt, der Mond dreht sich in etwa einem Monat einmal ganz um seine Achse. Mit anderen Worten dauert ein »Mondtag« rund vier Wochen. Entsprechend vergehen von Sonnenaufgang bis Sonnenuntergang auf dem Mond ganze zwei Wochen! Anschließend aber steht die Sonne für weitere zwei Wochen *unter* dem Mondhorizont – es herrscht eine vierzehntägige Nacht! Doch gibt es Ausnahmen. Infolge der »günstigen« Orientierung der Mondachse existieren in der Nähe der Mondpole einige Vorzugspunkte, die fast ständig im Sonnenlicht liegen, beispielsweise die südlichen Wallkronen des Meteoritenkraters *Malapert* (benannt nach einem belgischen Mathematiker). Dieser Krater – Durchmesser: satte 69 Kilometer! – liegt nahe dem südlichen lunaren Pol. Der Kraterrand steigt bis in eine Höhe von immerhin fast vier Kilometer auf und wird zu 94 Prozent der gesamten Zeit von Sonnenlicht bestrahlt. Und genau hier, auf diese Stelle wollen sich die *SAAM*-Forscher u. a. besonders konzentrieren, hier vermuten sie die größte Wahrscheinlichkeit, auf ein außerirdisches Artefakt zu stoßen – eine Sonde, ein Meßsystem, gar eine Basis, was auch immer.
Es wird eine sehr spannende Suche werden. Doch, möglicherweise hat man anderswo bereits gefunden, wonach man auf dem Mond derzeit noch Ausschau hält: außerirdische Artefakte – direkt auf der Erde!

Außerirdische Artefakte

Immer wieder werden Wissenschaftler mit höchst Ungewöhnlichem und oft absolut Unerklärlichem konfrontiert. 1982 beispielsweise machte ein Mediziner in Rumänien eine derartige geheimnisvolle Erfahrung. Ich hatte Gelegenheit, mit ihm über sein sehr merkwürdiges Erlebnis zu sprechen. Der Anonymität halber wollen wir diesen Arzt, von dessen absoluter Zuverlässigkeit ich aufgrund langer Gespräche überzeugt bin, einmal »Dr. X« nennen.

Kurz vor Abschluß seines Medizinstudiums wurde »X«, der damals gerade mit Transplantationsexperimenten beschäftigt war, in seinem Universitätslabor von einem Unbekannten aufgesucht:

»Dr. X«: »Der Mann kam mit einem Metallkoffer ins Labor und holte eine Flüssigkeit hervor, die auf den ersten Blick wie gewöhnliches Wasser aussah. Diese Flüssigkeit wurde getestet. Ich durfte nicht bei allen Tests anwesend sein, nur bei einem einzigen konnte ich direkt zusehen. Man hatte zwei Elektroden an der Carotis[-Arterie] meiner Kaninchen angebracht, und die Enden dieser Elektroden ragten in jene wasserartige Flüssigkeit. Die Kaninchen wurden anschließend getötet. In diesem Moment sah es aus, als ob das ›Wasser‹ zu kochen anfinge. Und als die Kaninchen biologisch tot waren, war das ›Wasser‹ grau verfärbt und wieder vollkommen still. Mehr kann ich nicht sagen.«

AvR: »Wissen Sie, woher dieser rätselhafte Mann gekommen war?«

»Dr. X«: »Diese Person kam aus den Vereinigten Staaten.«

AvR: »Von wo genau? Wissen Sie das?«

»Dr. X«: »Das kann ich nicht sagen. Ich war damals niemand von Bedeutung, weit unten in der Ärztehierarchie. Darüber habe ich nichts erfahren. Ich weiß nur, daß er aus den Vereinigten Staaten kam.«

AvR: »Sie waren zu jener Zeit also Student?«

»Dr. X«: »Ich befand mich am Ende meines Studiums.«

AvR: »Womit genau haben Sie sich seinerzeit beschäftigt?«

»Dr. X«: »Ich war an einem Projekt beteiligt, bei dem es hauptsächlich um Versuche zur Transplantation von Bauchspeicheldrüsen und Lebertransplantationen an Tieren ging. Wir arbeiteten damals für die Universität Freiburg.«

AvR: »Warum kam der Fremde gerade zu Ihnen, ich meine, in das Labor, in dem Sie arbeiteten, an diese Universität?«

»Dr. X«: »Das weiß ich nicht.«

AvR: »Befand sich jener Amerikaner in Begleitung anderer Personen?«

»Dr. X«: »Nein. Er war ganz allein. Er sah vollkommen unauffällig aus, auf gut Deutsch gesagt, ein stinknormaler Mensch. Keine Auffälligkeiten. Er sprach ausschließlich Englisch.«

AvR: »War aus seinen Äußerungen, aus seinen Kenntnissen ableitbar, aus welchem Fachbereich er selbst stammte?«

»Dr. X«: »Er hat nichts dazu gesagt. Er hat nur öfters gemeint: ›I don't know. I don't know.‹ – Ein älterer Kollege hat ihn gefragt: ›Was meinen Sie, gibt es im All irgendwo noch andere intelligente Wesen, gibt es Extraterresten?‹, worauf der Fremde antwortete, das wisse er nicht, er könne nur sagen, es gebe so viele Informationen darüber, daß die Welt verrückt werden würde, wenn alles an die Öffentlichkeit käme. Das war sein ganzer Kommentar. Er hat nicht viel gesagt.«

AvR: »Wie lange hat diese Begegnung gedauert?«

»Dr. X«: »Das ganze hat etwa eine Dreiviertelstunde gedauert, dieses letzte Experiment nicht einmal fünf Minuten. Und dann hat er alles wieder eingepackt. Er hat irgend etwas notiert und seine Flüssigkeit eingepackt und ist wieder verschwunden.«

AvR: »Hat er jemanden näher an diese Flüssigkeit herangelassen?«

»Dr. X«: »Das durfte niemand.«

AvR: »Niemand?«

»Dr. X«: »Nein. Niemand. Einer wollte noch ein paar Tropfen davon nehmen, worauf der Fremde gesagt hat, er solle die Flüssigkeit nicht antasten.«

AvR: »Wie nahe waren Sie an der Flüssigkeit?«

»Dr. X«: »Auf Armeslänge.«

AvR: »Wie groß war der Flüssigkeitsbehälter? Wieviel von jener seltsamen Lösung hatte der Mann eigentlich bei sich?«
»Dr. X«: »Etwa einen halben Liter. In einem durchsichtigen Glas. Sonst gar nichts. Der Mann hatte auch keinerlei elektronische Einrichtungen bei sich, keinen Computer, gar nichts.«
AvR: »Nach dem Experiment hat sich die Flüssigkeit verfärbt, ist grau geworden?«
»Dr. X«: »Ja. Sie ist etwas dunkler, grauer geworden und völlig still und unbewegt.«
AvR: »Aber noch durchsichtig?«
»Dr. X«: »Leicht durchsichtig.«

Wie »Dr. X« anklingen ließ, waren während jenes mysteriösen Experiments noch andere Ärzte und ein Professor anwesend.
»Dr. X«: »Der Professor, der auch dabei war, ist später definitiv verschwunden. Man weiß nicht, wo er ist. Einige sagen, er hätte sich in den Westen abgesetzt. – Der andere, ältere Kollege, der sich ein paar Minuten länger im Labor befand, hat mir gegenüber nur noch geäußert: ›Wahnsinn, Wahnsinn! Wir leben in der absoluten Primitivität!‹ Mehr wollte er mir nicht sagen. Warum, das weiß ich auch nicht.«

Worum konnte es sich bei der unheimlichen Flüssigkeit, die auf Tod reagierte, gehandelt haben? Stammte sie aus außerirdischer Quelle? Was geschah mit dem Professor? Wer war jener ominöse, so unauffällig wirkende Mann, der aus den Vereinigten Staaten gekommen war? Ein unbekannter Wissenschaftler, der für die Regierung arbeitete? Ein Geheimagent? Solche Fragen, solche Mutmaßungen erscheinen im ersten Moment abwegig. Doch: Das Außerirdische an sich ist den Menschen schon immer so suspekt, weil zu fremd gewesen, daß sich nur wenige gern damit ernsthaft auseinanderzusetzen versuchten. Und die Geschichte wiederholt sich. Früher wollte man nicht glauben, daß *totes* außerirdisches Material in Form von Meteoriten auf die Erde herabfällt, selbst als die Beweise schon längst vorlagen. Heute weigern sich Wissenschaftler, sich mit dem Gedanken vertraut zu machen, daß zusammen mit Meteoriten möglicherweise primitive außerirdische Organismen auf unserem Planeten niedergehen oder aber Raumfahrzeuge hochentwickelter Intelligenzen hier landen könnten.

In unseren Tagen und in diesem ganz speziellen Fall kommt zu all diesen Schwierigkeiten noch ein ganz anderes Problem dazu, das wir keinesfalls vergessen dürfen: *die geheimdienstliche und regierungsseitige Überwachung von wissenschaftlichen Instituten.*

Wenn verdächtiges, möglicherweise bedrohliches, möglicherweise gar künstliches außerirdisches Material »im Umlauf« ist und in Forschungsinstituten eintrifft, bekommen freilich ohne Frage auch das Militär und die Geheimdienste »Wind« davon. Das Material verschwindet nach einiger Zeit und der Beweis ist – wieder einmal: weg! Großes Wunder! Daß solcherlei außergewöhnliche Relikte zudem nicht gerade wie Sand am Meer auf unserem Planeten herumliegen, muß wohl nicht extra betont werden. Denken wir nur an die zahlreichen *irdischen* Kulturen, von deren Existenz wir durch einige wenige archäologische Funde zwar wissen, die uns aber trotz ihrer einstigen Ausbreitung und Bedeutung erstaunlich wenig Material hinterlassen haben! Und *diese* Funde landen sicher nicht in finsteren Regierungslabors oder Geheimarchiven. Mit Sicherheit können wir aber davon ausgehen, daß das im Falle der realen Präsenz außerirdischer Artefakte zutrifft.

So besteht beispielsweise in den USA eine Einrichtung mit der Bezeichnung *Institute for Defense Analysis* (kurz: *IDA*). Wie Linda Howe erläutert, wurde die *IDA* am 5. April 1956 »auf eine Initiative des Verteidigungsministers gegründet. Die Aufgabe des Instituts bestand darin, eine erhöhte Interaktion von Wissenschaftlern und Ingenieuren in Universitäten mit einer kleinen Gruppe von Analytikern im Büro der *Joint Chiefs of Staff* [Vereinigte Stabschefs] anzuregen, die als die *Weapons Systems Evaluation Group* [Bewertungsgruppe für Waffensysteme] bekannt ist. Heute ist *IDA* der ›Hirnkonzern‹ der *Defense Advanced Research Projects Agency (DARPA)* [Forschungsdienst für fortgeschrittene Verteidigungsprojekte]...« – Hinzuzufügen bleibt vielleicht noch, daß auch die Forschungszentrale der NSA in der IDA zu finden ist: als *Communications Research Division (CRD)* an der berühmten Princeton-Universität.

Es gibt immerhin einige bekannte Fälle, in denen die weitere Untersuchung von Material verhindert worden ist, wobei über die tatsächlichen Gründe spekuliert werden muß.

Im Jahr 1975 machten Arbeiter in der Westukraine einen sehr ungewöhnlichen Fund. In einer zehn Millionen Jahre (!) alten Tonablagerung in acht Meter Tiefe entdeckten sie eine seltsame »schwarze Kugel«. Einer der Männer nahm diese Kugel und schlug sie an einen Eimer. Dabei splitterte ein kleines Stück des Fundes ab, das Innere wurde sichtbar und reflektierte das Licht wie eine glasähnliche Masse.

Für eine Weile landete der kleine schwarze Ball, mit dem ohnehin niemand so recht etwas anzufangen wußte, im örtlichen Museum. Von dort gelangte er an verschiedene Institute in Moskau. Die Wissenschaftler planten eine sehr gründliche Untersuchung, doch: Nach nur einer Woche wurde das Objekt wieder zurückgefordert. Auf diese Weise konnte mit der Analyse nur gerade begonnen werden. Und selbst die ersten Ergebnisse waren in der Tat mehr als verblüffend, ja geradezu schockierend für die beteiligten Forscher.

Wie sich herausstellte, bestand die Kugel, die einen Durchmesser von knapp 9 Zentimetern besitzt, aus zwei Teilen – einer äußeren Schale und einem inneren Kern. Insgesamt wiegt der »Ball« 617 Gramm. Und nun kam die Überraschung: Bei dem Versuch, die Massen von Kern und Schale getrennt zu bestimmen, ergab sich für die Außenschicht ein Gewicht von 981 Gramm, für die Innenschicht eine *negative* Masse von 364 Gramm.

Das Ding wog also im Inneren *weniger als nichts!*

Konnte das wirklich stimmen? Bestand der Kern aus einer Art antigravitierender Materie? Die Wissenschaftler wiederholten ihre verblüffenden Messungen dreimal, wenn auch mit derselben Methode. Für weitere Analysen blieb wie gesagt keine Zeit mehr. Mitte 1994 schrieb mir einer der Untersucher dieses rätselhaften Gegenstandes, der Wissenschaftler Dr. Jurij N. Morozov, in nahezu perfektem Deutsch: »Die Behauptung über das Vorhandensein eines Kerns aus ›Antistoff‹ in der Mitte dieses Balls ist nur eine Hypothese, die zur Zeit kaum überprüfbar ist, weil der Besitzer des Fundes eine weitere Erforschung dieses interessanten Gegenstandes verhindert.«

Nur ein Jahr nach dem sonderbaren Kugelfund stießen Arbeiter in der seinerzeitigen Sowjetrepublik Komi gleichfalls auf einen Gegenstand, der nicht nur ihnen, sondern später auch den Wissenschaftlern einige Rätsel aufgeben sollte. Am Ufer des Flusses Vashka fiel ihnen ein eigenartig silbern glänzender Stein auf, der ungefähr die Größe einer menschlichen Faust besaß. Unter der geringsten mechanischen Belastung, z. B. bereits durch leichtes Anschlagen mit einem anderen Stein, begann der »Silberbrocken« von der Vashka regelrecht Funken zu sprühen. Natürlich versuchten zahlreiche Wissenschaftler herauszufinden, welche Geschichte der Stein, der auch als »Tula«- oder »Varta«-Fund bekannt ist, wohl hinter sich haben mochte. Wie war er entstanden? Woher stammte er?

Wie sich zunächst herausstellte, war der ungewöhnliche Gegenstand lediglich das Bruchstück eines viel größeren Objekts, offensichtlich eines zylindrischen oder ringförmigen Körpers, der einen Durchmesser von 1,2 Metern besessen haben muß. Für weitere Untersuchungen schnitten die Wissenschaftler den Fund in Scheiben und verteilten ihn an die unterschiedlichsten Forschungsinstitute, so an das damalige »Allunionsinstitut für nukleare Geophysik und Geochemie«, an das »Vavilov-Institut für Physik« oder das »Vernadsky-Institut für Stahl und Legierungen«. Die chemische Analyse des »Findlings« brachte so manche Überraschung mit sich. Er besteht hauptsächlich aus Zer, in Legierung mit Lanthan und Neodym – alles Metalle aus der Gruppe der »Seltenen Erden«. In geringen Beimengungen ließen sich außerdem noch Eisen, Magnesium, Uran und Molybdän nachweisen. Was sich nicht fand, waren Natrium und Kalzium. Keine Spur! Warum aber auch sollten nun unbedingt Natrium und Kalzium in diesem Klumpen enthalten sein? Ganz einfach:

Offensichtlich war das Bruchstück Bestandteil eines künstlich

hergestellten Objekts. Doch auf der Erde existieren keine technischen Möglichkeiten, eine derartige Legierung herzustellen, *ohne* daß sich darin auch Natrium und Kalzium finden!
Neben dieser nicht nachvollziehbaren Eigenschaft zeigt der Fund auch ungewöhnliche magnetische Charakteristika. Eine Röntgenstrukturanalyse läßt darauf schließen, daß das Objekt aus einer Mischung winzigster Teilchen mit verschiedenen Kristallstrukturen hergestellt wurde. Die kleinsten Teilchen bestehen aus nur wenigen hundert *Atomen!*
Im Zusammenhang mit dem Vashka-Fund erinnert Dr. Rubtsov daran, daß interessanterweise auch am Ort der Tunguska-Explosion eine erhöhte Konzentration von Zer und Lanthan aufgefallen ist. Wer nun die rekonstruierte Endbahn des Tunguska-Objekts verlängert, so Rubstov, wird überrascht feststellen, daß sie über den Fundort an der Vashka hinwegzieht. Ein seltsames Zusammenspiel der Ereignisse? Zufall? Oder mehr?
Angesprochen auf das Tunguska-Phänomen und seine Lösung, meinte Dr. Rubtsov einmal: »Die offizielle Erklärung für das Thema ist, daß es keine Erklärung dafür gibt!« Ähnlich verhält es sich mit den Fragen um den Vashka-Fund. Ähnlich verhält es sich auch mit vielen anderen bislang unergründlichen Phänomenen, die offenbar einer Technologie *weit jenseits* unserer Möglichkeiten entstammen.
Auch wenn wir nicht begreifen, was um uns Fremdes vor sich geht, auch wenn wir Angst vor dem »Anderen«, Unbekannten, Unwägbaren haben – wir werden wohl die Realität genau dieses Fremden, Anderen, Unbekannten, Unwägbaren über kurz oder lang und trotz aller Scheu akzeptieren müssen! Denn:
Es ist hier!

V

Das Dreiecksrätsel

West Michigan, März 1994.

In der kleinen Provinzstadt Holland nahe dem Ostufer des Lake Michigan bricht ein ruhiger Abend an. Nichts, was anders ist als an anderen Tagen. Die Straßen sind friedlich, die Polizeiwachen haben nicht sehr viel zu tun. Keine besonderen Vorkommnisse. Bis gegen halb zehn Uhr nachts.

Aufgeregt meldet eine Frau, ein unheimliches Flugobjekt über dem benachbarten Farmhaus zu beobachten. Wie sie erzählt, schwebt es bewegungslos an einer Stelle. Das »Ding« besitzt die Größe von zwei Autos, ist kugelrund und mit grün und rot blinkenden Lichtern bestückt. Der diensthabende Officer fährt daraufhin zum Ort der Sichtung und überzeugt sich nun selbst. Tatsächlich, dort oben, im dunklen Nachthimmel, hängen mehrere ungewöhnliche »Lichter«. Sie verweilen noch für eine Zeit, dann, urplötzlich, rasen sie in südwestlicher Richtung davon. Obwohl seinerseits beeindruckt, schreibt der Officer die Beobachtung einer militärischen Flugübung zu und verzichtet darauf, der Sache weiter nachzugehen. Nur wenige Meilen entfernt schrecken die Lichter dann einen anderen Polizisten auf, der sie nun direkt über dem Lake Michigan schweben sieht. Bald bestätigt der Nationale Wetterdienst in der Nachbarstadt Muskegon die unerklärlichen Vorgänge, die sich in jener Nacht abspielen. Da draußen ist wirklich etwas, soviel steht fest! Auch auf dem Radar erscheinen die Eindringlinge. Zunächst ganz deutlich vier Objekte, dann drei Flugkörper aus fester Materie, die sich in Dreiecksform angeordnet haben. Wieder beschleunigen die fremden Lichter unvermittelt – auf rund 6000 Stundenkilometer!

Steckte dahinter wirklich Militärtechnologie, wie auch das Tow-

erpersonal auf dem Muskegon Airport vermutete? Natürlich, moderne Jets sind in der Lage, auf mehrfache Schallgeschwindigkeit zu beschleunigen. Aber – absolut lautlos? Ohne Antriebsgeräusche, ohne Überschallknall?
Ein weiterer Zeuge aus Holland/Michigan beobachtete in jener außergewöhnlichen Nacht, wie eine Gruppe von Lichtern, die boomerangförmig angeordnet war, langsam über die »Holland High School« hinwegzog. Möglicherweise aber gehörten diese unerklärlichen Lichter zu einem einzigen großen Flugobjekt: einem der geheimnisvollen »fliegenden Dreiecke«, die bereits seit Jahrzehnten weltweit immer wieder beobachtet werden und jedesmal für nicht gerade wenig Aufregung sorgen. Geheime Militärflugzeuge wie »Stealth« und »Aurora« können längst nicht für alle diese Sichtungen verantwortlich gemacht werden. Das belegen die Aussagen Tausender von Augenzeugen!
Das unheimliche, faszinierende Rätsel der »fliegenden Dreiecke« ist noch ungelöst, seine Spur führt wiederum hinaus in die Nacht, in die Abgründe des Weltraums und letztlich sogar erneut in den außerirdischen Teufelskreis, hin zum schattenhaften Treiben der »Grauen« – wer oder was auch immer sich dahinter verbergen mag.

Ein Planet in Aufruhr

Wer sich dem flüchtigen Eindruck mancher Zeitgenossen anschließt, wird das Gefühl nicht los, als ob *sie* nur in Nordamerika ihr Unwesen treiben – *sie*, die unidentifizierten Flugobjekte! Warum aber »bevorzugen« sie offenbar ausschließlich jenen Kontinent? Nun, dieser *flüchtige Eindruck* trügt schlichtweg. Denn: UFOs sind ein echtes *Weltphänomen,* sie werden überall, rund um den Globus beobachtet, fotografiert, vom Radar erfaßt und untersucht, ob in den USA, in Kanada, in Brasilien, den afrikanischen Staaten, Rußland, Australien oder Europa.

Kein Land der Erde, über das nicht schon unidentifizierbare Objekte geflogen wären!

Doch eines darf freilich nicht übersehen werden: Tatsächlich summieren sich gerade in den USA einige Gegebenheiten, die aus der Sicht fremder, außerirdischer Besucher in ihrer Bedeutung nicht zu unterschätzen sein dürften:

Die Vereinigten Staaten repräsentieren die dominierende Supermacht der Erde. In den vierziger Jahren begann in abgelegenen Geheimlaboratorien im Westen der USA die intensive Forschungs- und Entwicklungsarbeit an den ersten Atombomben. Der Morgendämmer eines neuen, düsteren Zeitalters auf unserem Planeten – und gleichzeitig wohl auch ein Prozeß, der von einer möglicherweise deutlich wissenschaftlich-technologisch orientierten Fremdzivilisation mit größter Aufmerksamkeit verfolgt worden sein dürfte. Nirgendwo sonst auf der Erde findet sich zudem eine derart günstige Kombination: hochentwickelte Technologie in abgelegensten Wüstenregionen!

Die Einsamkeit des US-amerikanischen Westens bietet sich für

verdeckte Aktivitäten geradezu an – egal, ob nun terrestrischen oder aber extraterrestrischen Ursprungs. Wie Stan Friedman feststellt: Gerade in den Jahren nach dem Zweiten Weltkrieg war *New Mexico* die einzige Weltgegend, in der eine fremde Zivilisation mit einem Schlag gleich drei wesentlichen irdischen Technologiesprüngen auf dem Weg zur Raumfahrt begegnen konnte. Zu ihnen zählte die Entwicklung großer Raketen, leistungsstarker Radaranlagen und nicht zuletzt die nukleare Reaktortechnik! Der nach wie vor mysteriöse Roswell-Zwischenfall hat außerdem bereits sehr früh (und keinesfalls unwesentlich) zu einer bis heute größtenteils undurchsichtigen Verbindung der US-Regierung zum UFO-Phänomen geführt. Aufgrund all dieser Umstände konzentrieren sich unzweifelhaft viele Erscheinungen auf die nordamerikanische Landmasse. Doch genauso steht absolut außer Frage, daß UFOs nicht nur jenseits des Atlantik und dort speziell in den fast menschenleeren Regionen des amerikanischen Westens auftauchen. Im Gegenteil. Einige der sonst so unnahbaren Eindringlinge scheinen nicht die geringste Scheu zu zeigen, ihre unheimlichen Flugdemonstrationen auch vor einem größeren Publikum zu vollführen.
Ganz besonders *eine* UFO-Klasse zeigt sich immer wieder auch über dicht besiedelten Gegenden – die bedrohlich wirkenden, meist sehr großen »fliegenden Dreiecke«. Sie sorgen weltweit für Aufsehen. Und das schon seit vielen Jahren.
Einige Beispiele:

- *Über Lincoln/Illinois beobachten Dutzende von Augenzeugen ein V-förmiges Objekt, das leise summend dahinschwebt und an seiner Spitze einen hellen Scheinwerfer trägt. Datum der Sichtung: 12. April* 1897! *Eine der ältesten Meldungen eines fliegenden Dreiecks!*

- *Im Juni 1962 zeigt sich ein delta- oder dreiecksförmiges UFO über Tucson in Arizona. Drei Jungen beobachten, wie das Objekt direkt über ihnen verharrt und grüne Lichtblitze aussendet.*

- *Am 1. Januar 1979 sieht der Air Force Sprecher Albert Chop zusammen mit seiner Familie ein Delta-UFO, das sich langsam über die Berge nahe Palm Desert in Kalifornien bewegt. Es erscheint sehr groß und leuchtet rund zehnmal heller als die hellsten Sterne des Nachthimmels.*

- *1983/84, über einen Zeitraum von achtzehn Monaten, verfolgen Tausende von Zeugen die fremden Dreiecke, unter anderem, wie ein boomerangförmiges Flugobjekt lautlos über das Hudson-Valley-Gebiet schwebt. Viele vergleichen seine Größe mit der eines Fußballfeldes.*

- *Am 28. November 1987 kommt es im russischen Dalnegorsk zu einem zweistündigen Stromausfall. Gleichzeitig werden einige hundert Bewohner des Gebietes Zeugen, wie dreizehn unidentifizierte Flugobjekte über den Himmel ziehen. Unter diesen Objekten befindet sich auch ein gewaltiges, metallisch wirkendes Dreiecksgebilde, das einen riesigen »Suchscheinwerfer« auf die Ansiedlung richtet. Die Länge des Fluggerätes wird auf bis zu vierhundert Meter geschätzt.*

- *Ende 1989 dringen etliche Sichtungsmeldungen fliegender Dreiecke aus Kanada an die Öffentlichkeit. Wieder werden die Objekte als ungewöhnlich groß und lautlos schwebend beschrieben.*

- *Im Januar 1990 beobachten mehrere Zeugen, wie ein »Dreieck«, an dessen Enden sich jeweils helle Scheinwerfer befinden, über England erscheint. Ebenfalls aus England stammt der Bericht einer Zeugin, die mir erzählte, über einen Zeitraum von einigen Stunden ein großes dreiecksförmiges Objekt über der englischen Küste schweben gesehen zu haben. Als die Nacht hereinbrach, war das UFO immer noch zu sehen. In der Dunkelheit war nun zu erkennen, daß es »von innen heraus glühte«.*

- *1989/90 kommt es zu der wohl berühmtesten Sichtungswelle fliegender Dreiecke. Nun erleben Tausende ihre ganz persönlichen Begegnungen der unheimlichen Art. Schauplatz diesmal: Belgien. Die riesigen Objekte schweben in niedriger Höhe lautlos über Wohngebiete hinweg.*

- *Auf der »anderen Seite« der Welt, in Australien, machen die ungewöhnlichen Flugkörper ebenfalls von sich reden. Schließlich wäre es auch beinahe paradox, wenn die »Boomerangs« gerade Australien meiden sollten! Am 8. August 1992 erscheint ein UFO über Broome in Westaustralien. Das boomerang- bzw. sichelförmige Objekt ist in eine Art Nebel gehüllt, strahlt weiß und besitzt »golden leuchtende Ecken« – eine Beschreibung die übereinstimmend von mehreren unabhängigen Zeugen gegeben wird. Einige von ihnen vernehmen diesmal übrigens einen leisen Brummton, der von dem fremdartigen Flugkörper ausgeht.*

- *1994/1995 bahnt sich eine neue Sichtungswelle »fliegender Dreiecke« an. Zahlreiche Zeugen berichten von ihren merkwürdigen Beobachtungen. Im Juni und Juli 1994 verfolgen mehrere unabhängige Zeugen in England unerklärliche Objekte am Himmel. Am 11. Oktober 1994 sieht der Zeitungsfotograf David Bailey aus Biddolph, Stoke on Trent/England, ein mit etlichen roten und gelben Lichtern bestücktes dreieckiges Fluggerät. Es schwebt langsam und geräuschlos in niedriger Höhe. Seine dunkle Unterseite hebt sich deutlich gegen den Himmel ab. Ende November 1994 fliegt ein leise summendes, mit drei weißen Lichtern bestücktes Dreiecks-UFO ebenfalls in auffallend niedriger Höhe über Düren/Deutschland und das örtliche Krankenhaus hinweg, das normalerweise selbst Militärmaschinen umfliegen. In den folgenden Wochen und Monaten kommt es im Jülicher Raum zu zahlreichen Sichtungen unidentifizierbarer Flugobjekte, die jedoch nicht alle Dreiecksform besitzen.*

Die Dreiecks-UFOs zeigen sich auch relativ häufig in der Nähe von Kernkraftwerken. Ob hinter diesem Zusammenhang lediglich eine Spielart des Zufall steckt oder aber ein tieferer Sinn, das bleibt unbeantwortet.

- *Am 24. Juli 1984, während der großen amerikanischen Sichtungswelle, versetzt ein solcher »Boomerang« die Mitarbeiter des Kernkraftwerks Indian Point in Buchanan/New York in Aufregung. Die riesige dunkle Masse, die bedrohlich am Himmel hängt und mit zahlreichen Lichtern bestückt ist, schwebt einige Minuten lang über dem Kraftwerk.*

- *Ein weiterer Zwischenfall dieser Art ereignet sich in der Nacht des 4. März 1988. Gegen halb elf Uhr kreist ein »fliegendes Dreieck« in der Nähe der Perry Nuclear Power Plant am Ufer des Eriesees/USA.*

- *Am 12. März 1991 »interessiert sich« dann ein anderes Dreiecks-UFO für das Kernkraftwerk im belgischen Tihange. Ein nahezu apokalyptisch wirkendes Schauspiel entfaltet sich: Nur wenige Meter über einem der Kühltürme thront das utopische Ungeheuer wie schwerelos in der Luft. Einer seiner grellen Scheinwerfer tastet die Flanken des Turmes ab; gleichzeitig sendet es einen weiteren Strahl direkt von oben hinein in die Öffnung des Betonschlundes. Im Gegensatz zu den meisten anderen Beschreibungen haben Augenzeugen während dieser Sichtung ein lautes Dröhnen registriert, das von dem Objekt ausgegangen war. Nach ungefähr einer Minute entfernte sich der Koloß dann wieder von dem nuklearen Monument, um anschließend in die Nacht zu entfliehen.*

- *Am 16. April 1993 kommt es in Bayport/Florida zu einer »Verfolgungsjagd« zwischen einem Polizisten und einem riesigen dreieckigen UFO. Wieder befindet sich in der Nähe ein Kernkraftwerk – die Crystal River Nuclear Power Plant.*

Diesen aktuellsten und ganz besonders spannenden Fall habe ich bereits in meinem vorhergegangenen Buch kurz angesprochen. Mir liegen mittlerweile nun weitere umfangreiche und hochinteressante Informationen vor, die die Bedeutung des unheimlichen Zwischenfalls belegen und an dieser Stelle keinesfalls unerwähnt bleiben sollen.

Im Frühjahr 1993 wird die Gegend von Bayport in Florida von heftigen Unwettern heimgesucht. Der »Sturm des Jahrhunderts« am 13. März jenes Jahres richtet schwere, großflächige Schäden an. Gut einen Monat später befindet sich Deputy Ron Chancey, der stellvertretende Sheriff von Hernando County, mit seinem Einsatzwagen auf Sonderpatrouille durch das betroffene Gebiet, in dem der elektrische Strom infolge des Sturms immer noch ausgefallen ist.
Kurz vor halb zehn Uhr nachts bemerkt Chancey ein ungewöhnliches Leuchten in der Dunkelheit. Aus der Richtung des Crystal-River-Kraftwerks fällt bläuliches Licht durch das Geäst der Bäume. Chancey wundert sich, denn von diesem Punkt aus ist die Beleuchtung des Kraftwerks unmöglich zu sehen. Bald stellt er fest, daß die unerklärlichen Lichter sich bewegen. Und nicht nur das: Sie verfolgen ihn überdies regelrecht! Welchen Weg er auch fährt, sie bleiben ihm auf den Fersen.
Was war das für eine rätselhafte, geradezu gespenstische Erscheinung?
Fearon L. Hicks, UFO-Forscher aus Florida, führte bereits wenige Tage nach dieser unheimlichen Begegnung ein vierstündiges Interview mit Deputy Chancey und versorgte mich freundlicherweise mit einem Transkript seines aufschlußreichen Gesprächs sowie mit zusätzlichen, sehr wesentlichen Detailinformationen. Deputy Chancey schilderte Hicks gegenüber die dramatische Entwicklung der nächtlichen UFO-Jagd:
»Ich schlug eine Kurve Richtung Osten ein, und die Lichter verfolgten mich jetzt. Ich fuhr mit ungefähr dreißig Stundenkilometern und drehte das Polizeiradio leise ... um mich zu vergewissern, ob ich irgendein Geräusch von dem Objekt hören könnte. Als ich feststellte, daß nichts zu hören war, hielt ich mein Fahrzeug an, schaltete die Zündung ab, stieg aus und schaute hinauf zu dem Objekt, das nun beinahe direkt über mir schwebte. Es war sehr schwer, seine tatsächliche Form zu er-

kennen, da kein Mond schien. Ich hatte als Anhaltspunkte nur die Sterne im Hintergrund. Während ich dastand und das Ding beobachtete, griff ich in meinen Wagen, schaltete den Suchscheinwerfer ein und richtete ihn auf die Unterseite des Objekts. Es reflektierte nichts zurück, so als ob der Flugkörper mattschwarz gestrichen wäre. Ich konnte dort fünf blaue ›neonartige‹ Lichter erkennen, doch paßten sie sich nicht der Gestalt des Flugkörpers an, die ich nun als boomerangförmig erkannte, wobei eine Seite etwas länger als die anderen beiden war. Seine Größe würde ich von Spitze zu Spitze auf etwa siebzig bis hundert Meter schätzen. Auch die Flughöhe lag ungefähr bei siebzig bis hundert Metern... Ich stieg wieder in mein Patrouillenfahrzeug ein, schaltete den Scheinwerfer aus... und verließ das Gebiet so schnell ich nur konnte. Ich fuhr scharfe Kehren, doch das Objekt blieb bei mir und vollführte dieselben Kehren, so daß ich nun beinahe in Panik geriet. Als ich dann die Pine Island Drive in südliche Richtung befuhr, wobei das Objekt immer noch zu meiner Linken flog und mich verfolgte, schaltete ich den Suchscheinwerfer noch einmal ein und richtete ihn auf das Objekt. Genau zu diesem Moment setzte sich das Objekt vor meinen Patrouillenwagen, zog über die Straße hinweg... und raste mit unvorstellbarem Tempo davon.«

Deputy Ron Chancey wird sich wohl sein Leben lang an diese aufregenden Momente erinnern. Niemand vermag mit endgültiger Sicherheit zu sagen, was sich hinter den deltaförmigen Objekten verbirgt. Chancey allerdings kann sich nach seiner Sichtung nicht vorstellen, daß sie ihren Ursprung auf unserem Planeten haben. So unerklärlich ihre Eigenschaften sind, so real ist ihre Existenz. Auch das Bayport-UFO wurde nicht nur von einer Person beobachtet. Zahlreiche weitere Zeugen haben ihre ungewöhnlichen Erlebnisse vom 16. April 1993 zu Protokoll gegeben.

Durwood P. Dortch jr. war an jenem Abend zusammen mit seiner Familie in den Bayport-Park zum Fischen gefahren. Plötzlich fällt ihm ein fremdartiges Leuchten am Himmel auf. »Seht ihr die Lichter dort oben? Großer Gott, ist dieses Flugzeug gewaltig!« – Doch seiner Frau Vicki und ihm wird bald klar, daß

das, was sie da sehen, nie und nimmer ein normales Flugzeug sein kann.
Vicki D. Dortch erklärte mir später dazu: »Der Grund, weswegen ich sicher bin, daß es sich nicht um ein Flugzeug oder einen Helikopter gehandelt hat, ist der, daß die Lichter das Objekt als sehr groß auswiesen, viel größer als jedes Flugzeug, daß ich je gesehen habe. Es waren auch überhaupt keine Geräusche zu hören, und das Flugobjekt bewegte sich nicht. Es war sehr still.«
Als die beunruhigte Familie den Park verlassen wollte, wurde sie von Deputy Chancey aufgehalten: »Ich muß Ihnen eine befremdliche Frage stellen«, erklärte der Sheriff, worauf Dortch nur erwiderte: »Sagen Sie nichts. Ja, wir haben es gesehen, das Ding am Himmel!«
Andere Zeugen, die sich zu jenen Stunden im Park von Bayport aufhielten, hatten das geheimnisvolle Objekt gleichfalls gesehen. Wie sich außerdem herausstellte, war der riesige Boomerang bereits am Vorabend erschienen.
Von ihrem Schlafzimmerfenster aus sah Mrs. Mary McCracken ein blendend helles Licht knapp über den Baumwipfeln entlanggleiten, absolut lautlos. Der mächtige Flugkörper bewegte sich direkt auf ihr Haus zu und zog über das Dach hinweg. Und zwei Tage nach Chanceys Erlebnis meldete die 28jährige Lisa Curran aus dem benachbarten, weiter südlich gelegenen New Port Richey, dasselbe Objekt bei hellem Tageslicht gesehen zu haben. Es schwebte hoch über ihr und stieg immer weiter auf, bis es nicht mehr zu erkennen war.

Protokolle des Unfaßbaren

Wer seine Nase zu tief in UFO-bezogene Angelegenheiten steckt, muß damit rechnen, mehr oder minder ernste Schwierigkeiten mit diversen Behörden zu bekommen. Schon lange kursieren umstrittene Gerüchte, nach denen selbst an sich arglose UFO-Zeugen vor allem in den Staaten unheimliche Be-

suche von dunkel gekleideten Personen erhalten hatten, die ihnen mit allen möglichen Unannehmlichkeiten drohten, sollten sie nur irgend etwas über ihr Erlebnis zu erzählen gedenken. Diese »Men in Black« (kurz MIB) genannten Fremden werden meist für Regierungsleute gehalten. Manch einer vermutete allerdings gar, diese Männer seien in Wirklichkeit selbst Außerirdische, da sie manchmal angeblich durch übernatürliche Fähigkeiten auffielen. Abgesehen davon scheinen verschiedene US-Regierungsbehörden tatsächlich eine massive Einschüchterungstaktik zu betreiben, wenn Personen mundtot gemacht werden sollen, die sich allzu intensiv für UFOs interessieren.
Als der amerikanische Forscher Robert Todd sich 1978 im Rahmen einer FOIA-Anfrage wegen des UFO-Zwischenfalls von Kuba erkundigte, bei dem 1967 eine MiG offenbar von einem unbekannten Flugobjekt »verschluckt« worden war, erhielt er von der NSA zunächst einen kurzen Brief. Darin die übliche Auskunft – nämlich gar keine. Daraufhin schrieb er erneut an die NSA und erklärte, er werde sich direkt nach Kuba wenden, wenn sich die NSA nicht etwas kooperativer zeige. Allerdings glaubte Todd aus dem Brief der Agentur herauszulesen, daß man dort tatsächlich geheim eingestufte Daten unter Verschluß hielt. Deshalb bat er die NSA am 14. Juli 1978, ihn darüber aufzuklären, ob dies wirklich der Fall sei, da er keine klassifizierten Informationen nach Kuba senden wolle. Noch bevor Robert Todd aber Antwort erhielt und weiterrecherchieren konnte, fanden sich vierzehn Tage später in seinem Haus zwei FBI-Beamte ein, die ihm die Spionagegesetze vorlasen und betonten, auf Landesverrat stünden lebenslängliche Haftstrafen, in einigen Fällen sogar die Todesstrafe. Wie mir außerdem Stanton Friedman erklärte, erhielt Bob Todd damals auch den Anruf eines Generals der US Air Force, der ihn darauf hinwies, alle Informationen zum Zwischenfall von Kuba seien mit Geheimhaltung belegt. Übrigens hat sich Stan Friedman in den siebziger Jahren intensiv mit dem kubanischen Fall befaßt und mit zwei unabhängigen Zeugen gesprochen, die damals auf dem betreffenden NSA-Beobachtungsposten gearbeitet haben und die Ereignisse beide bestätigen.

Nun, Robert Todd sollte von den FBI-Beamten eingeschüchtert werden, um seine Neugier fortan zu drosseln. Es gibt viele ähnliche Fälle. Denken wir nur an Dr. Paul Bennewitz, dessen Forschung in einem Morast an Desinformation erstickt werden sollte! – Übrigens schrieb mir vor einiger Zeit auch Fearon L. Hicks, daß »man« ihm Probleme bereitet hätte: »Jetzt bin ich raus aus dem öffentlichen Blickwinkel der UFO-Szene. Ich hatte einigen Ärger mit einer Regierungsbehörde, und so habe ich mich von weiteren Forschungen zurückgezogen.« Als ich ihn einige Monate später fragte, ob er wisse, welche Behörde dahinterstecke, antwortete er mir in einem Brief lediglich, daß ihm das nicht bekannt sei und er sich mittlerweile außerdem entschieden hätte, seine Untersuchungen doch wieder aufzunehmen. Trotzdem »beschlich« mich das Gefühl – es war nicht mehr und nicht weniger als das bloße Gefühl –, daß Hicks nicht gerne über seine Erfahrung berichtete und mehr wußte. Aber ich kann mich auch durchaus täuschen. Am Schluß seines Briefes riet er mir dann jedenfalls nur noch, vorsichtig zu sein und den Blick weiterhin nach oben zu richten.

Im Frühjahr 1977 zeigten sich über Deutschland ungewöhnliche Lichter, sie schwebten in der Gegend von Langenargen am Bodensee und wurden von mehreren Augenzeugen während der Nacht vom 23. auf den 24. Februar gesehen. Einer der Zeugen geriet regelrecht in Panik, erlebte er doch eine wahrhaft erschreckende Konfrontation. Wie er später schilderte, war er in jener Nacht zwei kleinen nichtmenschlichen Wesen begegnet, mit großen runden Köpfen und querstehenden Augen! Alles nur Unfug?
Nach einem Interview, das ich für Radio Lindau/Bodensee über mein Buch »Wir sind nicht allein!« gegeben hatte, führte ich noch ein sehr interessantes Gespräch mit Jens Bohn, dem Geschäftsführer dieses Senders. Die Rede kam dabei auch auf die gespenstischen Begebnisse von Langenargen: »Wir haben damals auch in diesem Fall recherchiert«, erklärte mir der Radiomanager, »doch überall stießen wir auf Mauern des Schweigens, beim Bürgermeister, der Polizei, anderen Behörden. Man

sagte uns, wir sollten uns besser nicht mit dieser Angelegenheit beschäftigen. Der Bürgermeister hat sich zu Gesprächen nicht bereit erklärt. Sein Sohn bemerkte, der Vater wisse einiges darüber, wolle jedoch nichts offiziell berichten. Polizeibeamte blockten sofort ab, mit der Bemerkung, zu diesem Zwischenfall werde sich niemand äußern. Schließlich fanden wir heraus, daß die Bundesregierung die Untersuchung des Langenargen-Falles seit fünfzehn Jahren finanziell unterstützt. Natürlich dringt von diesen Untersuchungen nichts an die Öffentlichkeit!«

Also immer wieder dasselbe! UFO-Zeugen, Journalisten und Forscher werden nicht selten eingeschüchtert oder gar handfest bedroht! Das Militär schottet nach außen hin ab, niemand erfährt auch nur das kleinste bißchen über die wahren Begebenheiten, Abläufe und Verwicklungen. Doch gelegentlich, ganz selten, gibt es auch rühmliche, wenngleich nahezu unverständliche Ausnahmen.

Eine solche Ausnahme betrifft die beeindruckende Sichtungswelle »fliegender Dreiecke« über Belgien in den Jahren 1989 und 1990. Damals legte das belgische Militär eine bis dato auf dem UFO-Sektor ungekannte Offenheit und Kooperationsbereitschaft an den Tag, durch die zahlreiche, schier unfaßliche Fakten an die Oberfläche gelangten.

Was hatte sich damals zugetragen?

Schon im September 1989 hatten einige Augenzeugen sehr merkwürdige Flugkörper und unerklärliche Lichter am Himmel über Belgien gesehen. So richtig los ging es dann aber am 29. November jenes Jahres.

Zwischen fünf und halb sechs Uhr abends fällt einem Gendarmen, der am belgisch-deutschen Grenzübergang Lichtenbusch seinen Dienst versieht, ein auffallend niedrig fliegendes Objekt auf, an dem sich zwei, wahrscheinlich sogar drei extrem hell strahlende Scheinwerfer befinden. Die seltsame Konfiguration zieht in einer Entfernung von etwa fünfhundert Metern langsam an ihm vorbei.

Kurz darauf werden zwei andere Gendarmen von der Brigade Eupen auf das gespenstische »Flugzeug« aufmerksam, während sie einige Kilometer weiter südwestlich vom ersten Sichtungs-

punkt mit ihrem Mannschaftswagen unterwegs sind. Zunächst wundern sie sich über einen intensiven Lichtschein, der eine nur wenige Meter von der Straße entfernte Wiese in unwirkliches, gleißendes Licht taucht. Wer beleuchtet eine Weidefläche mit Flutlicht?
Die beiden Gendarmen wollen der Sache auf den Grund gehen und verlangsamen die Fahrt. Als der Beifahrer aus dem Wagenfenster nach oben blickt, glaubt er, seinen Augen nicht mehr trauen zu können! Direkt über ihm hängt eine gewaltige dreieckige Plattform in der Luft! Die Umrisse des Flugkörpers zeichnen sich in der Abenddämmerung deutlich gegen den Himmelshintergrund ab: ein gleichschenkliges Dreieck, dessen Seiten kurz vor der Basis abknicken und dadurch rechtwinklig auf sie stoßen. An den Ecken trägt das Objekt drei kreisrunde Scheinwerfer, deren weiße Lichtkegel bis zum Boden reichen und ungewöhnlich scharf begrenzt sind. Direkt im Zentrum des Dreiecks zeigt sich außerdem noch ein kleineres rotes Licht, das etwa zweimal in der Sekunde heller aufblinkt, aber nie vollständig unsichtbar ist.
Sofort melden die Gendarmen ihre ungewöhnliche Sichtung und erkundigen sich nach militärischen Flugmanövern mit neuartigen Prototypen. Negativ. Niemand weiß, wer oder was hinter der Erscheinung steckt, was die beiden Beamten in jenen Minuten am Himmel sehen! Ihnen bleibt nichts übrig, als ihre Fahrt wieder aufzunehmen, doch lassen sie das UFO nach wie vor nicht aus den Augen. Im gleichen Moment, in dem sie weiterfahren, setzt sich auch das mächtige, etwa dreißig Meter messende Dreieck lautlos in Bewegung. Die Beamten versuchen, über eine Seitenstraße den voraussichtlichen Kurs des Objekts zu kreuzen. Ihr Manöver scheint zu gelingen, das Objekt nähert sich an. Doch mit einem Male stoppt es, ganz unvermittelt, und dreht bei, um in entgegengesetzter Richtung davonzufliegen. Aus der Ferne können die Gendarmen das unheimliche Fluggerät immer noch beobachten. Sie geben die Verfolgung nicht auf.
Das Dreieck fliegt jetzt über Eupen hinweg in Richtung der Gileppe-Talsperre. Dort verharrt es schwebend neben einem

Turm. Die Entfernung ist mittlerweile zu groß, um Einzelheiten zu erkennen, trotzdem: Was sich in den folgenden Minuten ereignet, läßt alles zu einem noch unverständlicheren, noch fremderen Phänomen geraten. Das UFO erscheint als hell leuchtende Kugel, von der dünne, rötliche Lichtbündel ausgehen. Offensichtlich werden diese Bündel mit hoher Geschwindigkeit aus dem weißen Objekt ausgesandt und bleiben dann für einige Minuten aktiv. Danach löst sich der Spuk fast im Nichts auf. Nur an den Spitzen der verblaßten, absolut geradlinigen Strahlen halten sich rote Kugeln aus Licht, die auf die weiße Zentralkugel zustürzen und geraume Zeit um sie kreisen. Anschließend wiederholt sich der unirdisch scheinende Zauberrhythmus von neuem.
Plötzlich, kurz vor sieben Uhr abends, durchbricht ein zweiter fremder Flugkörper die Dunkelheit. Wieder ein Dreieck. Das Ding erscheint hinter einem Waldstück und jagt mit ungewöhnlich hoher Geschwindigkeit in den Himmel. Als diese zweite »Plattform« ihr anfängliches Tempo reduziert, neigt sie sich gegen die Horizontale. In diesem Moment kommt ein neues, bislang unsichtbares Detail zum Vorschein: Auf der Oberseite des Dreiecks befindet sich eine Art Kuppel, die mehrere rechteckige, leuchtende »Fenster« aufweist. Leider ist das Objekt nur noch kurzzeitig zu sehen, dann entfernt es sich in nördliche Richtung.

An jenem Abend wurden unzählige Belgier zu Augenzeugen dieser oder ähnlicher seltsamer Erscheinungen. Und im Verlauf der darauf folgenden Wochen und Monate sahen Hunderte, ja Tausende, wie dreieckige Plattformen über den Himmel schwebten – diese Beobachtungen summierten sich zu einer der bedeutendsten UFO-Sichtungswellen der letzten Jahre.
Meist beschrieben Zeugen die Objekte als riesige Dreiecke mit abgerundeten Kanten, an deren Ecken jeweils ein kreisförmiger, sehr heller »Scheinwerfer« angebracht war. Übereinstimmend erklärten die Beobachter, daß die Lichtkegel ungewöhnlich präzise abgegrenzt und sehr deutlich zu sehen waren, fast zu deutlich, um als *normale* Lichtkegel erklärt werden zu kön-

nen. Auch die Scheinwerfer an sich »schienen« sehr merkwürdig.
Ein Augenzeuge, von Beruf Meteorologe bei der belgischen Luftwaffe, schilderte beispielsweise, er habe beobachtet, wie ein dreiecksförmiges UFO in sehr niedriger Höhe über die Landschaft geflogen sei. Die drei weißen »Scheinwerfer« hätten hell gestrahlt, doch trotz der an jenem Abend vorhandenen Dunstschleier in der Luft *keinen* Lichtkegel erzeugt. Außerdem sei der Boden nicht von dem grellen Licht beleuchtet worden, obwohl doch das Flugobjekt in erstaunlich geringem Abstand über dem Gelände flog! Nicht zu vergessen: Diese Aussagen stammen von einem meteorologischen Fachmann!
Offensichtlich zeigten sich während jener Monate über Belgien mehrere unterschiedliche Fluggeräte. Neben Dreiecken sichteten Zeugen unter anderem auch rautenförmige, rechteckige und kugelförmige Objekte, doch trat die Dreiecksform als vorwiegender, häufigster Typus in Erscheinung. Fast immer bemerkten die Beobachter ein rotes Blinklicht genau in der Mitte der Plattform, nur selten fehlte dieses Licht.
Eine der wohl bemerkenswertesten Eigenschaften jener mysteriösen Flugobjekte war ihr absolut lautloser, schwebender Flug. Teils zeigten sich die Dreiecke fähig, unbeweglich in der Luft zu verharren, ohne ein Geräusch von sich zu geben. Und immer wieder flogen sie außerordentlich langsam und zeitweilig fast schon bedrohlich tief über dicht besiedelte Gebiete hinweg, um gelegentlich ganz unvermittelt mit atemberaubender Beschleunigung davonzuziehen. Natürlich beobachteten nicht nur zivile Zeugen diese utopischen Vorgänge. Auch das belgische Militär erlebte solche Konfrontationen mit dem Unfaßbaren.

Beschleunigung bis über den Tod hinaus?

Anfangs sahen die Dinge ganz danach aus, als ob das Militär in Belgien sich der allgemeinen »Taktik der Stille« anschließen würde, frei nach dem Motto: »Fragt nichts, denn wir wissen nichts, und wenn wir etwas wüßten, würden wir es euch bestimmt nicht erzählen!«

Im Januar 1990 hatte sich die »Belgische Gesellschaft zur Erforschung von Weltraumphänomenen« *(Société Belge d'Étude des Phénomènes Spatiaux = SOBEPS)*, der das Hauptverdienst bei der Untersuchung der »fliegenden Dreiecke« von Belgien zukommt, bei der belgischen Luftwaffe nach ungewöhnlichen Radarsignalen erkundigt, die um den 2. Dezember 1989 herum aufgenommen worden sein sollen. Die Antwort war, man habe zur fraglichen Zeit nichts Außergewöhnliches registriert – bis auf einige irreführende Echos, die auf nichts als die damals herrschende Inversionswetterlage zurückzuführen seien. Das sei wirklich alles. Punkt. Überraschenderweise aber wurden einige SOBEPS-Mitglieder zu einer Besichtigung der NATO-Radaranlagen im belgischen Glons eingeladen, offensichtlich, um sie davon zu überzeugen, daß die Luftwaffe nichts zu verheimlichen hatte. Und tatsächlich beantwortete man dort die meisten Fragen schlicht mit Auskünften wie: »Glauben Sie uns, wir haben wirklich nichts zu verbergen, wir haben garantiert nichts registriert.« – Für die SOBEPS-Leute freilich eine mehr als unbefriedigende Stellungnahme; schließlich spielten sich doch die unfaßbarsten Phänomene am Himmel über Belgien ab, Hunderte vertrauenswürdiger Personen hatten sie gesehen oder im Bild festgehalten!

Irgend etwas war dort oben!

Unter dem beharrlichen Druck der Fragen erklärte sich die Luftwaffe dann prinzipiell zu einer Zusammenarbeit mit der SOBEPS bereit, sofern der Verteidigungsminister seine Einwilligung dazu gäbe.

Aber, konnte sich die Organisation unter diesen Voraussetzungen denn nun wirklich Hoffnungen auf eine Kooperation machen? Ganz anders als erwartet, reagierte das Verteidigungsministerium überraschend schnell und – in positivem Sinne! Damit war nun endlich eine in der Geschichte der UFO-Forschung einmalige, ideale Situation eingetreten. Militärinstitutionen und zivile Interessengruppen arbeiteten Hand in Hand, um zur Klärung eines real existenten, mit gegenwärti-

ger Wissenschaft jedoch unbegreiflichen Phänomens beizutragen!
Übrigens hatte bereits im Dezember 1989 ein belgischer Major, der von der Luftwaffe zur UFO-Untersuchung abgestellt worden war, gegenüber der Zeitung *La Dernière Heure* anonym bekundet: »Wir sind fest entschlossen zu erfahren, was am Himmel über Belgien vorgeht, wie auch immer die Erklärung lauten möge. Ehrlich gesagt, ich war bei Aufnahme der Tätigkeit skeptisch, was die Realität des Phänomens angeht. Doch seit acht Tagen begeistert mich, was ich da entdecke ...«
De facto war damals eindeutig und überall klar, daß fremde Flugkörper in den belgischen Luftraum eingedrungen waren. Doch *worum* es sich handelte, diese Frage konnte niemand beantworten.
Bereits seit den ersten Sichtungen am 29. November 1989 befand sich die belgische Luftwaffe in erhöhter Alarmbereitschaft. Zur Identifizierung der Eindringlinge standen zwei Bodenradarsysteme sowie zwei hochmoderne *F-16* Jäger zur Verfügung.
Der erste *F-16*-Einsatz fand am 2. Dezember 1989 statt, als in der Nähe von Lüttich ein unidentifiziertes Objekt vom Boden aus gesichtet worden war – die Piloten konnten allerdings nichts finden. In der Nacht vom 30. auf den 31. März 1990 kam es wieder zu einer großen Zahl an Sichtungen unerklärbarer Lichter über Belgien. Im Gegensatz zu den Beobachtungen vom 29. November 1989 waren diese Erscheinungen vom Boden aus nicht sehr gut zu erkennen, da sie sich nicht im Tiefflug befanden. Aus genau diesem Grund aber lagen sie diesmal im Erfassungsbereich des militärischen Radars.
Wieder starteten zwei *F-16*-Jäger, um auf Tuchfühlung mit dem Fremden zu gehen. Sowohl Bord- als auch Bodenradar zeichneten nun verwertbare Daten auf. In dem Moment allerdings, in dem das *F-16*-Radar die UFOs erfaßt hatte, zogen sie mit offenbar unerreichbarer Beschleunigung davon. So war den Piloten der beiden *F-16* nicht möglich, noch Sichtkontakt zu den UFOs aufzunehmen. Auch vom Erdboden konnten Zeugen während jener Momente beobachten, wie die geheimnisvollen

»Lichter« schwächer wurden und schließlich nicht mehr länger zu erkennen waren.
Der SOBEPS-Forscher und Physiker Professor August Meessen hat die Radaraufzeichnungen analysiert. *Das Ergebnis überstieg alles Denkbare!*
So wie es aussah, mußten die UFOs mit dem 46fachen der irdischen Fallbeschleunigung (1 g) davongerast sein – kurz: mit 46 g! Das lag wirklich jenseits aller Vorstellbarkeit! Eine amerikanische *Patriot*-Rakete erträgt gerade noch mechanische Belastungen bis zu 40 g!
Astronauten haben während Raketenstarts infolge der starken Beschleunigungen zeitweilig das Achtfache ihres eigenen Körpergewichts ertragen müssen, also 8 g, bereits hier beginnt aber ein kritischer Bereich. Bei 10 g wird selbst einem bestens trainierten Piloten schwarz vor Augen!
Allerdings sind Menschen in der Lage, ganz kurzzeitig noch weit höhere Beschleunigungen zu überleben. Auf dem Versuchsgelände von White Sands in New Mexico wurde der amerikanische Fliegerarzt Paul Stapp mit Hilfe eines Raketenschlittens einem Beschleunigungsdruck von sage und schreibe 43 g ausgesetzt – das entspricht beinahe schon der doppelten Schwerkraft, wie sie auf der Sonnenoberfläche herrscht!
Wenige Jahre nach diesem riskanten Experiment, das eine achtminütige Erblindung des Probanden zur Folge hatte, setzte sich Captain Beeding, ein amerikanischer Physiologe, einem noch extremeren Versuch aus. Durch radikales Abbremsen seines Raketenstuhls lastete für Sekundenbruchteile ein Gewicht von über fünf Tonnen auf seinem Körper – das entsprach einer Beschleunigung von 83 g! Beeding erblindete und niemand glaubte, daß er ohne Dauerschäden davonkommen würde. Doch alle Auswirkungen dieses schockartigen Versuchs verschwanden nach einiger Zeit, und auch die Sehfähigkeit regenerierte sich wieder. Ganz offensichtlich war mit diesem Test die äußerste Grenze erreicht!
Klar ist allerdings auch: Über einen Zeitraum von *mehreren Sekunden* sind derart hohe Kräfte für jeden Menschen ohne Frage tödlich. Und auch die Grenzen der strukturellen Belastbarkeit

solch großer Körper, wie sie in Belgien beobachtet wurden, werden normalerweise relativ bald erreicht. Damit tauchen wiederum unvermeidliche Fragen auf, wie zum Beispiel: Aus welchen Materialien bestehen diese unbekannten Flugkörper? Wer befindet sich an Bord, der diese Kräfte überstehen könnte? Bauen die Objekte möglicherweise Felder um sich auf, die sie selbst vor den Beschleunigungskräften abschirmen?
Freilich mußten sich die beteiligten Forscher allerdings in erster Linie fragen, ob denn nicht möglicherweise irgend etwas an den *Messungen selbst* oder aber an ihren Auswertungen nicht stimmte! Mittlerweile hat sich das – leider – tatsächlich herausgestellt. Aus welchen Gründen auch immer, die Radaranlagen haben während der Sichtungsphase nicht einwandfrei gearbeitet. Seltsamerweise traten auch am 2. Dezember 1989 Störungen auf, die bis heute nicht restlos geklärt werden konnten. Waren sie am Ende gar auf das Erscheinen der UFOs selbst zurückzuführen? Was auch immer der Grund ist – ob ein ganz profaner irdischer Defekt oder aber ein willentlicher, außerirdischer Einfluß – fest zu stehen scheint allein schon aufgrund zahlreicher direkter Beobachtungen und ganz unabhängig von den Radarmessungen, daß die belgischen Dreiecke gelegentlich mit einer unvergleichlichen Beschleunigung davonzogen, die von keinem bekannten Flugkörper erreicht wird. Auch von anderen UFO-Zwischenfällen sind extreme Beschleunigungen bekannt, die mit Radar gemessen worden sind. Und: *Immer* wird sich das Radar wahrscheinlich doch nicht täuschen! Wie Professor Meessen selbst bemerkt: Schon Anfang der sechziger Jahre waren Fälle bekannt, in denen unbekannte Flugkörper immens beschleunigten oder schlichtweg Endgeschwindigkeiten erreichten, die mit bis zu 16000 Stundenkilometern (das entspricht der 13fachen Schallgeschwindigkeit!) weit jenseits aller technischen Möglichkeiten auf Erden lagen.

In Anbetracht der Vorgänge, wie sie sich in den Jahren 1989/90 über Westeuropa abspielten, kommt selbst der Chef der belgischen Luftwaffe, Wilfred DeBrouwer, zu dem eindeutigen Schluß, daß hier Flugkörper aufgetreten waren, die Fähigkeiten außerhalb des in der gegenwärtigen Luftfahrt Möglichen demonstrierten. Im Nachwort des fast siebenhundertseitigen, exzellenten SOBEPS-Berichts über die damalige Sichtungswelle bemerkt DeBrouwer resümierend: »Der Tag wird gewiß kommen, da man dem Phänomen mit Hilfe von hochentwickelten Ortungs- und Aufzeichnungsgeräten wird begegnen können, die keinen Zweifel an seinem Ursprung mehr lassen. Damit dürfte der Schleier, der das Mysterium seit langem umgibt, zum Teil gelüftet werden können. Ein Geheimnis ist es nach wie vor geblieben. Aber es existiert, es ist real. Allein dies ist schon eine wichtige Schlußfolgerung.«

Auge in Auge mit der Zukunft

Menschen, die von einem Moment auf den anderen herausgerissen werden aus ihrem gewohnten Weltbild, ihrem gewohnten Denkmuster, ihrem Wissen darüber, was möglich ist und was nicht, durchleben einen nicht zu unterschätzenden Schockzustand. Einige vermögen erst nach längerer Zeit darüber nachzudenken, was ihnen eigentlich widerfahren ist, während andere noch im Erleben nach Erklärungen suchen und ihre Eindrücke verarbeiten.

Selbst in Anbetracht derselben Erscheinung werden Augenzeugen zu unterschiedlichen Schlußfolgerungen und Interpretationen gelangen. Der eine vermutet hinter einem glühenden Dreieck, das ruhig über der Landschaft schwebt, ein Geheimflugzeug, der nächste glaubt eine religiöse Vision zu erleben, der dritte traut seinen Augen nicht und schreibt alles einer Halluzination zu und ein anderer mag außerirdische Intelligenzen in Betracht ziehen. Wo liegt die Wahrheit? Wieder beginnt das so schwierige Abwägen von Fakten und Wahrscheinlichkeiten. Wieder müssen wir daran erinnern, daß einerseits Wahrscheinlichkeiten im Falle einer Fremdintelligenz nicht greifen und die Fakten andererseits mittlerweile eine sehr deutliche Sprache sprechen.

Was die belgischen Dreiecke angeht, so handelt es sich bei ihnen nach Auswertung der Augenzeugenberichte eindeutig um physische, materielle Flugkörper einer weit fortgeschrittenen Technologie. Die Objekte bewegen sich lautlos, vermögen sowohl völlig ruhig in der Luft zu schweben als auch Manöver mit einem hohen Grad an Wendigkeit zu vollführen. Ihre Beschleunigungsfähigkeit ist in jedem Fall außergewöhnlich groß.
Selbst, wenn man geheimen Militärprojekten einen höheren als den gegenwärtigen Entwicklungsstand zubilligt, es gibt nun einmal technologische Grenzen, die hier – wie auch Generalmajor DeBrouwer offen bekennt – eindeutig weit überschritten sind. Und noch eines: Die Dreiecke flogen über Belgien. Wenn tatsächlich das US-Militär dahintersteckte (als einzige denkbare irdische Technologiequelle), dann hätten die Amerikaner die belgische Lufthoheit verletzt. Und das wiederholt, über einen Zeitraum von mehreren Jahren! Warum auch sollten die Vereinigten Staaten supergeheime Flugzeuge ausgerechnet über einem so dicht besiedelten Land, über Städten wie Eupen oder Lüttich, testen – im Tiefflug?! Wozu dann die fast schon paranoide Geheimhaltung am Groom Lake in Nevada, der so bedeutenden Entwicklungsstätte ultraverborgener Technologien und Flugzeugprototypen wie *Aurora?*
Das alles wäre einfach widersinnig bis ins Letzte! Abgesehen davon sollte jeder, der mutmaßt, damals über Belgien seien *Stealth*-Bomber oder *Aurora*-ähnliche Flugzeuge probegeflogen worden, einmal darüber nachdenken, welche Konsequenzen sich ergäben, wenn ein solches amerikanisches Testgerät über bewohntem Gebiet abstürzte, noch dazu auf nichtamerikanischem Territorium!
Daß die fliegenden Dreiecke oft ein »intelligentes Verhalten« an den Tag legten, also reagierten, als ob sie von einer Besatzung gesteuert würden, geht aus zahlreichen Einzelberichten hervor. Darüber hinaus hatten etliche Zeugen sogar das Gefühl, als ob die Objekte oder deren vermutete Insassen sie regelrecht beobachteten. Nur ein Gefühl? Ein Gefühl, bestimmt durch die unheimliche Situation und die plötzlich über ihnen lastende Schwere des Fremden, Unverständlichen, dazu noch in Form

eines riesigen utopischen Flugkörpers? Ein Gefühl, vergleichbar mit der Empfindung, die uns glauben läßt, direkt hinter uns stehe jemand, auch wenn niemand da ist?
Und doch, die unbekannten Flugkörper scheinen sich schließlich auch für unsere Infrastruktur zu interessieren, für Versuchsgelände, Militärbasen oder Kernkraftwerke. Sie landen in Sperrgebieten oder leiten seltsame Lichtbündel und Scheinwerferstrahlen in Kühltürme. Solche »Scheinwerfer« werden ganz allgemein immer wieder im Zusammenhang mit UFOs beobachtet, nicht nur bei den »Dreiecken«.
Die Eindrücke der jeweiligen Zeugen erweisen sich freilich als sehr unterschiedlich, sowohl was ihren eigentlichen Inhalt als auch ihre Aussagekraft angeht.
Noch vor Beginn der großen belgischen Sichtungswelle erscheint in der Nacht vom 20. auf den 21. November 1989 ein bedrohlich wirkendes Objekt am Himmel, das in niedrigem Flug langsam vorbeizieht. Es ist rund, mißt etwa sechzig, vielleicht auch achtzig Meter und reflektiert das Licht wie ein metallischer Körper. Ein Zeuge erinnert sich: »Ich hatte das verdammte Gefühl, daß man mich belauerte.«
Eine Augenzeugin, die am 1. Dezember 1989 einem der mächtigen Dreiecke gegenüberstand, schilderte ihre Empfindungen ganz anders: »In diesem Moment überkam mich ... ein Gefühl der Ruhe ... Ich fühlte, daß es im Inneren des Objektes eine erhabene, überlegene Kraft gab. Außerdem hatte ich den Eindruck, daß es sich absichtlich dort aufhielt, um gesehen zu werden.« Doch auf die meisten wirkten die Konfrontationen mit jenen Dreiecken eher aufregend, erschreckend.
In der umfangreichen SOBEPS-Studie findet auch die unheimliche UFO-Sichtung von Oberstleutnant André Amond Erwähnung, der am Abend des 11. Dezember 1989 mit seiner Frau zum Bahnhof des Ortes Gembloux fährt. Amond schrieb in einem Brief: »Zu sehen ist allein ein weißer, riesiger Scheinwerfer, der größer ist, als der eines großen Frachtflugzeugs. An diesem Punkt beschleicht mich ein ungutes Gefühl. Meine Frau bekommt es mit der Angst zu tun und bittet mich, den Motor anzulassen – wegen der von dem Objekt neu eingeschlagenen

Richtung und der Tatsache, daß es mit seiner riesigen, anormalen Lichtmasse etwas aggressiv wirkt, vor allem, weil wir keinen Motorenlärm hören.«

Anfang Februar 1990 beobachtet ein Sechzehnjähriger ein dreieckiges Flugobjekt, das unbeweglich am Himmel steht. Am Morgen nach seiner Sichtung befindet er sich dann zunächst in einem Zustand völliger Verwirrung. Er geht auf die Blumen zu und spricht zu ihnen, wie sonst zu seiner Mutter. Den Garderobenständer scheint er mit seiner Schwester zu verwechseln. Ein Arzt stellt nach einer Augenuntersuchung fest, daß »der Junge etwas Helles gesehen hat, das ihn zutiefst erschreckte«. – Später erinnert sich der jugendliche Zeuge, ein ungewöhnliches Objekt am Himmel gesehen zu haben. Als das Dreieck mit seinen drei weißen Lichtern schließlich auf ihn zufliegt, hat er das Gefühl, man wolle ihn »holen kommen«.

Vielleicht hatte er damit gar nicht so unrecht.

Mindestens *ein* gut dokumentiertes Ereignis, das sich in einer ganz anderen Gegend der Welt zugetragen hat, deutet recht unmißverständlich darauf hin, daß die »fliegenden Dreiecke« gelegentlich zu durchaus gefährlichen Fallen werden können.

Spurlos verschwunden

Seit einigen Jahren zählt die Antilleninsel Puerto Rico zu den geheimnisvollsten UFO-Schauplätzen der Welt. Die Ereignisse häuften sich im Jahr 1987 nach einer mysteriösen Explosion unterhalb der Cartagena-Lagune, in der sich UFO-Aktivitäten allerdings bereits zuvor konzentriert hatten. Niemand konnte genau erklären, wie es zu jener Explosion gekommen war. In den Tagen direkt danach beobachteten Einheimische nur noch, wie eine US-amerikanische Spezialtruppe in Schutzanzügen das Gebiet in Augenschein nahm. Das Gelände wurde eingezäunt, um zu verhindern, daß Schaulustige und UFO-Fanatiker weiteren Schaden in der Lagune anrichten, so hieß es damals von offizieller Seite. Die UFO-Sichtungen über Puerto

Rico nahmen seit jener Zeit dennoch weiter zu, wobei die örtlichen Behörden den Zeugen keinerlei Aufmerksamkeit schenkten, sondern im Gegenteil eher versuchten, die Meldungen ins Lächerliche zu ziehen.
Am 28. Dezember 1988 kam es dann zu einem regelrecht schockierenden Zwischenfall, der von rund fünf Dutzend Augenzeugen übereinstimmend bestätigt worden ist. Über dem Gebiet von Cabo Rojo erschien an jenem Abend ein riesiges dreiecksförmiges UFO, an dessen Unterseite ein großer, gelblich strahlender »Lichtball« zu erkennen war. Wie später in Belgien, starteten auch damals zwei Abfangjäger (der U.S. Air Force) und versuchten sich dem gigantischen Objekt zu nähern. Wie Mücken schwirrten die beiden amerikanischen Maschinen um das offenbar schwerelos schwebende, unwirkliche Monument, das aus anderen Zeiten, Räumen oder Dimensionen in unsere Welt geraten zu sein schien.
»Insgesamt fanden drei Abfangversuche statt«, so erinnert sich einer der Augenzeugen. »Jedesmal verlangsamte das UFO, es blieb schließlich beinahe bewegungslos in der Luft stehen. Es ist unfaßbar! Wie nur kann sich so ein riesiges Ding überhaupt in der Luft halten?... Der zweite Jäger hielt sich rechts des UFOs, während der erste mehr hinten links aufschloß. Was dann passiert ist, ich weiß es nicht genau. Ist eines der beiden Flugzeuge nun von hinten, von oben oder irgendwie anders in das UFO hineingeflogen? Wir schrien auf, denn schließlich glaubten wir an einen Zusammenstoß und daß eine Explosion folgen würde. Doch die hintere Maschine verschwand einfach nur... Ich sagte zu mir: ›Mein Gott, was ist da nur geschehen? Sie ist weg!‹«
Kurz nach diesem unfaßbaren, höchst beunruhigenden Vorgang verschluckte das fremde Riesenobjekt auch die zweite amerikanische Maschine: »Als das UFO seinen Kurs etwas in westliche Richtung änderte, verschwand auch dieses Flugzeug. Seine Triebwerksgeräusche waren plötzlich nicht mehr zu hören.« Andere Zeugen hatten zuvor noch beobachtet, wie sich kleine rote Lichtkugeln um das riesige Dreieck formierten, so als ob sie die beiden Kampfflugzeuge auf Distanz zu halten versuch-

ten. Diese roten Lichter verfolgten später außerdem offensichtlich ein drittes Flugzeug, das sich dem Dreieck allerdings ohnehin nie allzusehr näherte.
Was sich nun aber in den folgenden Momenten abspielte, ließ den ganzen Vorfall noch unheimlicher, noch utopischer erscheinen. Kurz nachdem das UFO die beiden amerikanischen Flugzeuge – offenbar vom Typ *F-14* oder *F-15* – eindeutig in seinem mächtigen Leib verschlungen hatte, setzte es sich absolut geräuschlos in Bewegung. Der massive Flugkörper verlor langsam an Höhe und näherte sich dem Saman-See, über dem er mit geringem Abstand schwebte. Allerdings nur für eine Weile. Dann stieg er wieder leicht nach oben und begann mit einer schier unglaublichen Verwandlung:
Die verblüfften Zeugen beobachteten, wie sich das absolut fest wirkende Objekt verformte. Es schien sich gewissermaßen zu »strecken« und nahm mehr und mehr eine längliche, zigarrenförmige Gestalt an! Sicherlich spielte bei dieser »Mutation« auch der Blickwinkel auf den Flugkörper eine Rolle, doch stand fest, daß sich das UFO tatsächlich formal veränderte! Plötzlich ging von der Mitte der Struktur ein gleißend heller Lichtblitz aus, eine Art Explosion, jedoch ohne die geringsten Begleitgeräusche. Aus dem Objekt sprühten Funken, und mit einem Male spaltete es sich auf! Nun drifteten zwei einzelne Dreieckshälften auseinander – die eine von ihnen leuchtete in gelbem Licht, die andere intensiv rot. Die beiden »Teil-UFOs« rasten mit hoher Geschwindigkeit davon, in östlicher bzw. nördlicher Richtung. Unvorstellbar! Wenn sich dieser Zwischenfall tatsächlich zugetragen hat – und die Menge der Augenzeugen spricht eindeutig dafür –, dann zählt er ganz ohne Zweifel zu den bedeutendsten UFO-Dramen überhaupt!
Was aber war mit den beiden amerikanischen Flugzeugen geschehen, was mit den Piloten? Bis heute wurden keine Überreste von ihnen gefunden, keine Hinweise, die Schlußfolgerungen über ihren Verbleib zuließen.
Das Militär nahm wieder seine typische Haltung zu den Vorfällen ein und schottete ab. Als sich der UFO-Forscher Jorge Martin bei diversen Einheiten nach militärischen Flugaktivitä-

ten auf der Insel erkundigte, erhielt er zunächst überall die gleiche Auskunft: Flugzeuge hätten sich nicht in der Luft befunden – von irgendwelchen UFO-Erscheinungen wollte ohnehin keiner etwas wissen. Ein Official der *Roosevelt Road U.S. Naval Base* auf Puerto Rico versicherte, daß sich keine Flugzeuge der Basis zum gegebenen Zeitpunkt in der Luft befunden hätten und bezeichnete die ganze Geschichte über das Riesendreieck, das angeblich zwei US-Fighters verschluckt hatte, für absurd und schlichtweg unwahr. Seltsam, denn ein Offizier der Bundesluftfahrtbehörde erklärte wiederum, ihm sei bekannt, daß an jenem Tag Flugzeuge der Roosevelt-Basis in der Luft waren. Er zeigte sich deshalb einigermaßen verwundert, warum die Basis dies abstritt. *Wer* nahm es hier also mit der Wahrheit nicht so genau: die Augenzeugen des Zwischenfalls oder aber das Militär?

Wie Martin von einem Navy-Offizier erfuhr, existierten tatsächlich Radaraufzeichnungen des gesamten Vorgangs, die alles eindeutig belegten – das Auftauchen des Riesenobjekts, die Annäherung der beiden Flugzeuge, das Verschmelzen der Punkte zu einem einzigen Radarecho usw. Allerdings, so schränkte der Offizier sofort ein, wurde das Material augenblicklich und vollständig mit strengster Geheimhaltung belegt – was aber wäre auch anderes zu erwarten gewesen?

Nicht einmal eine Stunde nach den atemberaubenden Vorfällen über Cabo Rojo kam es bereits zu ungewöhnlichen militärischen Aktivitäten in dieser Region. So landete dort eine kleine Militärmaschine, deren Besatzung möglicherweise mit einer vorläufigen Untersuchung des Zwischenfalls beauftragt worden war. Mittlerweile kreisten bereits etliche Hubschrauber über dem Gebiet. Sie hatten sämtliche Positionslichter ausgeschaltet und flogen sehr tief. – Der Einsatz unbeleuchteter, unmarkierter Helikopter ist keine Seltenheit bei außergewöhnlichen UFO-Aktivitäten. In einigen dieser aufregenden Fälle spielen sie sogar eine wesentliche, wenn auch nach wie vor so undurchschaubare wie unheimliche Rolle. Davon wird noch die Rede sein. Jedenfalls läßt sich kaum abstreiten, daß am 28. Dezember 1988 auf Puerto Rico beachtliche, ungewöhnlich starke militäri-

sche Aktivitäten stattgefunden haben, an denen nicht zuletzt auch fünf Schiffe der US-Marine beteiligt waren!
Vielleicht war das Militär schon seit längerem vorgewarnt! Denn, rund einen Monat vor dem tragischen Verlust der beiden US-Jets während ihrer Begegnung mit dem gigantischen Dreieck hatte sich bereits etwas ganz Ähnliches auf Puerto Rico ereignet!
Am 16. November 1988 wurden mehrere Bewohner der Insel Zeugen, wie zwei Kampfflugzeuge einen großen Lichtball am Himmel jagten. Auch diese Verfolgung endete mit dem Verschwinden zumindest eines der Flugzeuge – es wurde von der glühenden Kugel regelrecht »überrollt« und kam darauf nicht mehr zum Vorschein. Auch der andere Jäger war mittlerweile selbst zum Verfolgten geworden. Ihm machten zwei kleinere rote Lichtkugeln zu schaffen, die sich von der Hauptmasse gelöst hatten und nun dicht an den Jet heranflogen. Niemand konnte allerdings beobachten, was mit diesem Flugzeug weiterhin geschah, ob es sich noch vor den Attacken der beiden UFOs zu retten vermochte oder ihnen aber gleichfalls zum Opfer fiel.
Der Luftraum um die Inselgruppe der Antillen scheint also eine für militärische Abfangjäger offenbar außerordentlich gefährliche Zone zu sein. Denken wir dabei nur an den bereits mehrfach erwähnten Vorfall über Kuba, bei dem sich eine *MiG-21* während ihrer UFO-Begegnung definitiv im Nichts auflöste.

Ganz besonders Fälle dieser so dramatischen Kategorie demonstrieren die offensichtliche Machtlosigkeit unserer Technologie gegenüber den Möglichkeiten jener unbekannten Eindringlinge, die in irgendeiner Weise an uns interessiert sind. Doch was genau ist für sie von Bedeutung an uns? Welche Zwecke und Absichten verfolgen sie? Warum kapern sie irdische Flugzeuge und ihre Besatzungen? Wohin haben sie ihre »Beute« verschleppt? »Befinden sie sich vielleicht in einem archäologischen Museum der Frühtechnik irgendwo in der fernen Zukunft oder etwa auf einem fremden Planeten?« so spekuliert der bekannte deutsche UFO-Forscher und Astrophysiker Illobrand von

Ludwiger über das Schicksal der Jets, die Ende Dezember 1988 im Inneren des Riesendreiecks von Puerto Rico auf Nimmerwiedersehen verschwunden sind. Doch distanziert er sich selbst sofort wieder von seinen zwar verlockenden, doch unbewiesenen Mutmaßungen – allein schon deshalb, da aufgrund der Informationsunterdrückung des US-Militärs ohnehin weder Bestätigungen noch detailliertere Informationen für weitere Untersuchungen und Analysen zugänglich sind.
Mein Roswell-Informant »Dr. Cris« hat mir gegenüber einmal erwähnt, daß sich die utopischen Dreiecks-UFOs seines Wissens unter Kontrolle der unheimlichen, seelenkalten »Grauen« befinden. Sollte dies zutreffen, dann standen den unglücklichen Jet-Piloten von Puerto Rico nach ihrer Entführung wohl die schwärzesten Stunden ihres Lebens bevor.
Denn:
Auf unserem Planeten finden sich handfeste, entsetzliche Indizien für wahrhaft teuflische Aktivitäten einer fremden Macht, die stets im Verborgenen operiert und offensichtlich genau mit jenen finsteren »Grauen«, mit jenen humanoiden Wesen des Schreckens identisch ist.

VI

Unheimliche Begegnung der tödlichen Art

Im Frühjahr 1975 hatte der »Vampir von Moca« zum ersten Mal zugeschlagen, nahe dem Städtchen Moca im Nordwesten der Insel Puerto Rico. Die unbekannte Bestie hatte Rinder und Ziegen grauenvoll verstümmelt. Niemand unter den entsetzten Bewohnern der Gegend vermochte sich einen Reim darauf zu machen, wer sich hinter jener »Bestie« verbarg, die ihr teuflisches Werk stets völlig unbemerkt vollbrachte und ebenso unbemerkt entkam. Den Tieren waren mit äußerst scharfen Schnitten Fleischpartien und einzelne Organe entfernt worden. Besonders mysteriös daran war: An den Körpern fand sich nicht die geringste Spur von Blut!

Der »Vampir« geht in unseren Tagen ganz offensichtlich wieder um: Ende März 1991 kam es, wie auch schon in den Jahren zuvor, erneut zu grauenvollen Tierverstümmelungen auf Puerto Rico. Ein besonders erschreckender Fall ereignete sich in Cabo Rojo.

Mitten in der Nacht wird ein Ehepaar durch das Heulen seiner Dobermann-Hunde geweckt. Die Tiere schlagen nicht an, sondern scheinen vielmehr in tiefster Angst zu sein. Wachgeworden durch den Lärm, fällt den Eheleuten aber noch ein weiteres, ihnen absolut unerklärliches Geräusch auf, das sie nie zuvor gehört haben. Es klingt beinahe wie ein Tonband, das viel zu schnell abgespielt wird. Plötzlich jault einer der beiden Hunde laut auf – dann tödliche Stille. Der Hundebesitzer entschließt sich daraufhin, nach dem Rechten zu sehen – oder aber eher, nach dem Unrechten. *Denn irgend etwas Unheilvolles muß da draußen geschehen sein, soviel ist ihm schon jetzt klar. Was nun folgt, gerät zur puren Inkarnation eines perfiden, widerwärtigen Alptraums.*

Als der Mann vorsichtig auf den Hof seines Grundstücks hinausgeht, stockt ihm der Atem. Dort, in der Dunkelheit der Nacht, steht er für einen kurzen Augenblick fremden Gestalten gegenüber, deren Proportionen alles andere als menschlich sind. In dem schwachen Licht, das aus dem Fenster seines Hauses fällt, erkennt der Mann zwei kleinwüchsige Wesen mit überproportional großen Köpfen, riesigen dunklen Augen und kaum wahrnehmbaren Mund- und Nasenöffnungen. Die Haut der Gespenstischen scheint einen grauen Ton zu besitzen. – Diese Begegnung währt nur Sekundenbruchteile, dann verschwinden die unheimlichen Eindringlinge im Dunkel. Für einen Moment ist der Mann wie betäubt, dann rafft er sich zusammen, sucht nach seinen Hunden und – macht die nächste grauenvolle Entdeckung: Eines der Tiere liegt tot auf der Erde.

Der Körper »war leer, nichts befand sich mehr in seinem Inneren. Es sah aus, als ob alles durch die Augen herausgesaugt worden wäre«, so beschrieb der entsetzte Hundebesitzer seinen Fund später. »Es [das Tier] hatte leere Augenhöhlen, und alle inneren Organe waren verschwunden. Nur noch die Knochen lagen in der Haut. Es war hohl.« Seine Frau sollte das tote Tier nicht zu Gesicht bekommen. Deswegen beseitigte er den Kadaver auf der Stelle.

Was war in jener Nacht vorgefallen? Was hatten die grauen Wesen mit dem Tod des Dobermann-Rüden zu tun? Ähnliche Fragen beschäftigen Erforscher der »cattle mutilations«, der widerwärtigen Tierverstümmelungen, bereits seit Jahrzehnten. Bis in die jüngste Zeit hinein haben sich weltweit Hunderte von Fällen absolut unerklärlicher »Mutes« ereignet, meist in Verbindung mit dem Erscheinen von UFOs oder gar jener erschreckenden »Grauen«. Selbst Experten stehen in Anbetracht der makaberen Details vor einem echten Rätsel …

Auf den Fährten des Grauens

Langsam senkt sich das riesige, glühende Raumschiff auf die Erde nieder, wirft sein unheimlich-fremdartiges Licht in die nächtliche Stille der abgeschiedenen Landschaft. Sanft und lautlos schwebt der massige Flugkörper über die Grassteppe hinweg. Ein kegelförmiger, fluoreszierender Strahl, der von der Unterseite des »UFOs« ausgeht, tastet unablässig das ausgedehnte Gelände ab. Sein intensives Licht nähert sich einer Weide. Die Tiere spüren die Veränderung ganz instinktiv, sie werden unruhig, wachen auf. Nun lauert die utopische Struktur unbewegt direkt über ihnen. Plötzlich passiert es. Der mysteriöse Strahl erfaßt ein junges Kalb aus der Herde, hüllt es vollends in sein kaltes Licht und zieht den wie gelähmt wirkenden Körper des Tieres mit unsichtbaren Kräften durch einen langen Schacht in das Innere des Raumschiffs. Dort setzt sich nun eine grauenerregende, unerbittliche Maschinerie in Gang. Wesen aus dem Weltraum, wahre »Aliens« entnehmen dem Kalb einzelne Organe und Hautproben mit Hilfe laserartiger Präzisionsgeräte, leiten die Körperflüssigkeiten in riesige, metallische Tanks, analysieren das genetische Material und lassen das gräßlich verstümmelte, tote Tier auf die nächtliche Weide zurückschweben.

Eine Szene wie aus einem Horrormärchen, entsprungen dem Geist eines Psychopathen! Und doch stellt sich die erschreckende Frage: Könnte sich alles etwa wirklich so abspielen? So unglaublich diese Vorstellung im ersten Augenblick auch erscheinen mag, derzeit gibt es keinerlei rationale, konventionelle, natürliche Alternativ-Erklärungen für jene abscheuerregenden Mutilationen, von denen jede grausamer als die andere zu sein scheint.

In den vergangenen Jahrzehnten wurden aus weiten Teilen der Welt mysteriöse Tierverstümmelungen gemeldet, keineswegs nur aus Puerto Rico oder den Vereinigten Staaten, auch wenn sich die Fälle wiederum im Westen der USA konzentrieren. Berichte über Mutes – mittlerweile Tausende! – stammen jedoch auch aus Brasilien, Mexiko, Panama, Australien, Japan, ebenso von den Kanaren, aus Frankreich, England, Schweden und anderen europäischen Staaten.
Nicht selten erscheinen um die Zeit der Mutes am selben Ort auch unidentifizierbare Lichtphänomene am Himmel – UFOs! Und ein Ende der grauenhaften Vorgänge ist nicht in Sicht. Im Oktober 1992 setzte vielmehr eine neuerliche Welle solcher unerklärlicher Verstümmelungen ein. Bis 1994 ereigneten sich seitdem über hundert dokumentierte Fälle – eine Statistik des Grauens!
Die Rancher sind gegenüber diesem so ungreifbaren wie unbegreifbaren Phänomen völlig machtlos, ebenso die staatlichen Behörden. Zu viele in keiner Weise erklärliche Einzelheiten und Begleitumstände lassen die Mutilationen zu einem schrecklichen, hartnäckigen, bislang unlösbaren Rätsel werden. Als der US-Bundesstaat Colorado 1975 massiv von »Mutes« erfaßt wurde, bemerkte der Gouverneur Richard Lamm ebenso aufgebracht wie ratlos: »Die Verstümmelungen sind eines der größten Verbrechen in der Geschichte der westlichen Viehwirtschaft. Es ist unabdingbar, daß wir dieses Mysterium so bald wie möglich lösen.«

Im September 1967 brach der junge Hämatologe Dr. John H. Altshuler aus Denver in die Gegend des Great Sand Dunes National Monument Park in Colorado auf. Er hatte gehört, das dort, im San-Luis-Tal, immer wieder merkwürdige Lichterscheinungen beobachtet wurden. Diese Berichte weckten schlicht seine intellektuelle Neugierde, und so entschloß er sich, der Sache selbst nachzugehen. Sollte möglicherweise tatsächlich etwas Wahres an all jenen kuriosen UFO-Geschichten sein? Dr. Altshuler war eigentlich eher skeptisch eingestellt, seine wissenschaftliche Objektivität und sein Interesse erwiesen sich dennoch als groß genug, nicht vorschnell und unüberlegt zu urteilen. Während einer der Nächte, die er im San-Luis-Tal zubrachte, sah er dann mit eigenen Augen, wie eine Gruppe unidentifizierbarer Lichter nahe den Sangre-de-Cristo-Bergen erschien. Offensichtlich flogen sie auf ihn zu, denn ihre scheinbare Größe am Himmel wuchs beständig. Dann, ganz und gar unvermittelt, änderten sie den Kurs und schossen mit gewaltigem Tempo in den Nachthimmel.

Als am nächsten Morgen eine Parkpatrouille auf Dr. Altshuler traf, ihn nach seinem Namen fragte und nach dem Grund seines Aufenthalts dort, bat der junge Arzt, unbedingt Stillschweigen über sein Anliegen und sein Erlebnis zu bewahren, denn er fürchtete, seine Approbation wieder zu verlieren, wenn herauskäme, daß er in der Freizeit irgendwelchen UFO-Märchen nachjagte. In diesem Moment wußte er noch nicht, was ihm bevorstand. Als nämlich die Polizisten erfuhren, daß Altshuler ein ausgebildeter Hämatologe war, erzählten sie ihm von einem mehr als grausigen Fund. Gemeinsam fuhren sie dann zum Grundstück des Ranchers Harry King.

Was Dr. Altshuler auf der Weide dort draußen sah, das wird sein ganzes Leben lang nicht mehr aus seinem Gedächtnis weichen. Vor ihm lag der tote Körper eines Pferdes, aufs brutalste verstümmelt. Vom Kopf war nur noch das blanke Skelett übriggeblieben, auch der Hals war vollkommen entfleischt. Im Brustkorb klaffte ein weites Loch, präzise geschnitten. Dem Tier waren etliche innere Organe entnommen worden, darunter auch Herz und Lunge. An den Rändern der hochexakten Schnittführungen erwies sich die Haut als deutlich unter starker, gerichteter Hitzeeinwirkung kauterisiert, sie war verkohlt, verbrannt. Auch Rückgrat und Gehirn des Tieres fehlten. Und trotz der massiven Eingriffe entdeckte Altshuler nirgendwo Blut. Nicht den kleinsten Tropfen, nicht die geringste Spur! Die dreijährige Stute »Lady« schien wie ausgesaugt!

»Diese Erlebnisse von 1967«, so bemerkte der Arzt erst vor kurzem, »haben mich derart mitgenommen, daß ich sie vor allen, ja, sogar vor mir selbst, verleugnete!« Und in seinem Untersuchungsbericht schreibt er verwundert: »Wer diese Schnitte auch immer ausgeführt hat, er hat dem Pferd Herz, Lunge und Schilddrüse herausgenommen. Wie aber nimmt man ein Herz heraus, ohne daß es zu Blutungen kommt?«

Die Tierverstümmelungen waren damals ein unlösbares Rätsel. Und sie sind es heute noch. Zu all den Unverständlichkeiten um die toten Körper selbst kommen letztlich noch viele andere Rätsel hinzu. Eines davon präsentiert sich in Form der nächtlichen Lichterscheinungen über den Weiden, auf denen sich zeitgleich Mutilationen ereignen. Sie spielen eine kontinuierliche Rolle im Drama des Grauens, bis in die jüngste Zeit hinein. So auch in Calumet, Oklahoma/USA.

Am Morgen des 6. Februar 1992 finden der Rancher Robert Jacobs und sein Sohn Travis einen ihrer Brahma-Stiere tot auf – auch dieses Tier wurde von Unbekannten grausam verstümmelt. Die Hälfte der Zunge fehlt, die Genitalien sind mit einem präzisen, ovalen Einschnitt entfernt worden, ebenso der gesamte Rektalbereich. Wiederum keine Spur von Blut. Kurz, ein Anblick, der für so manchen die Grenzen des Ertragbaren weit überschreitet.

Am selben Abend fällt den Ranchern dann ein hell leuchtendes Objekt am Himmel auf, das mehrfarbige Strahlen aussendet. Nachdem Travis als erster auf diese Erscheinung aufmerksam geworden ist, alarmiert er sofort seinen Vater. Ohne einen Moment zu zögern, fahren sie nun beide hinaus in die Nacht, um herauszufinden, was dort draußen Unheimliches vor sich geht. Sie nähern sich dem Gelände, und das Licht ist tatsächlich nach wie vor zu sehen. Es verharrt noch eine Weile über einer Viehweide. Bald aber verschwindet das geheimnisvolle Objekt, um jedoch bereits nach nur wenigen Minuten der Abwesenheit erneut aufzutauchen. Diesmal bewegt sich die undefinierbare Erscheinung in südöstlicher Richtung und verliert sich schließlich endgültig in der Dunkelheit, ohne noch ein weiteres Mal zurückzukehren. Am folgenden Montagmorgen finden andere Rancher dann genau auf jener Weide, über der Robert und Travis Jacobs das mysteriöse Licht gesehen hatten, einen toten, verstümmelten Herford-Bullen!

Anfang November 1994 ereigneten sich wiederholt Mutilatio-

nen auf der Ranch von Ermenio Andreatta, rund fünf Meilen östlich von La Veta in Colorado, mitten in den Sangre de Cristo Mountains. Der Rancher verlor vier seiner Kühe. Die toten Tiere zeigten faustgroße, dunkle Male auf ihrer Brust, die auf unbekannte Weise entstanden waren. Handelte es sich vielleicht um Spuren eines Instruments, das die Tiere durch einen starken Elektroschock tötete? Doch wer setzte es ein? Der örtliche Sheriff Harold Martinez und seine Deputies berichteten, genau in dem Gebiet, in dem die Tierverstümmelungen stattfanden, UFO-Beobachtungen gemacht zu haben. Martinez jedenfalls, der zahlreiche Mutilations untersucht hat, hält die so erschreckenden Mutes für das Werk außerirdischer Wesen.
Es war eine kühle Aprilnacht. Bald nach Einbruch der Dunkelheit begann ein kräftiger Wind über das südliche Bergland von Colorado zu fegen. An jenem Abend hatten wir uns in einem gemütlichen Motel in La Veta eingefunden, in der Hoffnung, am nächsten Morgen dann persönlich mit den Untersuchern des Andreatta-Falles sprechen zu können. Die Nacht selbst schien weniger gemütlich, eher schon aufgewühlt. Fenster und Türen klapperten im Sturm, und in der Ferne bellten aufgeregte Hunde. Insgesamt herrschte tatsächlich eine Stimmung, die Schlimmes erwarten ließ. Plötzlich begann ganz in der Nähe ein Tier wie wild zu brüllen. Sollte *es* ausgerechnet in dieser Nacht wieder geschehen? Letztlich muß man im San Luis Valley doch offenbar auf alles gefaßt sein... So zogen wir uns also hastig wieder an und gingen hinaus, um nachzusehen. Wir folgten dem Brüllen, kamen jedoch bald an einen Fluß, der uns den Zugang verwehrte. Uns blieb nichts anderes übrig, als umzukehren. Auf dem Weg zurück verstummten dann die Laute des Tieres. Auch die Hunde beruhigten sich. Wahrscheinlich hatte sie nur der Sturm verängstigt.
Da uns am nächsten Morgen auch nichts über ungewöhnliche Vorfälle zu Ohren kam, begaben wir uns bald auf den Weg zum Sheriff-Department nach Walsenburg, um dort mehr über die Tierverstümmelungen zu erfahren. Leider war County Sheriff Harold Martinez nicht mehr im Amt, doch sein Nachfolger, John Salazar, vermittelte uns sofort an Deputy Sheriff David

McCain, der sich wiederum als außergewöhnlich kooperativ erwies und alle meine Fragen eingehend beantwortete.
McCain sucht nach rationalen Antworten für die zahlreichen Fragen um das entsetzliche Szenario der Mutes, dennoch kann er sich die unheimlichen Vorgänge in keiner Weise erklären. Könnten sadistische Kulte für das grausame Treiben verantwortlich sein? McCain möchte an einen solchen Zusammenhang glauben, doch ist er sich selbst dessen bewußt, daß sich die wenigsten Fakten durch diese Annahme erklären lassen. Immer wieder betont er: »Sehr, sehr seltsam. Ich weiß nicht, was da vor sich geht. Wirklich unbegreiflich.« Sheriff McCain hat die Mutes auf der Andreatta-Ranch persönlich untersucht und fotografisch dokumentiert. Die vier toten Kühe waren über einen Streifen von nur knapp hundert Meter Länge verteilt. Zwei auf einer Seite des nahegelegenen Flusses, zwei auf der anderen Seite, alle in direkter Nachbarschaft des Ranchgebäudes. Trotzdem hat niemand im Haus auch nur einen Laut gehört, nirgends fanden sich die geringsten Spuren, die vielleicht auf die Täter hätten hinweisen können. Sheriff McCain fiel bei seinen Untersuchungen auch auf, daß Elstern, Krähen und Raben die toten Tiere mieden. Warum?

Phantomchirurgen am Werk

Das Rätsel bleibt bestehen, die Fragen stellen sich bei jedem Fall aufs neue. Was haben die UFO-Lichterscheinungen mit den Verstümmelungen zu tun? Wie ist es möglich, daß einzelne Organe und Körperteile in präzisesten Schnitten so *unblutig* entfernt werden? Die derart scharfen, exakten Schnittführungen, die von den »Phantomchirurgen« bei sehr hohen Temperaturen durchgeführt werden, vermag der Pathologe Dr. John Altshuler rückblickend nur mit der Anwendung modernster chirurgischer Lasertechnik zu erklären. Doch das Problem dabei: Diese ausgefeilte Technologie – sie existierte zu jener Zeit, als die ersten bekannten Mutilations nachgewiesenermaßen stattfanden, schlichtweg noch gar nicht. Zwar hatte der Physiker Theodore Maiman im Jahr 1960 den ersten funktionsfähigen Laser entwickelt, doch erst Ende der siebziger Jahre kamen Laser *in der Medizin* zum Einsatz. Und weitflächige Schnitte – mit großer Eindringtiefe in das Gewebe – erfordern sehr aufwendige, hochenergetische Apparaturen! 1989 noch erklärte ein führender, in Massachusetts/USA ansässiger Laserhersteller, daß für Schnitte, wie sie bei den Verstümmelungen vorgefunden werden, ein nahezu dreihundert Kilogramm schweres und entsprechend großes Instrumentarium erforderlich wäre!

In etlichen Fällen gingen Gerüchte, daß hinter den Mutes tatsächlich die perversen Aktivitäten von Satansanbetern stehen könnten. Sicherlich traf und trifft das gelegentlich auf einige Tierverstümmelungen wirklich zu. Nicht aber auf *diejenigen* Verstümmelungen, um die es hier und jetzt geht – das schließen allein schon die gerade genannten Gründe sofort aus!

Wie denn sollten derartige Sekten in den Besitz von solcherlei aufwendigen Lasern gelangen? Selbst wenn sie über diese komplizierte, teure Technologie verfügten, wie sollten sie sie dann unbemerkt an den Ort ihres geplanten Verbrechens schaffen und einsetzen? Und selbst wenn all diese Voraussetzungen wirklich erfüllt wären, einschließlich der auch nicht so leicht verfügbaren Stromversorgung für einen Laser dieser Kategorie, selbst dann gäbe es noch genug Erklärungsschwierigkeiten. Denken wir nur an das Zeitproblem.

Fachleute, die die aufgefundenen Tiere untersucht haben, schätzen, daß für derartige »Operationen« alles in allem mindestens eine Dreiviertelstunde erforderlich ist. Doch gibt es Fälle, bei denen die Tiere innerhalb von weniger als einer Viertelstunde unbemerkt verstümmelt worden sind.

Die »Phantomchirurgen« arbeiten schnell. Sie arbeiten zu schnell, als daß wir verstehen könnten, *wie* sie vorgehen. Nicht nur das Setzen der Schnitte, auch das Ausbluten der Opfer dauert seine Zeit. Der UFO- und Mute-Forscher Christopher O'Brien aus Colorado drückte es einmal so aus: »Sie können einem fünfhundert Kilogramm schweren Tier nicht innerhalb

von nur fünfzehn Minuten alle Körperflüssigkeiten entziehen, aber es geschieht. Sie können keines der Hauptorgane entfernen, ohne in Körperhöhlungen einzudringen, doch es geschieht. Es gab Fälle, in denen Organe entfernt worden waren, ohne daß Einschnitte gefunden wurden.«
Mein Informant »Dr. Cris«, der sich auch mit der Entwicklung von Lasersystemen befaßt hat, geht im übrigen davon aus, daß bei den Mutes hochenergetische »Excimer-Laser« zum Einsatz kommen, die im ultravioletten Wellenlängenbereich arbeiten. Eine Technologie, die freilich ungleich jünger ist als das Phänomen der Tierverstümmelungen!

Ganze Gruppen aufgebrachter Rancher haben sich nachts rund um die Uhr um ihre Weiden auf Lauer gelegt, um die brutalen Täter noch auf frischer Tat zu ertappen. Sie ließen das Gelände wirklich keinen Moment aus dem Auge. Und dennoch: Am nächsten Morgen fanden sich wiederum tote Tiere! Niemand hatte das »Phantom« kommen sehen, niemand sah es gehen. Doch alle sahen seine entsetzlichen Spuren.
Auch das Militär läßt sich offenbar nicht für dieses Phänomen verantwortlich machen. Der Fachjournalist Greg Henderson, Herausgeber des traditionsreichen amerikanischen Viehzuchtmagazins *Drover's Journal* äußerte sich zur Frage nach möglichen Regierungstests biologischer und chemischer Waffen an Tieren mit einem sehr klaren: »Nein. Sie müssen wissen, die Regierung verfügt über eigene Herden. Versuchstiere für die Forschung. Sie hat es wirklich nicht nötig, irgend etwas dieser Art zu tun.«
Dem so alptraumhaften Phänomen der »cattle mutilations« ist also nicht gerade leicht beizukommen! Linda Moulton Howe, die sich seit Jahren intensiv auf der Suche nach den möglichen Verursachern befindet, ist mittlerweile fest davon überzeugt, daß *sie* nicht von der Erde stammen.
1983 bemerkte auch Special Agent Richard C. Doty auf der Kirtland Air Force Base zu Linda Howe, sie liege mit ihren Vermutungen sehr in der Nähe der wahren Zusammenhänge. Ein Umstand, der die Gemüter im Pentagon in einige Aufre-

25

25 Bayport, Florida. Im April 1993 erschien über diesem Gebiet ein dreiecksförmiges Flugobjekt und wurde von zahlreichen unabhängigen Zeugen gesehen.

26 Deputy Sheriff Ron Chancey, der Hauptzeuge des Bayport-UFOs, in seinem Einsatzwagen.

27 Ein F-16 »Thunderbird« im Repräsentierhangar der Nellis Air Force Base. F-16-Jäger kamen u. a. während der großen Sichtungswelle fliegender Dreiecke über Belgien zum Einsatz. Einem spektakulären Sichtungsbericht aus Puerto Rico zufolge wurden bauverwandte Maschinen im Jahr 1988 von einem riesigen, boomerangförmigen Flugkörper regelrecht »verschlungen«.

28 Deputy Sheriff David McCain vom County Sheriff Department Walsenburg, Colorado, während eines Interviews mit dem Autor. Sheriff McCain war Untersucher von unerklärlichen »Mutilationen« an vier Kühen unweit des kleinen Ortes La Veta in den Sangre de Cristo Mountains von Colorado.

29 Der knapp 4400 Meter hohe Mount Blanca (Sangre de Cristo Mountains), an dessen Fuß 1967 die erste unerklärliche Tierverstümmelung nachgewiesen worden ist. Der Pathologe Dr. John Altshuler wurde auf das Gelände des Ranchers Harry King gerufen, wo er die dreijährige Stute »Lady« blutleer vorfand, an Hals und Kopf entfleischt. Dem Tier waren bei hohen Temperaturen präzise Schnitte beigebracht und einzelne Organe entfernt worden. Nachts zeigten sich unidentifizierbare Lichter am Himmel, die auch Dr. Altshuler sah.

30 Typischer Fall einer Cattle-Mutilation. Am 23. Juli 1989 fand der Rancher Steve Somsen aus Idaho diese Kuh tot und verstümmelt auf. In jenen Jahren häuften sich die »Mutes« vor allem in Idaho, Washington und Nebraska, während gegenwärtig unter anderem Alabama, New Mexico und Colorado (wieder) verstärkt heimgesucht werden.

31 Ein anderer Fall einer Verstümmelung aus Maple Valley, Bundesstaat Washington. Diese trächtige Kuh wurde am 17. Juli 1989 von Rancher Bill Veenhuizen tot aufgefunden.

32 Hubschrauber über Nellis. Im örtlichen und zeitlichen Umfeld von Mutilations werden nicht selten auch mysteriöse, unmarkierte »schwarze« Helikopter beobachtet. Niemand kennt die näheren Zusammenhänge. Auch in der Nähe von Las Vegas, besonders über dem Ort Logandale, haben sich wiederholt derartige Hubschrauber gezeigt.

26

27

28

29

30

31

gung versetzt hätte, so erklärte Doty. Erinnern wir uns auch: Dr. Paul F. Bennewitz ging sogar so weit zu behaupten, aus den Rinderteilen würden humanoide Wesen hergestellt!

Nicht zuletzt sprechen auch die zahlreichen UFO-Sichtungen für eine nichtkonventionelle, nichtirdische Deutung der entsetzlichen Vorgänge. Wie gesagt, schon um die Zeit, zu der »Lady«, die dreijährige Stute aus dem San Luis Valley in Colorado verstümmelt worden war, beobachtete Dr. Altshuler merkwürdige Lichter am Himmel.

Wer die Umgebung um die Fundstelle des toten Pferdes genauer in Augenschein nahm, dem fielen außerdem noch einige weitere, absolut unverständliche Details auf. Da gab es beispielsweise die merkwürdigen Trittspuren, die das Tier vor seinem Tod im Boden hinterlassen hatte. Es sah so aus, als ob »Lady« mehrmals in einem engen Kreis herumgesprungen wäre. Dann verliefen sich die Hufabdrücke im Sand, sie endeten abrupt, etwa dreißig Meter von der Todesstelle entfernt. Sonst gab es keine anderen Merkmale, keine Schleif- oder Wagenspuren. Das Tier schien offenbar über den Boden geschwebt zu sein, so zumindest hatte es den Anschein. Und ungefähr fünfzehn Meter vom Fundort des Kadavers entfernt, fanden die Untersucher ein anderes ungewöhnliches Relikt, einen ungefähr einen Meter großen Kreis aus acht Vertiefungen, die je einen Durchmesser von zehn Zentimetern besaßen. Direkt daneben standen die Überreste eines versengten Busches. Welchen Reim sollte man sich auf all dies machen?

Von Ende 1976 bis Anfang 1977 zeigten sich über der Gemeinde Sterling in Logan County/Colorado fast jede Nacht unidentifizierte Lichter am Himmel. Aus einem großen, hellweiß strahlenden Objekt traten immer wieder kleinere Lichter hervor, um anschließend wieder im Hauptkörper zu verschwinden. Bald bürgerten sich unter Beobachtern die Bezeichnungen »Big Mama and Baby UFOs« ein – die »Große Mutter mit ihren kleinen UFO-Kindern«. – Tex Graves, Sheriff von Logan County, versuchte sich in einer kleinen Propellermaschine näher an die seltsame Konfiguration heranzupirschen, doch wichen ihm die Lichter stets aus; sie machten den Eindruck, als ob

sie von einer Intelligenz gesteuert würden. In derselben Zeitspanne, während derer die leuchtenden Himmelsphänomene auftraten, häuften sich in Colorado wieder die rätselhaften Verstümmelungen.
Und die Mutes nehmen kein Ende. Auch außerhalb der USA werden immer wieder grausame Fälle gemeldet. So schrieb mir Linda Howe bereits vor längerer Zeit: »Es gibt auch einen Fall von drei mutilierten Kälbern in England, den ich im August 1993 recherchiert habe.« – Die Farmer Carol und Brian Cherrett aus Motcombe in der Nähe von Shaftesbury/England berichteten ihr, im Juli drei Kälber tot aufgefunden zu haben. Den armen Tieren war jeweils ein Ohr mit präzisen Schnitten entfernt worden, außerdem fehlten die Zitzen, der Schwanz und der Rektalbereich. Auf dem Boden fanden sich nur noch die metallischen Identifizierungsmarken, die die Tiere in den Ohren getragen hatten. An ihnen fanden sich keine Hautfetzen und kein Blut, obwohl sie fest als geschlossene Metallschlaufe mit dem Ohr verbunden gewesen waren.

Der schon erwähnte pensionierte Air-Force-Colonel Wendelle C. Stevens behauptet, zeitweilig hätte ein streng geheimer *»Project Grudge Report Number 13«* existiert, der jedoch nie verteilt, sondern bald nach seiner Herstellung wieder vernichtet worden wäre. 1980 erhielt Linda Howe den Anruf eines gewissen William English, der ihr gegenüber Stevens Behauptungen untermauerte.
Der mysteriöse Bericht enthielt, wie es heißt, auch Informationen über Verstümmelungen, allerdings nicht »nur« über Verstümmelungen an Tieren! Angeblich waren auch *mutilierte Menschen* aufgefunden worden – Fälle, die allerdings der striktesten Geheimhaltung unterworfen wurden, mit allen nur zu Gebote stehenden Mitteln. Verständlicherweise. Auch John Lear erwähnt in seinem mehrseitigen Statement zur vierzigjährigen Verdeckungstaktik des Militärs eine »Human Mutilation«. Wie er berichtet, hatte ein Air-Force-Major bereits im Jahr 1956 beobachtet, wie ein gewisser Sergeant Jonathan P. Louette eines Nachts um drei Uhr in ein diskusförmiges Ob-

jekt entführt worden sei, während er sich auf der Suche nach Trümmern einer abgestürzten Testrakete befand. Drei Tage später sei Louette dann aufgefunden worden – tot. Seine Genitalien seien entfernt worden, der Rektalbereich bis zum Dickdarm chirurgisch präzise herausgeschnitten worden. Der Mann hätte keine Augen mehr besessen. Sein Körper sei absolut blutleer gewesen. Dieser Fall wird auch von Stevens erwähnt, der ihn allerdings auf Ende 1958 datiert.

Bis heute jedoch existiert keine Bestätigung dafür, daß sich diese und ähnliche Horrorstories wirklich zugetragen haben. Die Grausamkeiten, die von den Fremden an Tieren begangen werden, bedrücken die Gemüter der Untersucher schon genug und füllen die finstersten Winkel kosmischer Schreckenskabinette.

Auch Linda Howe sind gelegentlich Gerüchte über unerklärliche Verstümmelungen an Menschen zu Ohren gekommen, doch liegen ihr gleichfalls keine näheren, wirklich handfesten Indizien darüber vor: »Ich habe keinen harten Beweis für Mutes an Menschen«, teilte sie mir auf meine diesbezüglichen Fragen einmal mit.

Vielleicht haben Menschen schon vor undenklichen Zeiten beobachtet, wie unbekannte Wesenheiten aus für sie unerfindlichen Gründen Tiere verstümmelt und ihnen einzelne Organe entnommen haben. Offensichtlich benötigten die Fremden jene Organe, warum, wozu auch immer. – Um jene höheren Mächte möglichst wohlgesonnen zu stimmen, übernahmen schließlich »primitive Erdvölker« deren ursächlich vollkommen unbegreifliche Aktivitäten und integrierten sie in kultische Handlungen. Auf diesem Wege bot man den »Göttern« an, was ihnen augenscheinlich am wichtigsten und wertvollsten war.

Niemand wußte, warum jene hochgestellten Wesen, die vom Himmel herabkamen, Eingeweide aus den Tierleibern, vielleicht auch aus den Körpern von Menschen, herausrissen. Aber eigentlich war das auch eher eine zweitrangige Frage. *Sie* taten es eben, und das war an sich schon bedeutungsvoll genug. Ein frühes Einsetzen der Mutes auf unserem Planeten könnte je-

denfalls eine einleuchtende, alternative Erklärung für die andernfalls nahezu unbegreiflichen Grausamkeiten der diversen Opferkulte liefern, für blutrünstige Riten, wie sie jahrhundertelang weltweit und zum Teil heute noch praktiziert werden.
In unseren Tagen sind wir möglicherweise schon etwas eher in der Lage, uns auszumalen, welche Hintergründe die Mutilations besitzen. Sie könnten sich als genetisch-biologische Programme herausstellen, als »Tierversuche«, ausgeführt aus irgendeinem tieferen, (über)lebensnotwendigen Grund oder aber als seelenkalte Experimente zur Stillung eines unersättlichen Wissensdurstes. Letztlich freilich dürfen wir ganz sicher nicht davon ausgehen, daß unsere Vorstellungen über die tatsächlichen Zusammenhänge de facto auch nur im geringsten zutreffen. Uns geht es wahrscheinlich vielmehr wie den Mäusen, Ratten oder Hasen in den Labors der Universitäten – zur Vivisektion bestimmten armseligen Kreaturen, die *uns,* die Experimentatoren, vielleicht gerade noch in der einen oder anderen Weise wahrzunehmen vermögen, aber eben zu mehr auch nicht fähig sind.
Oder sind wir in Wirklichkeit doch gar nicht *so weit* vom Begreifen entfernt? Sollten tatsächlich jene seelenlosen »Grauen« für die Mutes verantwortlich sein, dann wären wir sicherlich mit einer von uns noch nicht erreichbaren Technologie konfrontiert. Doch wenn wir an Roswell oder auch die Lazar-Story denken, sind die physikalischen Grundkonzepte offenbar bereits nachvollziehbar. Erschreckend ist in jedem Falle aber die unglaubliche Indifferenz und offensichtliche Verachtung, die jene Unbekannten dem Leben auf unserem Planeten entgegenzubringen scheinen. Sie quälen und mißhandeln Tiere auf das Unsäglichste und lassen die toten Körper auf den Weiden zurück, ungeachtet des Schreckens, den sie damit verbreiten. Eine verräterische Botschaft. Ob sich Absicht oder Gleichgültigkeit mit ihr verbindet, das bleibt momentan offen. Klar ist nur, daß wir uns mit den »Mutes« einem der wohl beunruhigendsten Phänomene gegenübersehen, das in deutlicher Verbindung mit dem Erscheinen von UFOs steht – und: mit einem weiteren, bis heute kaum einordbaren Phänomen.

Mysteriöse Helikopter, die einfach verschwinden …

Am 27. Oktober 1975 begann über US-amerikanischen Militärstützpunkten eine Serie ungewöhnlicher Sichtungen, die für mehrere Wochen anhielt. Damals tauchten in der Nähe einiger Basen – darunter die *Loring AFB* in Maine, die *Wurtsmith AFB* in Michigan, die *Minot AFB* in North Dakota oder die *Malmstrom Minuteman Base* in Montana – nichtidentifizierbare Lichter auf, die teils sogar innerhalb der Militärgebiete landeten, um anschließend mit hoher Beschleunigung nach oben zu schießen und sehr bald nicht mehr von normalen Sternen unterscheidbar zu sein.

So erschien in jenem Jahr über der Malmstrom Air Force Base nahe Great Falls, Montana, ein rätselhafter Flugkörper. Seine Bahn wurde vom NORAD verfolgt: Das UFO stieg mit hoher Geschwindigkeit in den Himmel, bis es in einer Höhe von mehr als sechzig Kilometern, also in den obersten und dünnsten Schichten der Erdatmosphäre, schließlich aus dem Erfassungsbereich des Radars verschwand. Linda Howe erhielt übrigens direkt von ihrem Bruder, der seinerzeit als Hubschrauberpilot auf der Malmstrom AFB tätig war, die Bestätigung für die Realität dieses Vorfalls.

Als 1975 mehrere Militärbasen in dichter Folge von unbekannten Flugobjekten heimgesucht wurden, war unter anderem von zigarren- oder scheibenförmigen Objekten die Rede, dann aber auch von *Hubschraubern*, deren Herkunft jedoch niemandem bekannt war.

Gelegentlich kommt es vor, daß Hubschrauber gemeinsam mit unidentifizierbaren Flugobjekten gesehen werden. Meist handelt es sich dann allerdings nicht um die üblichen Militärhubschrauber, sondern um anonyme Maschinen, die keinerlei Kennung tragen und sich dementsprechend auch keiner staatlichen oder militärischen Organisation zuordnen lassen. Solche »schwarzen Helikopter« (sie sind tatsächlich oft schwarz lackiert) zeigten sich bekanntlich im Fall von Huffman/Texas zuhauf, als zwei Frauen und ein Junge ernste Strahlenschä-

den durch jenes rätselhafte, diamantförmige Objekt davontrugen. Ähnliche Helikopter tauchten auch 1988 während der Dreieckssichtung in Puerto Rico auf.
Während der Zwischenfälle von 1975 versuchte eine Gruppe von Polizisten, Hilfssheriffs und Journalisten einen Hubschrauber, der sich nicht identifizierte, zu verfolgen. Doch mit einem Male schien sich der Flugkörper *im Nichts* aufzulösen! Immer wieder dringen Berichte ans Tageslicht, in denen Helikopter beschrieben werden, die plötzlich, von einem Moment auf den anderen, auftauchen und außerdem auch noch keinerlei Geräusche von sich geben. Eine weitere rätselhafte Eigenheit dieser Sonderklasse von Hubschraubern betrifft ihr häufiges Erscheinen an Schauplätzen von Tierverstümmelungen.
Im selben Jahr, in dem unmarkierte und unidentifizierte Helikopter gehäuft über US-Basen erschienen, fand im Südwesten von Wyoming eine etwa zweiwöchige Welle von Mutilationen statt. Prompt zeigten sich die merkwürdigen Hubschrauber. Ein knappes Jahr später, zwischen Juni und Oktober 1976, erschienen lautlose, schwarze Hubschrauber über Madison County in Montana, während dort insgesamt zweiundzwanzig Verstümmelungen gemeldet wurden. Ende 1978 ereigneten sich dann achtzehn, wenn nicht mehr, Verstümmelungen in Arkansas. Eines der betroffenen Tiere gehörte dem Rancher und ehemaligen Angehörigen der Marines Don Rystrom, der zwei Nächte zuvor einen Helikopter in diesem Gebiet kreisen gesehen hatte. Er richtete einen Suchscheinwerfer auf die Maschine und konnte keinerlei Kennzeichnungen wahrnehmen – vielleicht waren auch vorhandene Markierungen abgedeckt worden. Die Bleche waren schwarz, dunkelblau oder dunkelviolett gestrichen, jedenfalls wirkte der obendrein unbeleuchtete Helikopter schon außergewöhnlich dunkel. So etwas hatte Rystrom zuvor noch nie gesehen, obwohl er selbst oft in Hubschraubern geflogen war. Er hatte auch nie gesehen, daß ein Hubschrauber plötzlich mit einem derartigen Tempo davonbeschleunigte wie der, den er da gerade eben noch vor Augen gehabt hatte. Innerhalb von nur zehn Sekunden war das Ding weg, verschwunden aus dem Blickfeld des Beobachters!

Von den »Mystery Helicopters« existieren nur wenige, nicht besonders spektakuläre Fotografien. Ähnlich wie im Falle der UFOs selbst, wurde und wird die Realität dieser Erscheinung daher von vielen Skeptikern abgelehnt. Auch Tim Gerlach, Herausgeber des »Whiskey Alpha Reports«, eines wöchentlichen Berichtes über die Flugaktivitäten auf der UFO-berüchtigten Nellis Air Force Base in Nevada, war den zugegebenermaßen teils recht phantastischen Schilderungen über das Erscheinen unmarkierter, schwarzer Helikopter sehr skeptisch gegenüber eingestellt. Im Mai 1994 sandte er mir dann einen Plan über die aktuellsten *Red-Flag*-Manöver auf Nellis sowie die neueste Ausgabe seines Reports. Sofort stach mir die Meldung ins Auge: »Mysterious ›Black Helicopters‹ over Nevada«! Also doch! Tim Gerlach schreibt: »Seit einiger Zeit schon kursieren Gerüchte über ›schwarze‹ Helikopter, in der Umgebung von Las Vegas. Bis vor kurzem habe ich diesen vagen Geschichten über ›verdeckte Regierungsoperationen‹ im Zusammenhang mit diesen Helikoptern nicht viel Aufmerksamkeit geschenkt. Doch vor wenigen Wochen nahm jemand aus Südnevada Kontakt mit mir auf – wegen Informationen aus erster Hand, die jene Helikopter betrafen, welche im besagten Gebiet operieren. Seitdem bin ich daran interessiert, Licht in diese Angelegenheit zu bringen …«

Im Januar 1995 schreibt Gerlach dann u. a. über eine mögliche Verbindung der mysteriösen Helikopter mit dem Phänomen der Mutilations und erwähnt ein sehr eigenartiges Geschehnis, bei dem eine Kuh vom verstümmelten Körper einer anderen Kuh getötet worden war, der offensichtlich aus einem Fluggerät direkt über ihr abgeworfen worden war.

Die relativ zahlreichen Schilderungen über die »schwarzen Helikopter« sind also alles andere als bloße Fantastereien. Besonders in der Nähe des Ortes Logandale, nordöstlich von Las Vegas, haben sich die geheimnisvollen Hubschrauber in der vergangenen Zeit häufig gezeigt, so sagte mir Tim Gerlach im März 1995, als wir uns an der Einflugschneise der Nellis Air Force Base trafen und die Manöver von *Green Flag* beobachteten. Gerlach faßt die wichtigsten Merkmale der »Black Helicopters« mit folgenden Worten zusammen:

»1. Das Flugobjekt ist völlig schwarz lackiert.
2. Sichtbare Markierungen sind nicht vorhanden.
3. Sie können mindestens fünf Besatzungsmitglieder aufnehmen.
4. [Die Helikopter] sind bei ihren Operationen in besiedelten Gebieten bei Flughöhen unter 500 Fuß beobachtet worden.
5. Sie haben Unterstützung durch United States Air Force Bodenpersonal erhalten.«

Verhalten und Aufgaben jener schwarzen Helikopter sind tatsächlich außerordentlich mysteriös und bislang absolut undurchschaubar. Im Moment bleibt nichts anderes, als aufgrund der Beobachtungen über alle denkbaren Möglichkeiten zu spekulieren.
Tom Adams aus Texas hat im Laufe der Jahre weit über zweihundert belegte Fälle gesammelt, bei denen Helikopter der beschriebenen Art im örtlichen und zeitlichen Umfeld von Mutilationen aufgetaucht sind. Für ihn existieren vier verschiedene Möglichkeiten:

- *Bei den Helikoptern handelt es sich selbst um UFOs, nur eben als herkömmliche, irdische Flugzeuge getarnt.*

- *Die Helikopter werden von der Regierung (dem Militär) eingesetzt, von ihnen gehen auch die Mutes direkt aus.*

- *Das Militär ist nicht selbst an den Verstümmelungen beteiligt und setzt die Hubschrauber nur zu Aufklärungszwecken ein, um den wahren Verursachern auf die Spur zu kommen.*

- *Die Regierung weiß genau über die wahren Vorgänge Bescheid und setzt die Helikopter zur Verwirrungs- und Ablenkungstaktik ein.*

Um es gleich vorwegzunehmen: Jede dieser Thesen bringt ihre Schwierigkeiten mit sich. Die allererste scheint etwas weit hergeholt, denn warum sollten sich einerseits UFOs wie die belgischen Dreiecke ohne geringste Scheu und völlig ungetarnt vor unzähligen Augenzeugen präsentieren, während in anderen Fällen dann derartige »Tarnkappen-UFOs« durch die Gegend fliegen? Andererseits dürfen wir nicht vergessen, daß die Tierverstümmelungen eine sehr negative Aufmerksamkeit auf sich ziehen. Auch wir Irdischen setzen für unterschiedliche Missionen unterschiedliche Systeme ein, darunter eben auch Tarnkappenflugzeuge. Warum sollten die Fremden nicht in vergleichbarer Weise handeln? Zwar hätte sich die Tarnung nur als relativ mäßig gelungen erwiesen, denkt man einmal an die zahlreichen, sehr ungewöhnlichen Eigenschaften der Helikopter, aber der eigentliche Sinn an der ganzen Sache könnte möglicherweise darin bestehen, eine allgemeine Verwirrung und Unklarheit zu stiften, und das ist wohl gelungen!
Daß das US-Militär die Hubschrauber einsetzt, um die Verstümmelungen selbst durchzuführen, ist relativ unwahrscheinlich, davon war bereits die Rede; interessant ist in diesem Zusammenhang zudem auch, daß solche Helikopter 1990 auch über Rußland gesehen worden sind. Abgesehen davon sprechen auch die unerklärlichen Eigenschaften der Hubschrauber einigermaßen dagegen – unter anderem ihre hohe Beschleunigung, ihr sehr plötzliches Verschwinden, ihre oft mit Erstaunen festgestellte Lautlosigkeit. Die nächste Frage aber ist: Versucht das Militär vielleicht ganz im Gegenteil das Rätsel der Mutes mit dem Einsatz der Hubschrauber zu lösen? Das ist nach wie vor möglich. *Aber*: Auch hier machen sich Probleme breit. Abgesehen von den technischen Schwierigkeiten ist es doch sehr seltsam, daß die Hubschrauber gelegentlich sogar schon auftauchen, noch *bevor* genau am Ort ihres Aufenthaltes dann später tatsächlich Mutilationen stattfinden. *Wer* also auch immer sich an Bord der mysteriösen Helikopter befindet, *er muß ganz offensichtlich mehr wissen!*

Rätsel um die Questa-Zone

Besonders im Gebiet entlang der Grenze zwischen New Mexico und Colorado konzentrieren sich unheimliche Phänomene in auffallender Weise. Einige Forscher sprechen von der »Questa-Zone«, da dieses Städtchen in New Mexico relativ zentral in dem betreffenden Gebiet liegt, das einige der geheimnisvollsten Schauplätze in den Vereinigten Staaten umfaßt, darunter Dulce mit seiner vermuteten »Alien-Basis« unter der Archuleta Mesa, dann auch Taos mit seinem unerklärlichen Untergrundsummen und das San-Luis-Tal in Colorado, in dem 1967 am Fuße des Mount Blanca die Apaloosa-Stute »Lady« aufs unsäglichste verstümmelt aufgefunden worden war.

Questa selbst liegt am südlichen Ende des San Luis Valley, nur etwa dreißig Meilen vom Mount Blanca entfernt. Jenem entsetzlichen Fund sollten über hundert weitere bis heute nicht aufgeklärte Verstümmelungen folgen. Das Grauen bricht nicht ab. Im April 1993 fand der Rancher Eloiso Rael einen 750 Pfund schweren Charolais-Bullen auf seiner Weide in Questa – tot, verstümmelt. »Dieses Jahr, 1994«, so berichtete mir Linda Howe, »gab es eine andere außerordentlich mysteriöse Kuhverstümmelung in Questa sowie seit dem 14. Mai sieben weitere seltsame Todesfälle bei Tieren. Drei dieser sieben Fälle sind von einem Veterinär und Pathologen studiert worden. Jedesmal waren die Einschnitte mit irgend etwas ausgeführt worden, das heiß genug war, um das Hämoglobin [Blutfarbstoff] zum Kochen zu bringen.«

Der UFO-Forscher Christopher O'Brien, der den Rätseln des San-Luis-Tals seit rund sieben Jahren mit großem Engagement direkt vor Ort nachgeht und zweimonatlich den *Mysterious Valley Report* herausgibt, stellt fest, daß mit dem Jahr 1994 eine neue Welle an UFO-Sichtungen verbunden war. Zwischen Januar und April 1994 kam es zu Dutzenden von Zwischenfällen. O'Brien selbst war mehrfach Zeuge unerklärlicher Lichterscheinungen und nichtidentifizierter Flugobjekte, die über jenes offenbar verwunschene Tal am Rande des »Verzauberten Lan-

des« New Mexico hinwegflogen. Er konnte diese UFOs dreimal bei hellem Tageslicht verfolgen.
Am 30. November 1993 erschien ein nicht identifizierbarer Feuerball über dem San Luis Valley. Das Objekt war so groß wie der Vollmond und leuchtete hellweiß. Ein außergewöhnlich heller Meteor? Keineswegs. Jack Cookerly, ein ehemaliger Flugnavigator der US-Marine, hielt das helle Ding, das da plötzlich vor seinen Augen über den Himmel raste, zunächst auch für nichts anderes als einen glühenden Steinbrocken aus dem All. Doch dann näherte sich der unbekannte Flugkörper dem Horizont, wuchs auf das vielleicht Zwanzigfache seiner ursprünglichen Größe an, verformte sich oval und blieb mit einem Male völlig bewegungslos stehen! Dabei änderte er seine Farbe in einen blau strahlenden Ton, um anschließend nach unten abzusinken und unvermittelt zu verschwinden.
Andere Bewohner der Gegend haben diese merkwürdige Erscheinung ebenfalls gesehen. Alle glaubten, das UFO müsse irgendwo im San-Luis-Tal niedergegangen sein. Dann, in der darauffolgenden Nacht, zeigten sich zahlreiche Helikopter über dem Gebiet. Auch Chris O'Brien verfolgte ihre merkwürdigen Manöver. Zwischen 8.30 und 9.30 Uhr abends überflogen sie das Tal in zwei Formationen. Sie hielten sich genau über der Stelle auf, an der nach Meinung der Zeugen auch jenes Licht gelandet war. Übrigens schienen auch diese Hubschrauber keinerlei Geräusche von sich zu geben. Handelte es sich bei ihnen am Ende gar um Phantomhubschrauber? Vielleicht um getarnte außerirdische Raumschiffe, von Hologrammen umgeben?
Sheriff Lou Girodo aus Colorado, der in Ausübung seines Amtes bereits mit der Untersuchung zahlreicher Mutilationen konfrontiert war, schließt diese Möglichkeit nicht aus. Er hat außerdem sogar offiziell festgestellt, daß die Verstümmelungen seiner Ansicht nach wahrscheinlich von Wesen ausgeführt werden, welche nicht auf der Erde beheimatet sind.
Die Lautlosigkeit der Hubschrauber beschäftigt auch Tom Adams: »Es gibt Helikopter-Berichte, die… nahelegen, daß viele dieser Hubschrauber als Tarnung für eine fremde Intelligenz dienen – besonders diejenigen, die völlig lautlos sind«, so

schrieb er einmal. Doch einschränkend bemerkt er dann weiter: »Es ist möglich, daß die geräuschlosen [Hubschrauber] eine irdische Technologie darstellen wie zum Beispiel *Active Noise Control (ANC, Aktive Geräuschkontrolle),* über die die meisten von uns wenig wissen. Vereinfacht beschrieben, basiert ANC auf der Erzeugung eines zweiten Tones, mit dem das ursprüngliche Geräusch ›maskiert‹ oder aufgehoben wird. Die gegenwärtige Militärtechnologie könnte dem, was öffentlich zugegeben wird, ziemlich überlegen sein. Doch andererseits: Wenn *wir* dazu in der Lage sind, wie sollten wir uns erst die Fähigkeiten einer nichtirdischen Technologie vorstellen können, die uns um Hunderte, Tausende oder gar Millionen Jahre voraus ist.« – Noch eins: Das Militär müßte neben der Geräuschkontrolle offensichtlich auch über eine *Luftwirbelkontrolle* verfügen. Gelegentlich zeigen nämlich auch die herumschwirrenden Rotorblätter der »Phantomhubschrauber« keine Wirkung auf die Umgebung – wer aber einmal in der Nähe eines landenden Hubschraubers gestanden hat, weiß, welche Kräfte hier die Luft durchpflügen! Zumindest aber berichtete Anfang 1995 das amerikanische Luftfahrtmagazin *Aviation Week and Space Technology* über die Existenz »schwarzer« Programme, die sich mit neuer Helikoptertechnologie befassen – einer Technologie, die möglicherweise *Stealth*-Charakteristiken beinhaltet und auch auf den akustischen Bereich überträgt.
Um die merkwürdigen Helikopter gibt es noch so manche ungelöste Fragen. Chris O'Brien erinnert sich, wie ihm ein Rancher-Ehepaar aus der San-Luis-Gegend von einem Helikopter erzählte, der durch seinen mittlerweile völlig überholten Bautyp auffiel, ein Vehikel, wie es seit vielen Jahren vom Militär nicht mehr benutzt wurde. Kurz nachdem die Eheleute den »fliegenden Oldtimer« gesehen hatten, fanden sie eines ihrer Zuchttiere tot und verstümmelt vor. Zu Hause notierte sich O'Brien den Bericht der beiden Zeugen, als plötzlich ein Hubschrauber desselben veralteten Typs über seinem Grundstück flog. Auch dieser Fall belegt im übrigen, daß die Hubschrauberinsassen bereits vor dem Auftreten von Verstümmelungen, an denen sie aus irgendwelchen Gründen offensichtlich sehr in-

teressiert sind, genau darüber Bescheid wissen, wo sich Mutes ereignen werden.
Selbst wenn sich nicht gleich Außerirdische hinter den Cockpitfenstern verbergen, so vermuten einige Forscher dennoch, daß hier eine Behörde am Werk ist, die sehr viel über Extraterresten und deren Aktivitäten weiß.
Rein zufälligerweise befindet sich der Sitz des *National Reconnaissance Office (NRO),* jenes supergeheimen Geheimdienstes, der angeblich für so manche nichtirdische Rätsel zuständig ist, gerade in Colorado – genauer gesagt, auf Fort Carson südlich von Colorado Springs, unweit des San Luis Valley. Wie es heißt, setzt das NRO tatsächlich unmarkierte Helikopter ein. Wenn dem so ist, dann weiß man zumindest *dort,* in jenem nur scheinbar ruhig schlummernden Geheimpalast, auch mehr über die alptraumhaften Tierverstümmelungen oder gar: die »Human Mutes«. Doch *wir* werden das Geheimnis nicht erfahren. Denn die »Mauern des Schweigens« – sie sind beim NRO noch höher als anderswo. Hinter ihnen allerdings mag sich »Dornröschens Schreckenskabinett« verbergen.

Weißer Staub

Das San Luis Valley scheint wirklich voller ungelöster Rätsel und Geheimnisse zu sein. »Ich glaube, daß diese Region zu den paranormal ausgeprägtesten Gegenden der Erde zählt. Meines Wissens vermag keine andere Weltgegend mit einer derartigen Vielfalt und Intensität zahlreicher anomaler Ereignisse aufzuwarten«, schrieb mir Chris O'Brien im Frühjahr 1994 – und das ganz offensichtlich völlig zu Recht.
Wieder und wieder kommt es dort zu den seltsamsten, ungewöhnlichsten Zwischenfällen. Bewohner der Gegend werden mit »Phantomfeuern« konfrontiert, regelrechten Waldbränden, die überhaupt nicht stattfinden. Sie vernehmen unerklärliche Explosionen, sehen »Spuklichter« am Himmel und spüren Druckwellen aus dem Nirgendwo, die ganze Häuser erschüt-

tern. Seit zweihundert Jahren kursieren Gerüchte über nichtmenschliche Wesen, die dieses Gebiet frequentieren (besonders der »Pojoque-Teufel«). Sind diese Wesen die Verursacher der Mutes? Natürlich liegt diese Vermutung nahe, denn unheimliche Fremde und erschreckende Geschehnisse, das paßt recht gut zusammen. Doch das Phänomen an sich, so präsent es ganz besonders durch jene grausigen Verstümmelungen auch ist, versteht dennoch die Kunst ganz ohne Zweifel aufs beste, sich stets wieder *unerkannt* in den Hintergrund der Finsternis zurückzuziehen.

Am 12. Januar 1994 erhielt der Sheriff von Rio Grande County einen Anruf aus dem Inneren der Cheyenne-Berge/Colorado, in denen das technische Herz der Luftüberwachung NORAD schlägt. Man habe eine beachtliche, nicht zuordbare Explosion im Gebiet des Rock Creek Canyon registriert und bitte um sofortige Überprüfung. Zwei Tage lang suchten die Sheriffs von Rio Grande County nach Hinweisen auf den Vorfall. Sie setzten zwei Flugzeuge und mehrere vierradgetriebene Fahrzeuge ein. Doch nichts. Von einer Explosion nicht die geringste Spur.

Die ganze Suche wurde dadurch erschwert, daß das NORAD den Ort der Explosion für seine Verhältnisse sehr ungenau angegeben hatte. Normalerweise sind die Satellitensysteme in der Lage, derartige Ereignisse auf einige hundert Meter genau zu lokalisieren. Diesmal aber lag die Unsicherheit im Bereich von Meilen. Wie gesagt, die Suche endete erfolglos. Immerhin aber kamen einige Zeugen zum Vorschein, die zur betreffenden Stunde einen »grünen Feuerball« beobachten konnten. Die Explosion hatte also tatsächlich stattgefunden.

Am 15. Januar 1994 zeigten sich unidentifizierte Lichter über dem Städtchen Capulin. Zwei Tage später meldeten dann Bewohner von Rock Creek, eine blaue Lichtkugel sei über den Bergen zu sehen, und die Nacht darauf erschienen wieder unmarkierte Helikopter in Suchformation.

In den Wochen vor diesen Ereignissen hatten wieder einige Tierverstümmelungen stattgefunden. So am 14. Dezember 1993, als auf der Ranch von Dale und Clarence Vigil in Costilla County ein 1700-Pfund-Bulle tot aufgefunden wurde. Dr. John

Altshuler hat auch diesen Fall untersucht. Die von dem verstümmelten Tier entnommenen Gewebeproben weisen wieder unverkennbare Spuren starker Hitzeeinwirkungen auf. Ein Rancher aus dem angrenzenden New Mexico verlor im Verlauf von sieben hintereinanderfolgenden Wochen sieben Kühe durch die unerbittlichen »Phantomchirurgen« – pro Woche ein Tier. Einer der Kühe war das Rückgrat mit professioneller Präzision aus dem Körper herausgeschnitten worden.

In der Questa-Zone werden gelegentlich auch seltsame Geräusche wahrgenommen, einmal ganz abgesehen vom mysteriösen »Taos-Summen«, von dem zu Beginn dieses Buches bereits ausführlich die Rede war. Schon 1978 fiel in Chimayo/New Mexico, einem nur wenige Meilen südlich von Taos gelegenen Ort, ein Geräusch auf, das mit dem Brummen eines Kühlschranks verglichen worden ist. Wenig später wurde in Chimayo eine verstümmelte Kuh gefunden, nur 300 Meter von dem Punkt entfernt, an dem der Laut zu hören war. Übrigens hat auch Linda Howe einmal einen ihr absolut unerklärlichen, hochfrequenten Ton gehört, als sie gerade mit Gewebeproben verstümmelter Kälber von Greeley zu ihrem Wohnort Littleton, beides in Colorado, unterwegs war. Wie Linda Howe mir mitteilte, hat sich diese Erfahrung nie mehr wiederholt.
Sowohl Taos als auch Dulce sind Orte, an denen sich Tierverstümmelungen häufen und meist zusammen mit anderen ungeklärten Phänomenen auftreten – rätselhaften Lichterscheinungen, gespenstischen Geräuschen oder aber auch seltsamen puderartigen und weißlich-metallisch wirkenden Substanzen, die manchmal auf den toten Körpern der Tiere oder in der Umgebung entdeckt werden.
Im Juli 1978 beobachtete ein Einwohner von Taos, wie ein unbekanntes, diskusförmiges Flugobjekt schwebend über einem Lastwagen verharrte. Am nächsten Morgen dann fanden sich um das Fahrzeug herum und auf dessen Dach Flocken eines weißen Puders. Für dieses sonderbare Material interessierte sich auch das FBI, allerdings gingen die behördlichen Bemühungen eher in die Richtung, einen Zusammenhang zwischen diesem

»Kunstschnee«, den Verstümmelungen und den UFOs vor der Öffentlichkeit mit möglichst überzeugenden Argumenten auszuschließen.

Wie Linda Howe seinerzeit auf der Kirtland-Basis zu hören bekam: Die Regierung hat einiges dagegen, daß Mutes und UFOs miteinander in Verbindung gebracht werden! So verfaßte auch der FBI-Agent Kenneth M. Rommel jr., einen fast dreihundertseitigen Abschlußbericht zu dem von ihm durchgeführten »Animal Mutilation Project«, in dem er für die Verstümmelungen natürliche Ursachen wie Raubtiere als – seiner Ansicht nach – durchaus vertretbare Erklärung heranzieht. Aus einer Analyse des weißen Pulvers durch Wissenschaftler des FBI resultierte angeblich, daß es sich lediglich um Dispersionsfarbe handelte. Wenn man sich allerdings an den Aussagen der *Schoenfield Clinical Laboratories* in Albuquerque orientiert, dann geht dieses Analyseergebnis des FBI gewissermaßen auf keine Kuhhaut, um es einmal themenbezogen auszudrücken.

In Albuquerque nämlich stellte man fest, daß das während der Sichtung in Taos gefundene Puder nahezu identisch mit denjenigen Substanzen war, die auf den toten Tieren gefunden worden waren. Zwar ähnelte das Material in seiner Zusammensetzung tatsächlich einem Farbstoff, dennoch gab es einige bedeutsame Unterschiede.

Howard Burgess, ein Wissenschaftler der Sandia-Laboratorien in New Mexico, der den Colorado-Mutes intensiv nachging und zahlreiche Fälle selbst untersucht hat, kam aufgrund seiner Forschungen auf den Gedanken, das weiße Pulver könnte auch zu Markierungszwecken dienen. Vielleicht, so vermutete Burgess, wurden bestimmte Tiere schon vorab damit gekennzeichnet, um später wieder schnell aufgefunden und dem Tod geweiht zu werden.

Ein Rancher aus der Gegend von Dulce hatte seinerzeit bereits eine Zahl von Weidetieren durch Verstümmelungen verloren. Burgess regte daraufhin einen Test an. Er ließ die Tiere des betroffenen Ranchers spät abends durch einen engen Pferch laufen und kontrollierte sie dabei einzeln mit ultraviolettem Licht. Und wirklich, von hundert Tieren fielen fünf durch im UV-

Licht fluoreszierende Flecke auf ihrem Rücken auf! Im Fell fand sich später tatsächlich jene weiße, metallische Substanz wieder, die auch auf verstümmelten Tieren entdeckt wurde. Seltsamerweise büßte der weiße Staub nach rund einem Monat plötzlich seine Fähigkeit zur Fluoreszenz ein.
So umgibt ein Rätsel nach dem anderen die unheimlichen Verstümmelungen. Nicht genug, daß die Tiere meist des Nachts von ghulischen Phantomen überfallen und in kürzester Zeit regelrecht ausgesaugt werden, nicht genug, daß ganz offensichtlich dabei bereits seit Jahrzehnten eine hochmoderne Lasertechnik zum Einsatz kommt, nicht genug, daß einzelne Organe mit hochpräzisen Schnitten »unblutig« entfernt werden – nein. Zu alldem werden am Himmel oft gleichzeitig UFO-Erscheinungen gesehen, unerklärliche Muster und Abdrücke im Boden nahe den Fundorten der toten Tiere gefunden, nichtmenschliche Wesen beobachtet, unheimliche Geräusche registriert oder auch merkwürdige Substanzen gefunden. Und für all dies soll eine »natürliche« Erklärung existieren?
Wohl kaum!

VII
Mächte aus der Finsternis

Lucy runzelte die Stirn, schien angestrengt nachzudenken und antwortete dann langsam: ›Ich habe nicht richtig geträumt, alles wirkte irgendwie lebensecht. Ich wollte unbedingt hier auf dieser Bank sitzen – den Grund dafür weiß ich nicht. Ich hatte sogar Angst davor – und merkte auch, daß ich durch die Stadt ging. Dabei hörte ich überall Hunde bellen und wunderte mich, daß sie mitten in der Nacht kläfften. Ich kann mich nicht mehr erinnern, wie ich die Treppe hinaufgestiegen bin. Aber als ich die Bank endlich erreicht hatte, wurde ich hier von einer schattenhaften Gestalt mit roten Augen erwartet – glaube ich jedenfalls. Was dann … geschah, ist mir völlig entfallen. Aber ich weiß noch, daß ich das Gefühl hatte, meine Seele habe sich von meinem Körper gelöst und schwebe hoch durch die Lüfte; irgendwann später schien sie wieder in meinen Körper zurückzukehren.‹«

Eine Szene aus dem klassischen Gruselroman »Dracula« des Engländers Bram Stoker. Sie schildert ein phantastisches, fiktives Erlebnis: die Begegnung mit einem Untoten, einem unergründlichen Wesen aus einer ebenso unergründlichen Schattenwelt. Trotz des irrealen Charakters der Handlung entstammen ihre wesentlichsten Grundelemente zum Teil jahrhundertealten Berichten über das Erscheinen blutsaugender Wesen. Ob in diesem bei vielen Völkern lange verbreiteten und gelegentlich gar noch heute anzutreffenden Vampirglauben reale Erfahrungen mitschwingen? Erfahrungen über unheimliche Fremde, die des Nachts umherstreifen, Menschen und Tieren das Blut aussaugen, in Schlafstuben eindringen, ihre Opfer entführen und sich gar mit ihnen vermischen?

Wo liegen die Wurzeln des Vampirismus? Spiegelt sich seine phantomhafte Aktivität heute in den »Cattle Mutilations« wieder oder auch in den zu Hunderten berichteten Fällen der »Abduktionen«, der Entführungen von Menschen durch die geisterhaften »Grauen«? Übereinstimmend bestätigen immer mehr Personen, von diesen Wesen in außerirdische Raumschiffe verschleppt und dort eingehenden medizinischen Tests unterzogen worden zu sein.

Tatsächlich scheinen SIE, die Fremden, die »Grauen«, aus der klirrenden Kälte des finsteren Raumes zu kommen, aus den eisigsten Regionen zwischen den Sternen, von dort, wo ewige kosmische Nacht herrscht. Sie durchziehen die leeren Tiefen der stellaren Endlosigkeit möglicherweise schon seit Jahrtausenden und Jahrmillionen. Ihr ebenso kaltes Denken befähigt sie zu technologischen Geniestreichen, die völlig unbekannten, uns kaum irgend zugänglichen Sphären und Dimensionen zu entspringen scheinen, Dimensionen, gegen die unsere Schöpferkraft und Phantasie zu einem einzigen, unbedeutenden Atomteilchen im Gitterwerk des Geistes verblassen.

SIE.

Doch: Wer sind SIE, was haben SIE vor?

Zeitmord

Jayne Fenton aus Houston/Texas begab sich an einem ruhigen Freitag abend etwa gegen halb elf Uhr auf den Heimweg, nachdem sie einige Freunde besucht hatte. Sie war gerade in ihren Wagen gestiegen und auf die Hauptstraße hinausgefahren, als sie plötzlich in eine dichte Nebelbank geriet. Bald war kaum mehr etwas zu erkennen, die Sichtweite reichte gerade über eine Wagenlänge.

Bald wurde Jayne klar, daß sie sich verfahren hatte. Eigentlich hätte sie an der letzten Kreuzung rechts abbiegen sollen, doch war sie die Straße geradeaus weitergefahren. Langsam tauchte mitten im Nebel ein Licht auf, offensichtlich ein Flugzeug, das den Houstoner *Hobby-Airport* ansteuerte. Allerdings vermutete Jayne den Flughafen noch in viel größerer Entfernung. Das Licht aber kam stetig näher, wurde immer heller. Irgend etwas stimmte da nicht, soviel war Jayne klar. Nur was?

Die Maschine fand sich in dem dichten Nebel offensichtlich ebenfalls nicht zurecht – vielleicht hatte der Pilot gar die Landebahn verfehlt und versuchte jetzt, auf der Hauptstraße zu landen! Mit einem Male erschienen rote und blaue Lichter aus dem Dunkel. Jayne erfaßte panikartiger Schrecken. Denn von einem Augenblick auf den anderen wandelte sich ihre Beurteilung der Situation, in der sie sich befand, ganz radikal. Augenscheinlich hatte *sie* einen fatalen Fehler begangen und nicht der Pilot. Wie ein Blitz durchfuhr sie plötzlich der Gedanke: »Du Idiot, du bist direkt auf die Landebahn gefahren! Du wirst ins Gefängnis kommen!« – Das war das Letzte, woran sie sich erinnern konnte, bevor sie Licht und Nebel vollends einhüllten und ihr Bewußtsein schwand.

Als Jayne wieder zu sich kam, saß sie nach wie vor in ihrem

Auto. Der Motor lief, nichts war passiert. Hatte sie den Wagen noch zum Stehen gebracht? Sie wußte einfach nichts mehr, nur noch, daß sie nach Hause wollte, auf dem schnellsten Weg.
Dort angekommen, ging sie sofort in ihr Schlafzimmer und war mehr als überrascht, als sie einen Blick auf ihren Wecker warf: Es war halb fünf Uhr morgens! Wie war das nun wieder möglich? Schließlich konnte sie doch nicht volle sechs Stunden unterwegs gewesen sein!
Plötzlich schien die Welt nicht mehr zu stimmen. Gut, Jayne hatte sich im Nebel verfahren, irgendwie fehlte ihr auch die Erinnerung ab dem Zeitpunkt, zu dem sie das seltsame Licht gesehen und es als Flugzeug interpretiert hatte. Trotzdem paßte nichts zusammen. Wenn sie tatsächlich mitten auf der Rollbahn gestanden hätte, dann wäre sie wahrscheinlich *nie* wieder aufgewacht oder zumindest nicht in ihrem Auto! Wo aber hatte sie sich dann befunden? Und wie war ihr Fahrzeug zum Stillstand gekommen? Warum überhaupt hatte sie ihr Bewußtsein verloren? Und das für einen Zeitraum von weit über fünf Stunden!
Jayne konnte sich auf all diese Fragen nicht den kleinsten Reim machen. Sie mußte ihr Erlebnis also einfach hinnehmen und weiterleben, als wäre überhaupt nichts geschehen. Bald stellten sich aber andere Merkwürdigkeiten ein. Sie hörte in ihrem Haus nicht selten Geräusche, die sie an Berichte über »Poltergeister« erinnerten, außerdem sah sie immer wieder unerklärliche »Schatten«. War Jayne im Begriff, ihren Verstand zu verlieren? Natürlich verängstigte sie, was sie da um sich erlebte. Noch andere seltsame Zwischenfälle begannen sich zu häufen.
Eines Tages, als Jayne ihre Wohnung betrat, brannte das Licht. Auch ihr Fernseher und die Klimaanlage waren eingeschaltet, obwohl Jayne genau wußte, daß sie vor dem Verlassen der Zimmer alles kontrolliert hatte. Überhaupt wurde sie immer vorsichtiger, überzeugte sich doppelt, ob alles auch wirklich abgeschlossen war, schaute hinter Türen und Schränken nach, ob sich vielleicht irgendwo jemand verbarg. Bald fühlte sie sich wie ein kleines, verängstigtes Kind, und die ganze Angelegenheit kam ihr fast schon lächerlich vor. Allerdings konnte sie sich auch nicht damit abfinden, daß sich alles nur in ihrem mögli-

cherweise erkrankten Gehirn abspielte. Und da war noch etwas. Freilich ein Detail, über das sie nicht gerne sprechen wollte, denn jeder, der davon erführe, würde dieses Detail bestimmt als das letzte Mosaiksteinchen für den Beweis ihrer Unzurechnungsfähigkeit ansehen.
Bereits zwei Wochen vor ihrem seltsamen Erlebnis hatte Jayne ein ihr unerklärliches Licht am Himmel beobachtet. Worum auch immer es sich dabei gehandelt haben mochte, auffallend war, daß sich seit damals um Jayne auch jene mysteriösen Zwischenfälle ereigneten, die sie mittlerweile beinahe zur Verzweiflung trieben. Ob bewußt oder doch mehr unbewußt, Jayne war davon überzeugt: Zwischen diesen UFO-Lichtern und ihren sonderbaren Erlebnissen mußte eine Verbindung bestehen. Bald wurde sie auch auf Berichte aufmerksam, in denen es um »Entführungen« durch fremde Wesenheiten ging. Natürlich wollte sie mehr wissen, wollte erfahren, was sich in jenen sechs Stunden, die ihrer Erinnerung völlig abhanden gekommen waren, wirklich ereignet hatte.
Eine Möglichkeit, dies herauszubekommen, bestand darin, sich künstlich noch einmal in jene Nacht zurückzuversetzen und das latente Bild aus dem Unterbewußten herauszuentwickeln – wie ein belichtetes Negativ –, um dann aus der »Dunkelkammer« des Geistes zu treten und endlich ein klar gezeichnetes Bild vor Augen zu haben. Ein Hilfsmittel zur Unterstützung dieses »Entwicklungsprozesses« bietet sich in Form der Hypnose. Irrigerweise wird diese Technik oft mit einer Aura des Magischen umgeben, des Mystischen, Übersinnlichen. Doch stellt sie eigentlich nichts weiter dar, als eine unter geeigneten Bedingungen erzielte Verbindung aus Entspannung und Konzentration, um damit zum Beispiel zahlreiche ohnehin vorhandene, irgendwo in den Tiefen unseres Denkapparates abgespeicherte, aber verschüttete Informationen wieder zum Vorschein zu bringen, das heißt, in den bewußten Teil des Gedächtnisses zu rufen.
Jayne entschied sich zur Durchführung einer Hypnoseregression, also zur zeitlichen Rückführung mit Hilfe der Hypnose. Doch ihre Erinnerung kehrte nur sehr langsam und schleppend

zurück. Ihr tiefstes Inneres sträubte sich offenbar mit aller Gewalt dagegen, daß sie das, was seinerzeit geschehen war, noch einmal durchleben sollte.

Fast schien es so, als ob irgendeine unbekannte Kraft Jaynes Erinnerungen unter Kontrolle und unter Verschluß zu halten versuchte: »Ich konnte beinahe schon sehen, wie eine Hand alles ausradierte«, so beschrieb Jayne ihre Empfindung einmal. Nur sehr langsam fügte sich Detail an Detail. Jayne führte von nun an Aufzeichnungen, damit nichts, woran sie sich je mühsam erinnert hatte, wieder in Vergessenheit geraten konnte. Auf diese Weise begann sich langsam aber beständig ein Bild der Vorgänge abzuzeichnen, die sich im Nebel jener Nacht abgespielt hatten.

Tatsächlich war damals »etwas« aus dem Nebel herausgetreten; Jayne befand sich nicht mehr in ihrem Wagen, sie war offenbar in einen ihr unbekannten Raum verbracht worden. Dort beschäftigten sich mehrere unheimliche Wesen mit ihr.

Das waren keine Menschen. Niemals.

Jayne konnte sich nicht mehr an irgendwelche Einzelheiten erinnern, nur, daß sich ganz augenscheinlich mehrere unterschiedliche Rassen oder Arten von Wesen um sie herum aufhielten. Besonders schwer war für Jayne, sich deren Gesichtszüge ins Gedächtnis zurückzurufen. Am ehesten konnte sie sich noch an die relativ kleinwüchsigen, grauhäutigen Kreaturen erinnern, diese Gestalten mit überdimensionalen Köpfen und großen, schrägstehenden Augen, die wie riesige dunkle Mandeln aussahen. Jayne wußte nicht, was diese erschreckenden Fremden mit ihr vorhatten. Doch mußten sie humanbiologische Interessen hegen, denn sie führten medizinische Untersuchungen an Jaynes Körper durch.

Für Jayne blieben die meisten Aspekte ihres Erlebnisses rätselhaft. Ein weiterer mysteriöser Umstand betrifft Jaynes Ernährungsgewohnheiten. Seit ihrer nächtlichen Begegnung hegte sie plötzlich eine heftige Abscheu gegen Fleisch und war fortan nur noch in der Lage, vegetarische Speisen zu sich zu nehmen.

Eine mehr als seltsame Geschichte. Wahrscheinlich würde ihr auch niemand größere Beachtung schenken und sie schlichtweg ins Reich der Konfabulationen einer Geisteskranken verweisen, wenn sich nicht weltweit seit Jahren und Jahrzehnten verblüffend ähnliche Fälle ereignen würden. Mittlerweile existieren Hunderte nahezu gleichlautender Szenarien. Die einzelnen Geschichten stimmen in zahlreichen Einzelheiten wirklich haargenau überein, bis hin zu den Gefühlen, die die Entführten, im Englischen auch als »Abductees« bezeichnet, immer wieder schildern. Diese Tatsache aber läßt sich nicht mit der Erklärung abtun, einer habe sich eben am anderen orientiert und gebe nun seine eigene Story zum Besten, ob aus Geltungsdrang, Publicitysucht, Geldgier oder anderen niederen Beweggründen. Oft stimmen die Berichte in Details überein, die nur wenigen Fachleuten bekannt, jedoch nirgends veröffentlicht worden sind. Ja, einige Fälle gar stammen aus Zeiten, in denen noch niemand auch nur eine Zeile über derartige »Abduktionen« in irgendwelchen UFO-Büchern verloren hatte. Wie sollten sich also die Abductees damals untereinander haben verschwören können, so wie manche Skeptiker behaupten, ganz abgesehen davon, daß das für ein weltweites Phänomen schon recht problematisch wäre.

Wie gesagt, der von den einzelnen Entführungsopfern beschriebene Ablauf der Geschehnisse wird durch eine größere Zahl an immer wiederkehrenden »Konstanten« charakterisiert. So beispielsweise erscheinen Lichter am Himmel, denen eine Bewußtseinsveränderung des Zeugen folgt. Sehr häufig erklären die Abductees, nicht mehr Herr ihrer eigenen Gedanken gewesen zu sein. Irgendeine äußere Kraft habe sich in ihren Denkprozeß eingeschlichen, eingenistet, sich völlig aller geistigen Vorgänge bemächtigt und den Betroffenen damit in einen willenlosen Zustand versetzt – eine auf rein mentalem Wege verabreichte Psychodroge! Die Zeugen werden mit unheimlichen Wesen konfrontiert und von ihnen in einer Art Schwebezustand in eine oft als »Raumschiff« beschriebene Struktur verbracht. Nicht selten sprechen Abductees auch von einem »Lichtstrahl«, der sie erfaßt und anzieht. Anschließend findet sich die entführte Person plötzlich in einer ihr völlig fremdartigen Umgebung wieder,

meist sieht sie sich in einem von kaltem Licht erleuchteten, sehr steril wirkenden »Operationsraum«.
Dieser Vergleich trifft offenbar tatsächlich zu, denn überall finden sich (natürlich in ihrer Funktion und Aufgabe unbekannte) Instrumente, die von den Fremden zur medizinischen Untersuchung des Entführten eingesetzt werden. Einige Zeugen haben von durchaus schmerzhaften Eingriffen berichtet, während andere überrascht waren, nicht das Geringste gespürt zu haben, und das, obwohl sie Prozeduren über sich ergehen lassen mußten, die normalerweise unerträgliche Schmerzen bis zur Besinnungslosigkeit zur Folge haben würden.
Meist setzen die »Grauen«, von denen fast stets im Zusammenhang mit den Entführungen die Rede ist, sehr lange und dünne Metallnadeln in ihren Operationen ein. Diese Nadeln werden tief in den Körper getrieben, in den Bauch oder aber ins Gehirn, ins Rückenmark oder aber durch den Augensockel. Sensoren tasten die Opfer der Fremden ab, ihnen werden vielfach Gewebeproben und Körperflüssigkeiten entnommen. Von großem Interesse sind dabei auch sämtliche biologische Details, die im Zusammenhang mit den reproduktiven Organen stehen, den Geschlechtsorganen also.
Nachdem all diese Untersuchungen und Analysen abgeschlossen sind, passiert es dann: Ein unsichtbarer Schleier fällt über die Zeugen, hüllt ihr Gedächtnis ein. Mit einem Male sinken sie in einen Abgrund des Vergessens. Sie finden sich am Ort ihrer Entführung wieder, die meist irgendwann des Nachts, irgendwo in der Einsamkeit stattgefunden hat. Die Opfer versuchen ihr Leben weiterzuführen, gehen ihrem Beruf nach, widmen sich ihrer Familie, doch nichts ist so wie zuvor. Sie sind verwirrt und bedrückt, irgend etwas verbirgt sich im Hintergrund, will ans Licht. Und immer wieder stellen sie sich die Frage: »Was ist nur mit mir geschehen, warum kann ich mich nicht an jene Stunden erinnern? Wo war ich?«
»Missing Time« – »Fehlende Zeit« nannte der führende amerikanische Abduktionsforscher Budd Hopkins dieses Phänomen der verlorenen Stunden – etwas drastischer könnte man durchaus auch von *Zeitmord* sprechen!

Wie aber lassen sich die Abduktionen erklären? Konventionell offenbar überhaupt nicht. Vielleicht spielen gewisse, ganz persönliche psychologische Faktoren der jeweiligen Opfer gleichfalls eine Rolle in diesem unheimlichen Geschehen, aber: Dieser Umstand trifft auch auf gewöhnlichere Erlebnisse zu. Jeder sieht, fühlt und erlebt seine Umwelt und das, was um ihn herum vorgeht, mit etwas anderen Augen, unter seinem ganz eigenen Blickwinkel. Was wir wahrnehmen, das interpretieren wir auch andauernd und immer wieder aufs neue. Wir befinden uns in einem ständigen Fluß der Gedanken und im steten Austausch zwischen unserer inneren und der äußeren Welt. Und gerade deshalb ist es so sonderbar, so verblüffend und irritierend, daß die Entführungsberichte sich so sehr gleichen. Gerade deshalb legen sie einen wahren, absolut realen, ja materiellen Kern des Phänomens nahe. Hinzu kommt – und das ist wirklich nicht zu unterschätzen –, daß in einigen Fällen sogar mehrere Personen gleichzeitig in Entführungen verwickelt werden, daß ganze Familien über Jahre und Generationen hinweg immer wieder mit dem Fremden konfrontiert werden und auch völlig unabhängige Zeugen mysteriöse Teilvorgänge bestätigen können, z. B. die unerklärliche Abwesenheit der Opfer, das Erscheinen unidentifizierter Lichter am Himmel, ungewöhnliche Strahlen oder aber physikalische Spuren wie Abdrücke großer und außerordentlich schwerer Objekte im Garten. Ganz allgemein existieren mittlerweile weit über viertausend UFO-Zwischenfälle, bei denen solche Spuren entdeckt worden sind.

Was das Auftreten jener notorischen »Grauen« angeht, so könnte mancher natürlich fragen, warum denn keine authentischen Fotos dieser außerirdischen Geschöpfe existieren.

Nun, stellen wir uns die Situation einmal vor. In der größten Zahl der Fälle sind Abductees, kurz bevor die »Entführer« zuschlagen, völlig allein. Wenn wir nun außer acht lassen, daß Abductees während ihres Erlebnisses ohnehin mit einer mentalen Sperre belegt werden, ein Umstand, der spontane Schnappschüsse sicherlich schon genug erschwert, dann bleibt der enorme Streß zu bedenken, der Schock eines Zeugen, der

plötzlich und unerwartet einem fremden Wesen gegenübersteht! Wer denkt in einem solchen Moment denn schon ans Fotografieren! »Jetzt aber schnell ein Erinnerungsfoto, man sieht sich so selten! Bitte recht freundlich! Wie sagt man bei euch ›cheese‹?«
Sollte tatsächlich ein Abductee noch in der Lage sein, seine Kamera zu bedienen, die Macht und Technologie der Fremden würde ihnen gewiß erlauben, die Aufnahme »unter den Tisch fallen zu lassen«. Verschiedenen Quellen zufolge verfügt man bereits am Groom Lake über Mittel und Möglichkeiten, das Filmmaterial allzu neugieriger Wanderer unbrauchbar zu machen, angeblich mit Hilfe der Telemetrieschüsseln am Nordende der Groom-Basis.

Natürlich haben die verschiedensten Gelehrten versucht, »akzeptable« Erklärungen für das Abduktionsproblem zu finden. Denn, wenn ein »Problem« auftaucht, möchte man es freilich beseitigen. Es geht weniger darum, ob die Lösung für dieses Problem der Wahrheit entspricht, als vielmehr darum, daß diese Lösung »akzeptabel« ist in dem Sinne, daß sie sich möglichst gut in festgefahrene Denkmuster einreihen läßt – so zumindest scheint es manchmal. Die Leidtragenden aber sind letztlich die Zeugen (und Opfer), von denen die meisten ohnehin schon genug Anfeindungen ausgesetzt werden, obwohl sie durch ihre Berichte weit mehr zu verlieren als zu gewinnen haben.
Da wurden als »naheliegende Deutungen« zum Beispiel sexuelle Wunschvorstellungen ins Feld geführt, denn schließlich interessierten sich die Außerirdischen auffallend häufig und eingehend für die Geschlechtsorgane und die Fortpflanzung des Menschen. Daß aber die Erinnerungen der Abductees größtenteils sehr negativ sind, daß immer wieder von durchaus schmerzhaften Eingriffen die Rede ist, verblüfft offenbar niemanden, der sich mit diesen Erklärungen zufrieden gibt. Sind Abductees allesamt Masochisten?
Wenn sich die Entführungsberichte an alte, folkloristische Muster anlehnen und der puren Phantasie entstammen würden,

wie oftmals behauptet wurde, warum beschränken sich dann die Opfer so stur und beharrlich fast ausschließlich auf die Beschreibung kleiner grauer Wesen und schildern den Ablauf ihrer Entführung fast stets gleichartig? Das ist doch schlichtweg widersinnig! Dann müßte uns nämlich ganz im Gegenteil eine Welle unterschiedlichster, phantastischster Berichte überfluten. Eigentlich sollten eher schlabbrige Weltraummonster den Raumschiffen entsteigen, riesige Spinnen, Tentakelwürmer, wie sie die Erzählungen von H. G. Wells bevölkern, oder Ungeheuer mit Saurierschädeln und mehrreihigen, ausfahrbaren Haifischgebissen, die Ridley Scotts Filmklassiker »ALIEN – Das unheimliche Wesen aus einer anderen Welt« entstammen könnten.

Die Entführten müßten stets von neuen alptraumhaften Visionen zu erzählen wissen, in ihren Phantasien von außerirdischen Werwölfen durch bluttriefende Krallenportale gehetzt werden oder durch atomverkohlte, einsame Wälder irren, in denen Extraterresten ihr Unwesen treiben und die Häute mutilierter Menschen über die dürren Äste spannen. Weiß Gott, welche Geschichten wir zu Ohren bekommen müßten, wenn UFO-Entführungen ausschließlich der menschlichen Phantasie entspringen würden. Jedenfalls wären sie wohl individuell sehr verschieden. Doch die Angst vor Außerirdischen ist in unserer Gesellschaft ganz gewiß nicht so weit verbreitet, daß fremde Mächte aus dem All die Hauptrolle in Wahnvorstellungen und Alpträumen spielen könnten.

Und warum setzen sich dann nicht einige der für die meisten Zeitgenossen wohl viel näherliegenden Schreckensvisionen in wenigstens annähernd großem Umfang durch? Warum beispielsweise gibt es neben den »Abductees« keine »Destructees« oder »Apocalyptees«, Menschen, die behaupten, in die Hände von Terroristen gefallen zu sein, welche die Welt mit einer selbstgebauten Nuklearbombe zu zerstören planen, warum gibt es keine »Genetees«, die behaupten, in militärischen Labors zu genetischen Versuchen mißbraucht worden zu sein? Warum keine »Christees«, die behaupten, Jesus sei wieder da?

Auch der amerikanische Völkerkundler Thomas E. Bullard kommt im Laufe seiner Forschungen zu dem eindeutigen Ergebnis, daß UFO-Entführungen der Realität entstammen und nicht etwa an erfundene Überlieferungen anknüpfen, an Sagen und Märchen von Zwergen und Ungeheuern, die in phantastischen Erzählungen über böse Außerirdische ihr modernes Pendant finden. Natürlich lassen sich auch ältere Berichte über rätselhafte Wesen aufstöbern, die durchaus Ähnlichkeiten zu den Berichten über die »Grauen« aufweisen. Aber strafen solche Überlieferungen die Abductees denn Lügen? In diese »alten Geschichten« mögen ohne weiteres auch reale Geschehnisse jener Zeiten eingeflossen sein.
Wie Bullard erklärt, sind die Aufzeichnungen der Volkskunde so umfangreich, daß sich darin praktisch alles findet und bestimmte Übereinstimmungen nahezu zwangsläufig irgendwo auftreten müssen. Gerade wegen dieser Vielfalt erscheint ihm der Gedanke völlig unsinnig, die Entführungsberichte würden auf diesem völlig uneinheitlichen Material fußen. So konnte er, ganz im Gegensatz dazu, bei 163 von 193 untersuchten Abduktionsfällen einen nahezu identischen Ablauf des unheimlichen Geschehens feststellen! Das kann kein Zufall sein, keine Phantasie und niemals das Produkt zielloser Hirngespinste!
Hinter den UFO-Entführungen verbirgt sich eine geheimnisvolle, erschreckende und: *reale* Komponente!

Unerklärliche Implantate

Im Verlauf ihrer hypnotischen Regressionen begann Jayne Fenton sich allmählich noch an andere interessante Details ihrer Entführung zu erinnern. Die Fremden führten an ihr einen operativen Eingriff durch, der jedoch keinerlei Schmerzen verursachte. Sie pflanzten ihr irgend etwas in den Hinterkopf ein, wobei sie ihr sogar kurz erklärten, warum sie dies taten. Das weiß Jayne noch genau. Doch von dem Zeitpunkt ab, zu dem sie sie wieder aus ihrem unzugänglichen Bannkreis entließen, zerbrach Jaynes Bewußtsein über die Beweggründe der unbekannten Wesen – plötzlich wußte sie nichts mehr, und nicht einmal die Hypnose verhalf ihr zu der Erinnerung, *warum* ihr jenes künstliche Objekt eingesetzt worden war. Allerdings behauptet sie, es sei relativ klein gewesen, ein Kügelchen von vielleicht einem Zentimeter Durchmesser.

Berichte über solche Implantate, die den Abduzierten eingepflanzt werden, geraten immer wieder an die Öffentlichkeit. Auch diese bizarren Beschreibungen ähneln sich in auffallender Weise. Meist handelt es sich bei den winzigen Apparaturen um metallisch wirkende Kugeln, deren Oberflächen von Löchern durchsetzt sind oder aber kleine »Stacheln« aufweisen. Die Grauen bedienen sich langer, sehr dünner Geräte, mit deren Hilfe sie die Objekte tief in den Körper einführen, oft durch das Ohr hindurch, wobei sie das Trommelfell durchdringen. Nicht selten werden die Implantate auch in der Nase plaziert, hoch an der Nasenwurzel, was manchmal zu Blutungen führt. Tatsächlich klagen einige Entführte nach ihren so unfaßbaren Begegnungen über immer wieder auftretendes Nasenbluten, während sie zuvor niemals Probleme damit hatten. Verschiedenen Berichten zufolge sind die obskuren Fremdkörper gelegentlich nach Wochen, Monaten oder Jahren wieder zum Vorschein gekommen. Wenn natürlich ein Abductee dann noch keinen Verdacht geschöpft, noch keinen Zusammenhang zum UFO-Phänomen hergestellt und noch keine Hypnoserückführung hinter sich hat, wird er sich zwar wohl einigermaßen über das seltsame Metallstückchen wundern, das mit einem Male zum Vorschein kommt, doch wird er genauso froh sein, das Ding los zu sein. Sehr kleine Implantate werden vielleicht überhaupt erst gar nicht bemerkt.

Ein weiterer von den Fremden bevorzugter Platz zur Einschleusung von winzigen Metallsphären ist das Auge, wobei sie eine lange Nadel in den Tränenkanal einführen. Eine Frau aus Houston, die einige Tage zuvor entführt worden war, erklärte, sie sei am 11. Dezember 1992 mit einer starken Augenreizung aufgewacht. Als sie ihr Auge rieb und es zu tränen begann, kam plötzlich ein kleines Objekt offenbar künstlicher Struktur zum Vorschein. Dieser Gegenstand gelangte schließlich in die Hände des UFO-Forschers Derrel Sims, der ihn im biologischen Institut der Universität von Houston analysieren ließ. Das Objekt erwies sich als annähernd eiförmig, besitzt einen größten Durchmesser von rund anderthalb Millimetern und Hohlräume in seinem Inneren. Die Analyse ergab einen nichtbiologischen Ursprung, auch wenn der Kohlenstoffgehalt groß ist. Eine qualitative Elementenbestimmung brachte einige ungewöhnliche Eigenschaften des Materials zu Tage, doch trotz allem: Einen außerirdischen Ursprung des Körperchens konnten die Forscher leider nicht nachweisen. Theoretisch könnte es sich auch um ein Kohlenstoffpolymer, um einen Kunststoff irdischer Herkunft handeln.

Dennoch liegen Röntgenaufnahmen solcher Implantate vor, so auch im berühmten Fall der Linda Napolitano, die, wie sie erklärt, im November 1989 aus dem zwölften Stock ihrer Manhattener Wohnung in ein fremdes Flugobjekt verschleppt wurde – ein Zwischenfall übrigens, für den es eine ganze Reihe anderer, unabhängiger Zeugen gibt. Nun, auch Linda Napolitano litt unter Nasenbluten, und eine Röntgenaufnahme läßt einen Blick auf den Verursacher der Beschwerden zu: einen kleinen unnatürlichen Gegenstand, der sich tief im Inneren ihrer Nase befand! Ganz im Gegensatz zu vielen anderen Opfern aber erinnerte sich Linda, wie ihr dieses zylindrische Gerät *unter entsetzlichen Schmerzen* von den eiskalt agierenden »Grauen« eingeführt worden war. Nur wenige Tage später kamen sie wieder, die Besucher aus der Nacht, und entfernten das Implantat.

Niemand hat eine genauere Vorstellung, welchem Zweck die Implantate dienen. Sind es Meßsonden? Beeinflussen sie bestimmte Körper- oder Gehirnfunktionen des Abduzierten? Oder geben sie vielleicht Signale ab, mit deren Hilfe die Entführer ihre Opfer jederzeit problemlos wieder zu orten vermögen? Denkbar ist alles. Auch, daß die Konstruktion einiger Implantate auf einer Art Biotechnik beruht, daß diese künstlichen Systeme teils aus organischen Strukturen bestehen, die sich unproblematisch in das körpereigene Gewebe einfügen und möglicherweise nach einer vorausbestimmten Zeitspanne von selbst auflösen – unauffindbar! Zu dieser Ansicht gelangt auch der Geologe und UFO-Forscher Dr. Johannes Fiebag, der in seinem Buch »Kontakt« dem UFO-Entführungsphänomen im deutschen Sprachraum ausführlich nachgeht.

Jayne Fenton behauptet, die Außerirdischen hätten ihr angedeutet, im Inneren der ihr eingepflanzten Kapsel befänden sich mehrere noch weitaus winzigere Apparaturen, die frei würden, wenn sich die äußere Hülle des Implantats langsam auflöste – ganz ähnlich wie die Gelatineschicht von Tablettenkapseln, in denen sich Dutzende kleiner Wirkstoffkügelchen befinden. Die »Mikrosonden« könnten sich nach Verlassen des Ursprungsimplantats im Körper verteilen und wären ganz besonders schwer nachweisbar.

Die »Grauen« machen es uns alles andere als einfach, ihnen auf die Schliche zu kommen. Ihre finsteren Aktionen, die sie zumeist auch im Schutz der nächtlichen Dunkelheit ausführen, sind für uns größtenteils absolut undurchschaubar. Wir können gerade nur darüber spekulieren, welche Absichten sie verfolgen. Ob uns ihre verdeckten Operationen zum Nutzen oder aber zum Schaden gereichen, bleibt uns bis auf den heutigen Tag verschlossen – wahrlich, ein grauenhaftes Geheimnis, das jeden von uns angeht und doch niemandem enthüllt wird. Warum lassen sie uns im unklaren? Ist nicht allein dieses düstere, beharrliche Schweigen, diese phantomhafte Unzugänglichkeit der Fremden ein Zeichen für eine bösartige Philosophie, die sich hinter dem dämonischen Treiben verbirgt? Wahrscheinlich betrachten wir dies alles wieder von einer viel zu menschlichen Warte. Wie sollen wir uns auch hineindenken können in Wesen, die möglicherweise von einem entfernten Heimatplaneten der Galaxis stammen?

Wie auch immer: *Wir* scheinen von den Fremden offensichtlich *nicht* abhängig zu sein, *wir* brauchen sie offensichtlich nicht. *Sie* aber scheinen »irgend etwas« dringend zu benötigen, etwas, das sie auf diesem Planeten finden, teilweise in den Körpern von Tieren, teilweise in denen von Menschen. Doch was? Was suchen sie, was haben sie vor?

Experiment Erde

Es ist ein Baby, ein kleines Baby. Es ist häßlich … nicht von mir … Es ist häßlich, so wie diese kleinen Wesen. Ich möchte nichts mit dieser Rasse zu tun haben, überhaupt nichts. Ich werde es töten. Ich schwöre zu Gott, daß ich es töten werde, wenn ihr es in meine Nähe bringt. Ich hasse euch, ich hasse dieses Ding. Es ist so verdammt unnatürlich, so schrecklich stupide. Ein ekelerregendes Ding. Ich werde es töten, wenn ihr es in meine Nähe bringt. Nehmt es weg!
Sie stehen nur da mit ihm. Ich sehe nicht hin. Ich werde nicht hinsehen … Sie versuchen es in meinen Arm zu legen. Ich drücke es weg, werde nun wirklich stocksauer. Wenn sie das tun, ich schwöre, ich werde es totschlagen, ich kann es sowieso schon nicht ausstehen … Hört ihr mir überhaupt zu? Hört ihr mir überhaupt zu?! Hört ihr überhaupt, was ich euch sage?«
Mit größter Abscheu ruft die heute 35jährige Melissa Bucknell ein nun bereits einige Jahre zurückliegendes Entführungserlebnis unter Hypnose in ihr Gedächtnis zurück, sieht die unwirklich scheinende Horrorszene noch einmal klar vor Augen.
Ihr war – von den ohnehin schon unheimlichen »Grauen« – ein offenbar noch unheimlicheres und ausgesprochen widerwärtiges kleines Wesen gezeigt worden, ein Säugling, der außerirdische Züge trug – allerdings gemischt mit menschlichen Merkmalen! Das unansehnliche kleine Geschöpf, das ihr von den Fremden regelrecht aufgedrängt worden war, schien tatsächlich eine *Mixtur zwischen einem Menschen und einem Alien* zu sein! Ein Hybridwesen! Und, es schien ihr eigenes Kind zu sein!
Melissa Bucknell war nicht die erste, die während hypnotischer Rückführungen über solche Begegnungen mit Hybriden berichtete, sie war auch nicht die letzte. Aus den mittlerweile sehr zahlreichen Schilderungen der Entführungsopfer, unter denen übrigens alle sozialen Schichten und Berufsstände vertreten sind, lassen sich allmählich einige stets wiederkehrende Muster herauslesen, die auf die möglichen (oder *unmöglichen!*) Absichten jener grauhäutigen Kreaturen schließen lassen.
Immer wieder fällt auf, daß die »Grauen« ein besonderes Inter-

esse für die Geschlechtsorgane irdischer Lebewesen besitzen. Das trifft nicht nur auf die entführten Menschen zu, sondern gleichfalls auf die mutilierten Tiere, die nach wie vor in nicht geringer Zahl von entsprechend aufgebrachten und beunruhigten Ranchern aufgefunden werden.
Von der Entführung der 28jährigen Myrna Hansen aus Cimarron/New Mexico ist bereits die Rede gewesen (s. S. 70 f.). Sie war auf dem Heimweg zusammen mit ihrem kleinen Sohn in ein fremdes Fluggerät verschleppt und medizinischen Untersuchungen durch ihrer Überzeugung nach durchweg bösartig wirkende Wesen ausgesetzt worden. Und zu dieser Überzeugung gelangte sie aus sehr einsichtigen Gründen. Denn Myrna Hansen erinnerte sich in Hypnose, daß die Fremden auch ein Weidetier an Bord gebracht hatten, eine Kuh, die sie bei lebendigem Leibe mutilierten! Myrna blieb, so erklärt sie, nichts übrig, als dieser erbarmungslosen Vivisektion zuzusehen, die im selben, utopisch wirkenden Raum durchgeführt wurde, in dem auch sie sich befand. Auch in diesem Falle galt das besondere Interesse der »Grauen« den Geschlechtsorganen ihres Opfers. Myrna beobachtete, wie sie dem Tier die Gewebeteile mit kreisförmigen Schnittführungen entfernten. Ein in die Realität eingedrungener Alptraum!
Myrna stand kurz vor der Ohnmacht. Nun wandten sich die Fremden ihr zu und begannen gleichfalls mit Untersuchungen der reproduktiven Organe. Allerdings fügten sie ihr keinerlei körperlichen Schaden zu. Daß sie dazu ohne irgendwelche Probleme oder Skrupel in der Lage waren, darin bestand wohl kaum Zweifel. Moralische Bedenken gegenüber den menschlichen Lebensformen konnten für sie sicher keine größere Rolle spielen. Was aber war dann der Grund dafür, daß sie Myrna vor Schlimmerem verschonten?
Sicherlich muß ihrem Handeln eine tiefere Bedeutung zugrunde liegen. Wie gesagt, in vielen Fällen werden Menschen im Laufe ihres Lebens wiederholt entführt. – Um ihr Programm, was auch immer es im einzelnen beinhalten mag, erfolgreich durchführen zu können, scheinen die »Grauen« ihre menschlichen Opfer also für einen längeren Zeitraum zu benötigen – lebendig. Samenpro-

ben und Eizellen werden sehr häufig entnommen, und Jahre später, nach erneuten Entführungen, versuchen die Fremden dann, die Abductees mit jenen abstoßenden kleinen hybriden Kreaturen zusammenzubringen, die in ihrer »Un-Natur« die gesamte irdische Schöpfung zu verhöhnen scheinen.
Stehen wir hier einem hochentwickelten, gentechnologischen Züchtungsprogramm gegenüber? Zu welchem endgültigen Ziel und Zweck aber? Die »Grauen« werden es uns nicht verraten. Überhaupt reagieren sie den diversen Schilderungen zufolge oft nicht im geringsten auf Fragen der Entführten oder geben ihnen absolut stereotype und beharrlich ausweichende Auskünfte.
Der ehemalige Air-Force-Colonel Wendelle C. Stevens schrieb in seinem Memorandum über den geheimen *Project Grudge Report Number 13:* Die Fremden »bleiben still, wenn ihnen unerwünschte Fragen gestellt werden«. Sie besitzen keinerlei Emotionen und agieren wie vorprogrammierte biologische Roboter. Fast hat es den Anschein, als stehe hinter ihnen noch eine ganz andere, federführende Intelligenz. Diese Zusammenhänge je zu ergründen, dürfte allerdings außerordentlich problematisch sein.
In einem meiner Gespräche mit »Dr. Cris« kamen wir auch auf das Problem der Hybriden und die Gefühllosigkeit der »Grauen« zu sprechen. Dr. Cris erklärte mir, aus den ihm bekannten Quellen gehe hervor, diese Wesen seien bereits seit Jahrtausenden auf unserem Planeten aktiv, ein Umstand, der auch aus den Informationen ersichtlich ist, wie sie Bob Lazar, Linda Howe und anderen gezeigt worden sind. Genetische Mutationen hätten Defekte im biologischen Apparat der »Grauen« ausgelöst, die bei ihnen zu Schwierigkeiten im Fortpflanzungszyklus führten. Sie versuchten, durch hybride Züchtungen nun eine neuartige Lebensform hervorzubringen.
Dr. Cris erwähnte darüber hinaus einmal, diese neuen Kreaturen seien zum ersten Male in der Lage, Gefühle zu zeigen, und spekuliert, daß sie möglicherweise deshalb – wie gelegentlich schon berichtet wurde – nicht sehr alt werden, da sie diese Gefühle nicht zu ertragen fähig wären. Nun, ein interessanter Gedanke. Ob dem natürlich wirklich so ist, wer weiß es?

Verdächtig scheint allerdings schon, daß nicht nur die verbalen Reaktionen der »Grauen« in Gegenwart der Entführten vollkommen stereotyp und routinemäßig erfolgen, sondern ebenso ihr gesamtes übriges Handeln. Alles läuft offensichtlich nach einem starren, gleichförmigen, planmäßig festgesetzten Muster ab. Und das bei Hunderten und Tausenden von Abduktionen, möglicherweise schon seit Jahrtausenden! Zwar spricht einerseits die so übereinstimmende Schilderung durch die Entführten sehr deutlich für die Aufrichtigkeit dieser Zeugen und dafür, daß sich hinter dem Unfaßbaren, von dem sie zu berichten wissen, ein faktischer, gänzlich realer Hintergrund verbirgt. Andererseits aber entstehen dadurch schon einigermaßen große Verständnisprobleme. Wie läßt sich das alles begreifen? Warum macht der Abduktionsprozeß keine zeitliche Entwicklung durch, warum gesellen sich nicht neue und immer komplexere Elemente und Muster hinzu? Kommen die Fremden denn nicht irgendwann einmal zu einem Ergebnis ihrer umfangreichen Bemühungen, und suchen sie nicht nach neuen technologischen Herausforderungen?

Natürlich könnte sich hinter deren Aktivitäten ein biologisches Langzeitexperiment verbergen, während dessen Ablauf die »Grauen« in größeren Abständen immer wieder auch verstärkt in die Evolution eingreifen, sie kontrollieren und gezielte Veränderungen vornehmen.

Auch dieses Szenario geht bekanntlich aus einigen Dokumenten und Informationskanälen hervor. Doch die Frage, die jeden von uns bewegt, ist freilich: Wozu das alles? Zu welchem endgültigen Zweck? Kann dieser letzte Sinn, der hinter all den Unheimlichkeiten und Grausamkeiten steckt, von denen wir zahlreiche Zeugnisse besitzen, kann denn dieser Sinn uns wirklich zum Besten gereichen? Das allerdings bezweifelt auch der amerikanische Autor John W. White. So stellt er deutlich fest: »Die entführenden Aliens kommen immer im Schutze der Dunkelheit zu uns. Sie sagen uns nie präzise, warum sie uns entführen.« White bezeichnet die Fremden »als schlaue, räuberische Kreaturen …, die dem Bösen, verkleidet als das Gute, zuneigen«. – Gerade aus dem ewig stereotypen Ablauf der Entführungen folgert er, »daß

die ›medizinische Untersuchung‹ durch die Aliens nur zum Schein stattfindet und Deckmantel für etwas anderes ist, namentlich Gehirnwäsche und Gedankenkontrolle.«
Daß die wahren Absichten einer offensichtlich in ihrer Technik sehr weit fortgeschrittenen »Zivilisation« (!?) für uns absolut undurchschaubar sind, steht außer Zweifel. Die Unsicherheit ist in vielerlei Hinsicht groß.
Und zuletzt stellt sich dann auch immer wieder die Frage: Wer weiß wieviel? Daß etliche Gruppen innerhalb der Regierungen, allen voran derjenigen der Vereinigten Staaten, außergewöhnlich gut über eine Reihe von Vorgängen informiert sind, dürfte durch zahlreiche Dokumente, Zusammenhänge und Aussagen mittlerweile hinreichend nachgewiesen sein.

Angesprochen auf das so erschreckende Entführungsphänomen sagte einmal der bedeutende Abduktionsforscher Dr. David M. Jacobs, Professor an der amerikanischen Temple-University: »Ich werde oft gefragt, wie ich reagieren würde, wenn das ganze Abduktions-Phänomen sich als das rein subjektiv erzeugte Produkt der menschlichen Phantasie erweisen würde – wenn es in Wirklichkeit keine Abduktionen gäbe und keine Aliens und es sie auch nie gegeben hätte. Wenn das wahr ist, ich würde vor Freude weinen. Ich *will* mich irren.«
Nur muß auch das erst bewiesen werden, was in Anbetracht der erdrückenden Materialfülle kaum mehr möglich ist. Zeugenaussagen, physikalische Spuren, Massensichtungen, Radarkontakte, das Verschwinden von Militärmaschinen, Fotografien, Abduktionen, Mutilationen, geheime Dokumente und Militärprojekte, Landungen auf US-Basen, UFO-Abstürze, extraterrestrische Leichname und Artefakte – das alles kann nicht der puren Imagination allein entspringen!

Möglicherweise erleben wir gerade in diesen Jahrzehnten den Übergang zweier Phasen unseres Daseins auf der Erde und im Kosmos, vielleicht überschreiten wir nun die Schwelle aus dem dunklen Raum der langen Ahnungslosigkeit in ein schwach erhelltes Kabinett des Erkennens?

Und bei allem dürfen wir eines nicht vergessen: *Unsere Gefühle* sind ganz eindeutig höher entwickelt als die jener Fremden, die durch ihre technologischen Fähigkeiten beeindrucken, doch biologischen Maschinen gleichen. Wir aber vermögen Freude, Mitleid und Trauer zu empfinden, Begeisterung, Liebe.
Wir haben unsere Schwächen. Doch genau darin könnte unsere Stärke liegen!

Eine persönliche Bitte:

Wenn Sie, vielleicht ganz ähnlich wie einige Zeugen in diesem Buch, ungewöhnliche Erfahrungen gemacht oder UFOs gesehen haben, wenn Sie von unerklärlichen »Mutilationen« wissen oder aber aufgrund Ihrer UFO-Erlebnisse »merkwürdige« Konfrontationen mit Behörden oder Regierungspersonal erlebt haben, in Deutschland, in den USA oder aber in einem anderen Land der Erde, oder wenn Sie letztlich gar den Verdacht hegen, von Außerirdischen entführt worden zu sein, dann zögern Sie bitte nicht, mir zu schreiben:

Andreas von Rétyi
c/o Langen Müller Verlag
Thomas-Wimmer-Ring 11
D-80539 München

Verfügen Sie zudem über Material zu »Area 51«, so wenden Sie sich bitte unter dem Stichwort: »AREA-51-ARCHIV« ebenfalls an mich. Dieses Archiv befindet sich gegenwärtig im Aufbau und soll möglichst alle erreichbaren Informationen zum Thema enthalten.

Dank

Ein Buch wie das vorliegende setzt sich natürlich aus der Arbeit, den Forschungsergebnissen, Erfahrungen und Erlebnissen zahlreicher einzelner Personen zusammen. Viele UFO-, Luftfahrt- wie auch Weltraumexperten, insbesondere aus den USA, haben mir großzügig bei meinen Recherchen weitergeholfen. Ebenso weitreichende und freundschaftliche Unterstützung hat mein Projekt aus den Reihen russischer Wissenschaftler erhalten. Freilich hätte dieses Buch auch nicht entstehen können ohne die Bereitschaft und den Mut unzähliger Augenzeugen, die oftmals hohe Risiken eingegangen sind, als sie zu erzählen begannen...

Ihnen allen möchte ich an dieser Stelle meinen aufrichtigen Dank aussprechen, namentlich Tom Adams, Dr. Alexeji Arkhipov, Christopher O'Brien, David McCain, Glenn Campbell, Chuck Clark, »Dr. Cris«, Stanton T. Friedman, Tim Gerlach, Timothy C. Good, William F. Hamilton, Walter G. Haut, Fearon L. Hicks, Linda Moulton Howe, Klaus Kieschnik, Dr. Juri N. Morozov, Dr. Vladimir V. Rubtsov und ebenso »Dr. X«. Nicht zuletzt gilt mein Dank auch der U.S. Air Force, der Central Intelligence Agency, der Defense Intelligence Agency, der Defense Mapping Agency, der National Aeronautics and Space Agency, der National Security Agency u.a. für die jeweils im Rahmen ihrer Möglichkeiten an mich übermittelten, aktuellen Stellungnahmen und Unterlagen.

Besonderen Dank schulde ich Peter Böhme, der mich auf meiner jüngsten USA-/UFO-Tour begleitete und nie locker ließ, wenn sich auch nur die geringste Möglichkeit ergab, ein weiteres Mosaiksteinchen im gigantischen Puzzle der außerirdischen Phänomene zu entdecken.

Natürlich wäre die ganze Anstrengung vergebens, wenn sich nicht auch ein Verlag um die Herstellung und Verbreitung des Buches kümmern würde. Diese Aufgabe hat wiederum die Verlagsgruppe Ullstein Langen Müller übernommen, deren Mitarbeitern ich an dieser Stelle meinen herzlichen Dank aussprechen möchte. Ganz besonders gilt dieser Dank meinem Lektor, Herrn Hermann Hemminger, der mein neues Projekt mit großem Einsatz begleitet hat, sowie der Verlagsleiterin, Frau Dr. Brigitte Sinhuber, und dem Verleger, Herrn Dr. Herbert Fleissner.

Andreas v. Rétyi

Dokumente

1 Unter anderem in diesem Brief, den der Kernphysiker Stanton Friedman nach langwierigen Recherchen ausfindig machen konnte, gibt der amerikanische Astrophysiker Donald H. Menzel gegenüber Senator (später Präsident) John F. Kennedy zu, jahrzehntelang für den US-Spitzengeheimdienst NSA (National Security Agency) gearbeitet zu haben.

2 Einige flüchtige Skizzen des Physikers »Dr. Cris«, der berichtet, 1977 in einem unterirdischen Gebäudetrakt des NASA-Jet-Propulsion-Laboratoriums außerirdische Artefakte und Körperfragmente der »Grauen« von Roswell gesehen zu haben. Die linke obere Skizze zeigt, wie das Schädelfragment in einem Behälter aufgehängt war. »Dr. Cris« betont, daß die Zeichnung nicht maßstäblich ist, sondern nur einen groben Anhaltspunkt bietet. So waren z. B. die Nasenlöcher des Wesens weitaus kleiner als hier gezeigt.

3 Pressemeldung der Nellis Air Force Base zu den angeblichen Bombentests von Range 63 bei Indian Springs, hinter denen einige Fachleute vielmehr geheime Tests des mysteriösen »Aurora-Projektes« vermuten.

4 Teilweise kodiertes Dokument über die Sichtung eines »XT-Objekts« am 25. Oktober 1989, aus dem unter anderem auch die Existenz eines »New Project Blue Book« hervorgeht.

5 Eine der typischen FOIA-Stellungnahmen zu UFO-Dokumenten (hier zum »XT-Dokument«, Nr. 4): »Zu dessen Inhalt ist uns in keinerlei Zusammenhang etwas bekannt.«

6 Auszug aus dem offiziellen Sichtungsbericht von Deputy Sheriff Ron Chancey über seine Beobachtung eines unidentifizierten Flugkörpers über Bayport, Florida, am 16. April 1993.

Quellen: Campbell, Glenn: 3. »Dr. Cris«: 2. Adams, Thomas: 4. Friedman, Stanton T.: 1. Hicks, Fearon L.: 6. Defense Intelligence Agency (DIA): 5.

December 8, 1960

Senator John F. Kennedy
United States Senate
Washington, D.C.

Dear Jack:

This is in reply to your letter of November 29. I was sorry, of course, but not surprised to receive your resignation as Chairman of the Visiting Committee of the Harvard Astronomy Department and Observatory. Naturally, I understand. And I am grateful to you for the services that you have already performed.

Where previous Chairmen have generally asked me to write their reports for them with the excuse, "Oh, Don, you know so much more than I do about it," you -- a much busier man -- not only wrote your own report but prepared it most carefully, as I realize from the various conferences we had during its preparation.

I hope that, if time does permit on one of your visits to Cambridge, that you will visit Harvard Observatory and see our new Space Laboratory, jointly occupied by us and the Smithsonian Astrophysical Observatory.

In any event, I shall hope to see you from time to time, in Washington. And I repeat my willingness to help in any way that I can. I shall, in any case, take the liberty of passing on to you any suggestions that may occur to me.

Since my memorandum concerning the National Security Agency may have become misplaced during the campaign, let me repeat that I have been a consultant to this agency and its predecessor for thirty years. I served in it actively during World War II, as a Commander in the Navy. I am one of the few people who has had continued service and contact with its varied activities.

And I repeat, that I have, from time to time, actively served in connection with the National Bureau of Standards, both in its Washington and Boulder (Colorado) headquarters. Some years ago I was on the Visiting Committee of the Department of Commerce, and for one year was Chairman of that Committee.

As a final comment, I hope you will appoint an astronomer to any presidential scientific advisory committee. I should be glad to serve, or help in the selection of astronomers and physical scientists.

Thanking you again, and with best wishes for your administration, I am,

Cordially yours,

Donald H. Menzel
Director

DHM/db
cc: A. Cox
A. Chayes

1

2

FEB 22 '94 03:57PM P.1/1

News Release

United States Air Force

Weapons and Tactics Center, Directorate of Public Affairs
Nellis Air Force Base, NV 89191-5000 | (702) 652-2750

NEWS RELEASE 94-02-01

February 22, 1994

NELLIS AIR FORCE BASE, Nev.- MEMORANDUM FOR NEWS EDITORS

The following statement is issued to your organization in response to your query on public queries concerning sonic-boom type noise and vibrations in the Las Vegas Valley today:

"Nellis AFB officials have researched the calls we and other county agencies received this morning about sonic boom-type noise and vibrations mostly in the northern end of the Las Vegas valley. There were bombing operations being conducted on the Nellis range near Indian Springs at approximately the time of the complaints. However, similar operations also were conducted on the same range area Friday with no complaints received. This range is more than 45 miles from Las Vegas. We received no complaints today from the Indian Springs area, and observers near the bombing did not report any unusual incidents. We have not experienced this problem in the past and are surprised if such normal operations could have caused today's incidents. But it is possible that unusual atmospheric conditions today may have caused the bombing noise to reflect down into the Las Vegas valley with unexpected strength. We constantly monitor our range activities to actively avoid such occurrences where we can anticipate them."

-30-

3

IAA
REGION SWC
STAT:REF CODE 91849 CONTACT CODE SAR-Z-555
PROJECT COMMANDER R. LANGLEY, SER.# 1924068A

TO: IAA N. REGION COMMANDER T. MATLIN.
STAT:REF CODE 22350 C. CODE SAR=M-201, IAA LEVEL 5 COMM NETWORK
LONDON, ENGLAND VIA BOSTON

DATE: AUG. 6, 1990 TIME: 1500 HRS

REF: SIGHTING AND PHOTOGRAPHS OF XT OBJECT, OCT.25, 1989. SOUTHERN SIGHTING.

READ: VALIDITY CONFIRMED BY IAA OFFICIALS*PRINTED MATTER RELATING TO UFOIRC/ CORRESPONDENCE INDICATES T. OLSON, UFO INVESTIGATIVE RESEARCH CENTER HEAD, AT PHOENIX AZ., SOLE RECIPIENT OF PHOTOGRAPHIC PRINTS OF XT OBJECT. NEW EVIDENCE OF EXISTENCE OF COMPUTER ENHANCED PRINTS CONFIRMED-STOP-PAST PRESENT AND FUTURE INFORMATION FORTHCOMING NOW AT LEVEL 5 SECURITY*NO REPEAT NO PERSONNEL BELOW L5 CLEARANCE PRIVY TO DATA-STOP-FEMALE SUBJECT UNCOOPERATIVE*WILL GIVE NO ANSWERS WILL RELEASE NO INFO*WHEREABOUTS OF NEGATIVES UNKNOWN EXCEPT TO -STOP-AGENT DALE'S SUCCESS AT CAPTURING DOCUMENTATION CONFIRMS SUSPECTED INVOLVEMENT OF FOLLOWING AGENCIES AS EVIDENCED BY ENCLOSURES:UFO INFORMATION RETRIEVAL CENTER, T.OLSEN, PHOENIX, NEW PROJECT BLUEBOOK, W. PITTS, FT. SMITH AR, TASS, WASHINGTON BUREAU, FSR, G. CREIGHTON, KENT, ENGLAND-STOP-ALSO CONFIRMS INFO EXCHANGE BETWEEN INVOLVED PARTIES AND LITTLE ROCK AIR FORCE BASE, AFC CAMP AND SGT. HARPER, AND ADAMS FIELD, L.R., CONTACT UNKNOWN. -STOP-TASS AGENTS CURRENTLY GATHERING MATERIAL IN U.S.A.-STOP-WILL ATTEMPT TO ACCESS PHOTO ORIGINALS AND NEGATIVES AHEAD OF SAME-STOP-ALL INDICATIONS ARE THAT PHOTOS ARE GENUINE-STOP-ANALYSIS OF DATA AND RELATED INCIDENTS INDICATES PROBABLE CONVERGENCE OF AGENCIES, ON SEPTEMBER DATES 1990, ON AVELON PENINSULA AT 48° LONGITUDE 53° LATITUDE FOR MULTIPLE SIGHTING-STOP-POSSIBILITY THAT ONE OR MORE AGENCIES WILL ATTEMPT TO TRANSPORT TO LOCALE-STOP-IDENTICAL COPIES OF ENCLOSURES SANS OMISSIONS ROUTED THROUGH IAA LEVEL 6 COMM NETWORK-STOP-REPEAT-FURTHERING ATTEMPTS TO SECURE NEGATIVES AND PHOTOS BELIEVED TO BE IN ; POSSESSION-STOP-ATTENTION: IT IS IMPERATIVE THAT NO BROADCAST OR PRINT MEDIA BE PRIVY TO ANY INFORMATION REGARDING THIS MATTER. PUBLIC INTERFERENCE COULD CAUSE PROBLEMS. IDENTITY AND LOCATION IS STILL BEING GUARDED BY IRC, FSR AGENCIES BUT-BE ALERT TO POSSIBLE IAA LEAKS-STOP-STOP CODE L5-22----------------END

4

DEFENSE INTELLIGENCE AGENCY

WASHINGTON, D.C. 20340-

U-6,213/PSP/FOIA 6 April 1995

Mr. Andreas v. Rétyi
Herzogsweg 21
D-96487 Doerfles-Esbach b. Coburg
Germany

Dear Mr. Rétyi:

This responds to your request under the Freedom of Information Act dated 5 February 1995. Therein you requested certain information connected to UFO incidents and to comment on the validity of an enclosed document.

DIA has completed a search of its systems of records and determined that this Agency could locate no information pertaining to the subjects of your request. As to the attached document to your 5 February letter, we have no knowledge of its content in any context.

If you believe this Agency should have records responsive to your request, you are advised that a requester may appeal, within 60 days, DIA's attempt to locate records. You may exercise this right by referring to case number 0152-95 and addressing your appeal to:

Defense Intelligence Agency
ATTN: PSP/FOIA
Washington, DC 20340-5100

Sincerely,

ROBERT P. RICHARDSON
Chief, Freedom of Information Act Staff

5

Agency ORI Number: 270000

HERNANDO COUNTY SHERIFF'S OFFICE
NARRATIVE CONTINUATION

Agency Report Number: 931-04884
1 Offense 2 Arrest: 1 | Juvenile | 1 Original 2 Supplement

Original Date Reported: 041693 | Case Reference: COMPLAINANT - DEP. R.D. CHANCEY

SYNOPSIS: ON 04-16-93 AT APPROXIMATELY 2120 HOURS, THIS WRITER AND OTHER WITNESSES DID OBSERVE UNUSUAL AIRCRAFT IN THE AREA OF PINE ISLAND DRIVE AND ALSO AT BAYPORT. WRITER OBSERVED THE CRAFT OVER PINE ISLAND DRIVE TRAVELING IN A SOUTHERLY DIRECTION. SAID CRAFT WAS APPROXIMATELY 300 FEET ABOVE THE GROUND. SAID CRAFT HAD NO VISIBLE MARKINGS OR IDENTITY. THE CRAFT ALSO DID NOT HAVE FLASHING RED LIGHTS. SAID CRAFT DID MOVE AT A MODERATE SPEED AND WAS OBSERVED HOVERING AT ONE POINT. THE CRAFT APPEARED TO BE BOOMERANG SHAPED WITH BLUISH COLORED LIGHTS APPEARING FROM THE BOTTOM (APPROXIMATELY 5) AND WHITE LIGHTS APPEARING FROM THE BACK SIDE AS IT LEFT THE AREA.

A CHECK WITH MCDILL AIRFORCE BASE IN TAMPA REVEALED NO KNOWN MILITARY FLIGHTS IN THE HERNANDO COUNTY AREA.

WRITER NOTIFIED N.U.R.C. OF INCIDENT.

WRITER CONTACTED THE (6) OTHER WITNESSES AT BAYPORT, AND THOSE WITNESSES REPORTED THE SAME OBSERVATIONS AS OBSERVED BY THIS WRITER CONCERNING THE CRAFT'S SIZE, SHAPE, AND APPEARANCE.

TOTAL TIME CRAFT WAS IN SIGHT WAS 1-2 MINUTES.

Report Contains: OIR. PERSONS - NARRATIVE | Related Report Number(s):

Officer(s) Reporting: Dep. R.D. Chancey | ID Number(s): 411 | Unit: Patrol | Date: 04-16-93

Officer Reviewing (If Applicable) | ID Number | Routed To | Referred To | Assigned To | By | Date

Case Status | Clearance Type: 1 Arrest 2 Exceptional 3 Unfounded | A Adult J Juvenile | Date Cleared | Arrest Number | Number Arrested

Exception Type: 1 Extradition Declined 2 Arrest on Primary Offense Secondary Offense Without Prosecution 3 Death of Offender V/W Refused to Cooperate 5 Prosecution Declined 6 Juvenile - No Custody | FBI/S Number | Page 3 of 3

WHITE COPY - RECORDS YELLOW COPY - DETECTIVE PINK COPY - OFFICE HCSO FORM # 55 PRINTED BY HERNANDO LITHO PRINTING

6

Literatur

Adams, Tom: »The Choppers – And the Choppers – Mystery Helicopters and Animal Mutilations. Revised Edition«, Paris/Texas: Project Stigma, 1991.

Adler, Bill (Hrsg.): »Letters to the Air Force on UFOs«, New York: Dell, 1967.

Agent X: »Oh ... THAT Secret Base!«, in: The Nose Magazine, April 1994.

Arkhipov, Alexeji V.: »Astrodynamical Aspects of Paleovisitology«, in: RIAP Bulletin, Vol. 1, No. 1 (January–March) 1994, S. 7–10.

–: »Invasion Effect on the Moon«, in: Selenology, Vol. 13, No. 1, 1994, S. 9–11.

–: »On the Importance of Nonclassical SETI«, in: The Observatory, Vol. 113, No. 1117, S. 306/307, Dezember 1993.

–: »The Moon as an Attractor of Alien Artifacts«, in: Selenology, Vol. 12, No. 1, 1993, S. 6–8.

–: »Search for Artificial Cosmic Radio Emission«, in: G. Marx (Hrsg.): Bioastronomy – The Next Steps, S. 337–342, 1988.

Bamford, James: »The Puzzle Palace«, Boston: Houghton Mifflin Company 1982, dt. Ausgabe: »NSA – Amerikas geheimster Nachrichtendienst«, Zürich: Orell Füssli, 1986.

Bärwolf, Adalbert: »Die Geheimfabrik – Amerikas Sieg im technologischen Krieg«, München: Herbig, 1994.

Basiago, Andrew D.: »Dreamland and the CIA«, in: MUFON UFO Journal, No. 291, July 1992, S. 10–12.

Basterfield, Keith: »What Was Flying Around Broome, Western Australia on August 8, 1992?«, in: UFO Encounters, Vol. 1, No. 10, 1993, S. 15.

Berlitz, Charles; Moore, William L.: »The Roswell Incident«, New York: Grosset & Dunlap, 1980, dt. Ausgabe: »Der Roswell-Zwischenfall – Die UFOs und der CIA«, Wien–Hamburg: Zsolnay, 1980.

Blum, Howard: »Out There«, New York: Simon & Schuster, 1991.

Boylan, Richard J.: »Secret Saucer Sites«, in: MUFON UFO Journal, No. 291, July 1992, S. 14/15.

Brand Illo (= Illobrand von Ludwiger) (Hrsg.): »Interdisciplinary UFO Research – MUFON-CES-Report No. 11«, München: MUFON-CES, 1993.
–: »Strahlenwirkungen in der Umgebung von UFOs«, Bericht von der Herbsttagung 1977 in Ottobrunn. München: MUFON-CES, 1978.
–: »Unerwünschte Entdeckungen im Luftraum«, München: MUFON-CES, 1989.
–: »Der Stand der UFO-Forschung«, Frankfurt/Main: Zweitausendeins, 1992.
Brown, Stuart F.: »Searching for the Secrets of Groom Lake«, in: Popular Science, March 1994, S. 53–58 u. 84/85.
Burrows, William E.: »Deep Black - Space Espionage and National Security«, New York: Random House, 1986.
v. Buttlar, Johannes: »Leben auf dem Mars – Die Entdeckungen der NASA-Viking-Mission«, München: Herbig, 1987.
Campbell, Glenn: »›Area 51‹ Viewer's Guide«, Edition 2.0, 8. September 1993, Rachel: Psychospy, 1993.
–: »Bob Lazar at the ›Ultimate UFO Seminar‹«, Rachel: Psychospy, 1993.
–: »Groom Range Land Seizure. Clippings from Las Vegas Newspapers 1984 to Present«, Rachel: Psychospy, 1993.
–: »How to Evade the Engle Act at Groom Lake, Nevada«, White Sides Defense Committee, 22. Februar 1994.
–: »Lazar as a Fictional Character«, in: MUFON UFO Journal, February 1994.
–: »The Groom Lake Desert Rat«, Jahrg. 1994 u. 1995.
–: »The Groom Range Land Grab – Part II«, in: Citizen Alert – An Independent Information Source for Nevadans.
–: »White Sides/Freedom Ridge Land Seizure Fact Sheet«, White Sides Defense Committee, 18. Oktober 1993.
–: priv. Mitteilung an den Verfasser v. 5. September 1994.
–: »Groom Lake: The Base That Isn't There«, in: CovertAction, Frühjahr 1995, S. 35–40.
Campbell, Glenn et. al.: »What has Dahl Bradfield Done for Lincoln County?«, in: Lincoln County Record, October 27, 1994, S. 5.
Carey, Thomas J.: »The Search for the Roswell Archaeologists: Casting The Net«, in: International UFO Reporter, Vol. 18, No. 6, 1993, S. 3–8 u. 23/24.
Clark, Chuck: »The Area 51 & S-4-Handbook«, Rachel: Clark 1995.
Colomb/Martin/Lemarchand: »SETI Observational Program in Argentina«, in: 39th Congress of the International Astronautical Federation – October 8–15, 1988 / Bangalore, India.

Condon, Edward U.: »Scientific Study of Unidentified Flying Objects«, Boulder/CO: University of Colorado, 1969.
Decker, Mark: »Secret AF Base Center of Controversy«, in: Aerotech News and Review, 4. Februar 1994, S. 11.
DiGregorio, Michael: »Area 51«, in: bike, April 1994, S. 70–77 u. 112.
–: »Groom Lake's Guerilla Groupies«, in: FAR OUT, Sommer 1993, S. 55–58.
–: »High Strangeness in the High Country – Is the Air Force Flying a UFO over Nevada?«, in: FAR OUT, Herbst 1992, S. 10–16 u. 47.
–: »Home on the Range«, in: FAR OUT, Sommer 1993, S. 12–15.
–: »On the Ground at Groom Lake«, in: FAR OUT, Winter 1993, S. 12–17.
–: »Reality Check«, in: Spin, April 1994, S. 60–64 u. 103.
–: »So Who's Really in the Know About Groom Lake?«, in: Citizen Alert Newsletter, Frühjahr 1994, S. 5.
Duce-Ashe, Carolyn: »Cattle Mutes and UFOs in La Veta«, in: New Mexico MUFON News, Nr. 21, 18. Dezember 1994, S. 1/2.
Duplantier, Gene: »The Night Mutilators – The Horrifying Story of Cattle Mutilations and the UFO Connection«, Ontario/Canada: SS & S, 1979.
Durant, F. C.: »Report of Meetings of Scientific Advisory Panel on Unidentified Flying Objects. Convened by Office of Scientific Intelligence, CIA. January 14–18, 1953.«
Ecker, Don: »Tale of New Roswell Witness«, in: UFO – A Forum on Extraordinary Theories and Phenomena, Vol. 9, No. 5, 1994, S. 12/13.
Fiebag, Johannes: »Die Anderen – Begegnungen mit einer außerirdischen Intelligenz«, München: Herbig, 1993.
–: »Kontakt – Ufo-Entführungen in Deutschland, Österreich und der Schweiz«, München: Langen Müller, 1994.
Fiore, Edith: »Encounters – A Psychologist Reveals Case Studies of Abductions by Extraterrestrials«, New York: Ballentine, 1990.
Fowler, Raymond E.: »The Watchers – The Secret Design Behind UFO Abduction«, New York: Bantam, 1990.
Friedman, Stanton T.: »Abgestürzte Untertasse in der Ebene«, in: UFO-Kurier, Nr. 3, September/Oktober 1994, S. 16–24.
–: »Crashed Saucers, Majestic-12 and the Debunkers«, MUFON 1992 International UFO Symposium Proceedings – »UFOs: The Ultimate Mystery of the Millenia«, MUFON: Albuquerque/New Mexico, 1992.
–: »Final Report on Operation Majestic 12«, 8th Printing August 1992, Mt. Rainier/Maryland: Fund for UFO Research (FUFOR), 1992.
–: »Majestic 12??? – Yes!!!«, Fredericton, Canada, 5. August 1994.
–: »The Menzel Letters«, priv. Mitteilung an den Verfasser v. 15. Dezember 1994.

–: »UFOs: Earth's Cosmic Watergate«, Fredericton, Canada, 1993.
–: »Update on Crashed Saucers in New Mexico« – MUFON 1991 International UFO Symposium Proceedings – »UFOs: The Big Picture«, MUFON: Chicago/Illinois, 1991.
–: »The Roswell Incident, The USAF and the New York Times«, Fredericton, Canada, 26. September 1994.
Friedman, Stanton T.; Berliner, Don: »Crash at Corona – With Exclusive Testimony on a Second New Mexico Crash Site and New Evidence of the Government's Secret MJ-12 Team«, New York: Paragon House, 1992, dt. Ausgabe: »Der UFO-Absturz bei Corona – Die Bergung eines UFOs durch das US-Militär«, Rottenburg. Kopp, 1995
Gaffney, Timothy R.: »ABC News Gear Confiscated at Base«, in: Dayton Daily News, 13. April 1994.
–: »Authorities Seize News Cameras Near Secret Nevada Base«, in: Cox News Service, 13. April 1994.
–: »One Man Takes on Secret Base«, in: Dayton Daily News, 20. März 1994.
–: »The Intrepid Sneak Close to Peek«, in: Dayton Daily News, 20. März 1994.
–: »Top Secret«, in: Dayton Daily News, 20. März 1994.
Garner, W. L.: »Mystery Sound Is Newest Addition to UFO Enigma«, in: UFO Encounters, Vol. 1, No. 10, S. 7/8, 1993.
Gerlach, Tim: »Whiskey Alpha Report – Your Window to Nellis Air Force Base«, Jahrg. 1994 und 1995.
Gonsalves, Tony: »Brand New Look at the ›Real‹ B-2«, in: UFO, Bd. 5, Nr. 3, 1990.
–: »The UFO/B-2 Connection. The Secret Version of ›Stealth‹«, in: UFO, Bd. 5, Nr. 6, 1990.
Good, Timothy: »Above Top Secret – The Worldwide UFO-Cover-up«, New York: Morrow, 1988, dt. Ausgabe: »Jenseits von Top Secret. Das geheime UFO-Wissen der Regierungen«, Frankfurt/Main: Zweitausendeins, 1991.
–: »Alien Liaison – The Ultimate Secret«, London: Random House, 1991, dt. Ausgabe: »Sie sind da!«, Frankfurt/Main: Zweitausendeins, 1992.
–: »Alien Update – The Contact Continues«, London: Arrow Random House, 1993.
–: »The UFO Report«, New York: Avon 1991.
Greeley, R.; Guest, J. E.: »Geology on the Moon«, London: Wykeham, 1977, dt. Ausgabe: »Geologie auf dem Mond«, Stuttgart: Enke, 1979.
Green Beckley, Timothy: »UFO Sightings Goes Inside Area 51«, in: Unsolved UFO Sightings, No. 2, 1993, S. 42–50.

Green, Susan: »Wide Area with View of Military Base Shut«, in: Las Vegas Review Journal, 11. April 1995.
Hamilton, William F.: »Area 51 Encounter«, in: MUFON UFO Journal, No. 304, August 1993, S. 14–17.
–: »Cosmic Top Secret – Americas Secret UFO Program«, New Brunswick/NJ: Inner Light, 1991.
Heide, Ruth: »Mysterious Valley?«, in: Valley Courier, Friday, December 31, 1993.
Hesemann, Michael: »Geheimsache U.F.O. – Die wahre Geschichte der unbekannten Flugobjekte«, Neuwied: Die Silberschnur, 1994.
Hoagland, Richard C.: »The Monuments of Mars«, Berkeley/CA: North Atlantic, 1992, dt. Ausgabe: »Die Mars-Connection – Monumente am Rande der Ewigkeit«, Essen–München–Bartenstein: bettendorf, 1994.
Hoelzgen, Joachim: »Traumland des Todes«, in: Der Spiegel, Nr. 16, 1995, S. 154–159.
Howe, Linda Moulton: »An Alien Harvest – Further Evidence Linking Animal Mutiliations and Human Abductions to Alien Life Forms«, Huntingdon Valley: Linda Moulton Howe Productions, 1989.
–: »Glimpses of Other Realities – Volume I: Facts and Eyewitnesses«, Huntingdon Valley: Linda Moulton Howe Productions, 1993.
Jacobs, David M.: »Secret Life – Firsthand Accounts of UFO Abductions«, New York: Simon & Schuster, 1993, dt. Ausgabe: »Geheimes Leben – Dokumentierte Berichte über Entführungen durch UFOs aus erster Hand«, Rottenburg: Kopp, 1995.
Jaeger, Mark: »Richard Hoagland and the Mars Mission«, in: UFO Encounters, Vol. 1, No. 3, 1992, S. 3–6.
Jeffrey, Kent: »Es ist Zeit für die Wahrheit über Roswell«, in: UFO-Kurier, Nr. 3, September/Oktober 1994, S. 6–15.
Klass, Philip: »Investigation of ›Roswell Crashed Saucer‹ Claims Launched by Respected Congressional Agency«, Skeptics UFO Newsletter, Washington, Januar 1994.
–: »Rigorous USAF ›Roswell Incident‹ Investigation, Spurred by GAO and White House Requests, Turns up NO Evidence to Support Crashed-Saucer Claims, and a Sworn Denial by a Key Witness«, Skeptics UFO Newsletter, Washington, November 1994.
Komarek, Ed: »Government Cover-up«, in: UFO Encounters, Vol. 2, No. 1, 1994, S. 18/19.
Kopp, Jochen: »Der Bericht der U.S. Air Force über Roswell«, in: UFO-Kurier, Nr. 5, Januar/Februar 1995, S. 2.
–: »Ein Bericht voller Mängel und Probleme«, in: UFO-Kurier, Nr. 5, Januar/Februar 1995, S. 27–32.

–: »Es kommt neue Bewegung in den Roswell-Fall«, in: UFO-Kurier, Nr. 3, September/Oktober 1994, S. 4/5.
Lear, John: »Statement Released by: John Lear, December 29, 1987 – Revised March 25, 1988.«
Lewis, Rod: »Black Helicopters: Not so Mysterious After All«, in: CE Chronicles, September/October 1994, S. 5/6 u. 23.
Lindemann, Michael (Hrsg.): »UFOs and the Alien Presence – Six Viewpoints«, Santa Barbara/CA: The 2020 Group, 1991.
Long, Greg: »Machinelike Underground Sounds and UFO Phenomena«, in: International UFO Reporter, November/Dezember 1989, S. 17–21 u. 24.
Mahood, Tom: »The Robert Lazar Timeline – As Assembled from Public Records and Statements«, Version 1.0, Irvine/CA, July 1994.
–: »Mt. Sterling/Papoose Viewpoint« - Version 2.0, March 1995
Manning, Mary: »AF Takes Blame for Boom«, in: Las Vegas Sun, 23. Februar 1994.
Manning, Mary: »Citizens, AF Stir Waters at Groom Lake«, in: Las Vegas Sun, 3. März 1994.
»Mars Observer«, Special in: UFO – A Forum on Extraordinary Theories and Phenomena, Vol. 8, No. 6, 1993.
Martìn, Jorge: »Gibt es eine außerirdische Basis auf Puerto Rico?«, in: UFO-Kurier, Nr. 1, Mai/Juni 1994, S. 2–15.
McConville, Ben: »Spaced out! The Town Where They Can All See Stars«, in: Sunday People, Februar 1994.
McDaniel, Stanley: »The McDaniel Report – On the Failure of Executive, Congressional and Scientific Responsibility in Investigating Possible Evidence of Artificial Structures on the Surface of Mars and in Setting Mission Priorities for NASA's Mars Exploration Program«, Berkeley/CA: North Atlantic, 1993.
Merlin, Peter W.: »Dreamland – The Air Force's Remote Test Site«, in: Aerotech News and Review, April 1, 1994.
Moore, William L.: »The Strange Case of Blue Book Report 13«, in: FAR OUT, Sommer 1993, S. 19/20 u. 40.
Moore, W. L.; Shandera, J. H.; Doty, R.: »The Scientists, the Government and UFOs: The True Story of the Paul Bennewitz Affair«, in: FOCUS – The Bi-Monthly Newsletter of the FAIR WITNESS PROJECT, INC., Band 6, Nr. 10, 31. Juli 1994.
Moseley, James W.: »UFO Crash Secrets«, Abelard, 1991.
MUFON 1994 International UFO Symposium Proceedings: »Ufology: A Historical Perspective«, Austin/Texas: MUFON, 1994.
Norris Michael: »Latest Cattle Mutilations«, in: UFO Encounters, Vol. 2, No. 4, 1995, S. 19/20.

–: »›The Astounding UFO Experience in Puerto Rico‹«, in: UFO Encounters, Vol. 1, No. 9, 1993, S. 11/12.
–: »Alabama Residents Ponder Cattle Mutilations«, in: UFO Encounters, Vol. 1, No. 7, 1993, S. 3–6.
–: »Alabama Update – The Phenomenon Continues«, in: UFO Encounters, Vol. 1, No. 8, 1993, S. 10/11.
–: »Alien Implants«, in: UFO Encounters, Vol. 1, No. 7, 1993, S. 9/10.
–: »Florida Deputy Encounters Huge UFO«, in: UFO Encounters, Vol. 1, No. 8, 1993, S. 14/15.
–: »Puerto Rico – A Center for UFO Activity. Part II«, in: UFO Encounters, Vol. 1, No. 2, 1992, S. 7–9.
–: »Puerto Rico – A Hotbed for UFO Activity«, in: UFO Encounters, Vol. 1, No. 2, 1992, S. 7/8.
–: »The Aurora«, in: UFO Encounters, Vol. 1, No. 6, 1993, S. 8–10.
–: »The Disappearance of the Mars Observer«, in: UFO Encounters, Vol. 1, No. 10, 1993, S. 3–6 u. 18, Vol. 1, No. 11, S. 17/18.
–: »UFO Abduction Near Hobby Airport, Texas«, in: UFO Encounters, Vol. 1, No. 2, 1992, S. 13–16.
»Northrop B-2«, in: Aircraft, Heft 1, 1992, S. 8–20.
O'Brien, Christopher: »WHO or WHAT Is Behind the ›Phenomena‹?«, in: UFO Encounters, Vol. 1, No. 8, 1993, S. 12/13 u. 17/18.
–: »Sightings Continue Valley-wide«, in: The Mysterious Valley Report, Band 1, Nr. 3, April/Mai 1994.
O'Neal, H. L.: »Russian ET-Artifacts?«, in: FAR OUT, Herbst 1992, S. 28/29.
Operation Right to Know: »Supermarket Tabloid Comes to CBS Television Prime Time«, in: UFO Encounters, Vol. 1, No. 11, 1993, S. 16/17.
Pearson, Rod: »Tour De Strange«, in: FAR OUT, Winter 1993, S. 18–26.
Perkins, David: »Heart of Weirdness – Myth and Mystery in the San Luis Valley«, in: SPIRIT – The Magazine of the Rocky Mountain Southwest, Herbst/Winter 1994/95, S. 20–25.
Pflock, Karl: »Roswell in Perspective«, Washington: Fund for UFO Research (FUFOR), 1994.
Platt, Wes: »Look! Up in the Sky! It's a ... What?«, in: St. Petersburg Times, Tuesday, April 20, 1993.
–: »Others Describe Strange, Silent Object in the Sky«, in: St. Petersburg Times, Wednesday, April 21, 1993.
Randle, Kevin D.; Schmitt, Donald R.: »Roswell and the Flying Wing«, in: International UFO Reporter, Vol. 18, No. 4, 1993, S. 3–5.
–: »UFO Crash at Roswell«, New York: Avon, 1991.

Rayl, A. J. S.: »Inside the Military UFO Underground«, in: Omni, April 1994.
Redfern, Nicholas: »MJ-12: The FBI-Link«, in: UFO Encounters, Vol. 1, No. 10, 1993, S. 8/9 u. 19.
von Rétyi, Andreas: »Gefahr aus dem All – Die Erde im Visier«, Stuttgart: Kosmos, 1992.
–: »Wir sind nicht allein! – Signale aus dem All«, München: Langen Müller, 1994.
–: »Neue Methoden der modernen SETI-Forschung«, in: Star Observer, Nr. 5 (September/Oktober), 1994, S. 26–36.
–: »Gedanken über Leben im All – Vom Altertum bis in die Gegenwart«, in: Star Observer, Nr. 1 (Januar/Februar), 1995, S. 46–57.
Rogers, Keith: »Air Force Buffer Zone for Groom Lake Base to be Discussed«, in: Las Vegas Review Journal, 30. Januar 1994.
–: »Las Vegas Shaken by Morning Blasts«, in: Las Vegas Review Journal, 23. Februar 1994.
–: »Officials Won't Reveal Source of Complaint«, in: Las Vegas Review Journal, Tuesday, April 26, 1994.
Rubtsov, Vladimir V.: »The Search for Extraterrestrial Artifacts«, in: Ancient Skies – Official Logbook of the Ancient Astronaut Society, November/December 1989.
-: »Ukraine Research Institute on Anomalous Phenomena«, in: International UFO Reporter, Vol. 18, No. 5, 1993, S. 15/16.
Schwarz, Karl: »Verkürzte Einkaufsliste«, in: FLUG REVUE, Heft 1, 1994, S. 13–19.
Scott, Bill: »Secret Advanced Vehicles Demonstrate Technologies for Future Military Use«, in: Aviation Week & Space Technology, 1. Oktober 1990, S. 20/21.
Seifried, Richard: »The Government Couldn't Keep UFO's a Secret for 50 Years«, in: Oklahoma MUFON News, Winter 1994, S. 16.
Sikes, Derek: »George Knapp on Area 51 and Bob Lazar: An Update«, in: UFO Encounters, Vol. 1, No. 9, 1993, S. 7/8 u. 15–19.
Spencer, John: »The UFO Encyclopedia«, New York: Avon, 1993.
Stoker, Bram: »Dracula«, München: Heyne, 1968.
Stone, Clifford E.: »Special Report 1: The UFO Recovery Operations«, 1990.
–: »Special Report 2: UFO/Military Confrontations – Case Studies«, 1990.
–: »UFOs: Let the Evidence Speak for Itself«, 1991.
Stonehill, Paul: »The Ural Murders«, in: UFO Encounters, Vol. 2, No. 1, 1994, S. 23 u. 31.

Stringfield, Leonard: »The UFO-Crash/Retrieval Syndrome«, Seguin: MUFON, 1980.

Sweetman, Bill: »Aurora – The Pentagon's Secret Hypersonic Spyplane«, Osceola/WI: Motorbooks, 1993.

»The Alabama Cattle Mutilations«, Special in: »The Ufologist«, April–June 1993.

Turner, Karla: »Into the Fringe – A True Story of Alien Abduction«, New York: Berkley, 1992.

Vallée, Jacques: »Dimensions – A Casebook of Alien Contact«, New York: Ballantine, 1989.

–: »UFO Chronicles of the Soviet Union – A Cosmic Samizdat«, New York: Ballantine, 1992.

Weaver, Col. Richard L.: »Report of Air Force Research Regarding the ›Roswell Incident‹«, Department of the Air Force, Juli 1994.

Webster, Donovan: »Area 51«, in: The New York Times Magazine, June 26, 1994, S. 32–35 u. S. 44.

Weiner, Tim: »Spy Plane that Came in from Cold Just Will Not Go Away in the Senate«, in: THE NEW YORK TIMES NATIONAL, Monday, July 4, 1994, S. 8.

Register

311,—